東京大学工学教程

情報工学

機械学習

東京大学工学教程編纂委員会 編　　中川裕志 著

Machine Learning

SCHOOL OF ENGINEERING
THE UNIVERSITY OF TOKYO

丸 善 出 版

東京大学工学教程

編纂にあたって

東京大学工学部，および東京大学大学院工学系研究科において教育する工学はいかにあるべきか．1886 年に開学した本学工学部・工学系研究科が 125 年を経て，改めて自問し自答すべき問いである．西洋文明の導入に端を発し，諸外国の先端技術追奪の一世紀を経て，世界の工学研究教育機関の頂点の一つに立った今，伝統を踏まえて，あらためて確固たる基礎を築くことこそ，創造を支える教育の使命であろう．国内のみならず世界から集う最優秀な学生に対して教授すべき工学，すなわち，学生が本学で学ぶべき工学を開示することは，本学工学部・工学系研究科の責務であるとともに，社会と時代の要請でもある．追奪から頂点への歴史的な転機を迎え，本学工学部・工学系研究科が執る教育を聖域として閉ざすことなく，工学の知の殿堂として世界に問う教程がこの「東京大学工学教程」である．したがって照準は本学工学部・工学系研究科の学生に定めている．本工学教程は，本学の学生が学ぶべき知を示すとともに，本学の教員が学生に教授すべき知を示す教程である．

2012 年 2 月

2010–2011 年度
東京大学工学部長・大学院工学系研究科長　北　森　武　彦

東京大学工学教程

刊行の趣旨

現代の工学は，基礎基盤工学の学問領域と，特定のシステムや対象を取り扱う総合工学という学問領域から構成される．学際領域や複合領域は，学問の領域が伝統的な一つの基礎基盤ディシプリンに収まらずに複数の学問領域が融合したり，複合してできる新たな学問領域であり，一度確立した学際領域や複合領域は自立して総合工学として発展していく場合もある．さらに，学際化や複合化はいまや基礎基盤工学の中でも先端研究においてますます進んでいる．

このような状況は，工学におけるさまざまな課題も生み出している．総合工学における研究対象は次第に大きくなり，経済，医学や社会とも連携して巨大複雑系社会システムまで発展し，その結果，内包する学問領域が大きくなり研究分野として自己完結する傾向から，基礎基盤工学との連携が疎かになる傾向がある．基礎基盤工学においては，限られた時間の中で，伝統的なディシプリンに立脚した確固たる工学教育と，急速に学際化と複合化を続ける先端工学研究をいかにしてつないでいくかという課題は，世界のトップ工学校に共通した教育課題といえる．また，研究最前線における現代的な研究方法論を学ばせる教育も，確固とした工学知の前提がなければ成立しない．工学の高等教育における二面性ともいえ，いずれを欠いても工学の高等教育は成立しない．

一方，大学の国際化は当たり前のように進んでいる．東京大学においても工学の分野では大学院学生の四分の一は留学生であり，今後は学部学生の留学生比率もますます高まるであろうし，若年層人口が減少する中，わが国が確保すべき高度科学技術人材を海外に求めることもいよいよ本格化するであろう．工学の教育現場における国際化が急速に進むことは明らかである．そのような中，本学が教授すべき工学知を確固たる教程として示すことは国内に限らず，広く世界にも向けられるべきである．2020 年までに本学における工学の大学院教育の 7 割，学部教育の 3 割ないし 5 割を英語化する教育計画はその具体策の一つであり，工学の教育研究における国際標準語としての英語による出版はきわめて重要である．

現代の工学を取り巻く状況を踏まえ，東京大学工学部・工学系研究科は，工学の基礎基盤を整え，科学技術先進国のトップの工学部・工学系研究科として学生が学び，かつ教員が教授するための指標を確固たるものとすることを目的として，時代に左右されない工学基礎知識を体系的に本工学教程としてとりまとめた．本工学教程は，東京大学工学部・工学系研究科のディシプリンの提示と教授指針の明示化であり，基礎（2 年生後半から 3 年生を対象），専門基礎（4 年生から大学院修士課程を対象），専門（大学院修士課程を対象）から構成される．したがって，工学教程は，博士課程教育の基盤形成に必要な工学知の徹底教育の指針でもある．工学教程の効用として次のことを期待している．

- 工学教程の全巻構成を示すことによって，各自の分野で身につけておくべき学問が何であり，次にどのような内容を学ぶことになるのか，基礎科目と自身の分野との間で学んでおくべき内容は何かなど，学ぶべき全体像を見通せるようになる．
- 東京大学工学部・工学系研究科のスタンダードとして何を教えるか，学生は何を知っておくべきかを示し，教育の根幹を作り上げる．
- 専門が進んでいくと改めて，新しい基礎科目の勉強が必要になることがある．そのときに立ち戻ることができる教科書になる．
- 基礎科目においても，工学部的な視点による解説を盛り込むことにより，常に工学への展開を意識した基礎科目の学習が可能となる．

東京大学工学教程編纂委員会　　委員長　光　石　　衛
幹　事　吉　村　　忍

情報工学

刊行にあたって

情報工学関連の工学教程は全 23 巻からなり，その相互関連は次ページの図に示すとおりである．この図における「基礎」と「専門基礎」の分類は，情報工学に関連する専門分野を専攻する学生を対象とした目安である．矢印は各分野の相互関係および学習の順序のおおよそのガイドラインを示している．「基礎」は，教養学部から工学部の 3 年程度の内容であり，工学部のすべての学生が学ぶべき基礎的事項である．「専門基礎」は，情報工学に関連する専門分野を専攻する学生が 3 年から大学院で学科・専攻ごとの専門科目を理解するために必要とされる内容である．「専門基礎」の中でも，図の上部にある科目は，工学部の多くの学科・専攻で必要に応じて学ぶことが適当であろう．情報工学は情報を扱う技術に関する学問分野であり，数学と同様に，工学のすべての分野において必要とされている．情報工学は常に発展し大きく変貌している学問分野であるが，特に「基礎」の部分は確立しており，工学部のすべての学生が学ぶ基礎的事項から成り立っている．「専門基礎」についても，工学教程の考えに則り，長く変わらない内容を主とすることを心掛けている．

*　　　*　　　*

本書は機械学習をテーマとしているが，特に統計学と最適化を基礎におく理論と手法について説明している．ここで説明する手法はデータマイニングにおいてもしばしば利用されている．具体的には，教師データを用いた線形モデルによる分類や回帰，およびその発展形としてサポートベクターマシンについて説明する．さらに 1 データごとの処理によって学習を行うオンライン学習を説明する．次に教師データを用いないクラスタリング，および潜在変数がある場合の代表的な学習手法である EM アルゴリズムについて説明する．最後に解析的な処理が難しい場合に用いることが多い Markov 連鎖 MonteCarlo 法を紹介する．

東京大学工学教程編纂委員会
情報工学編集委員会

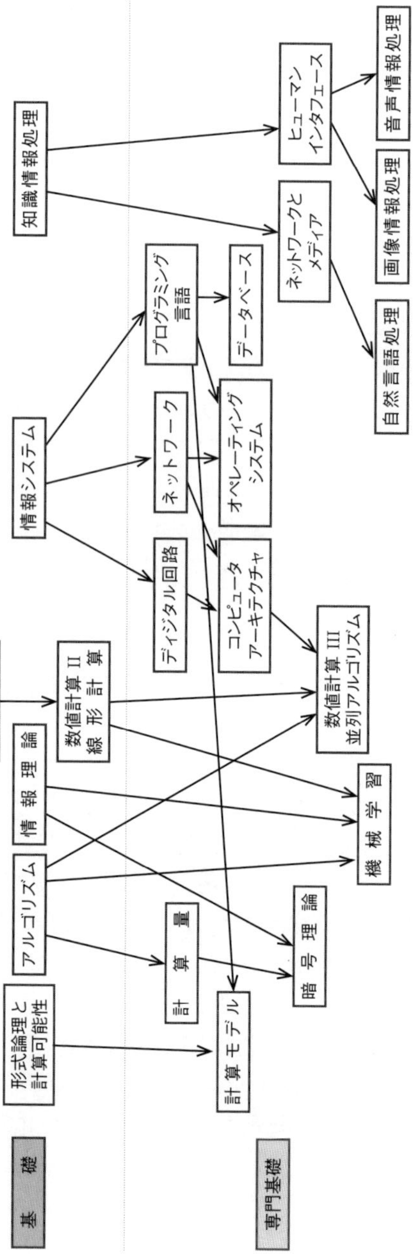

工学教程（情報工学分野）の相互関連図

目　　次

はじめに

計算機が生まれて間もない1960年代から，計算機に人間と同じような知的能力を与えようという**人工知能**の研究が始まった．人間の知的能力は記憶，パターン認識，推論，言語や音声の理解/生成など多岐にわたる．その中でも学習は，種々の知的能力が得られるプロセスそのものを対象にしただけに大きな研究分野となった．1990年代以降になると計算機の性能の向上とインターネットなどの計算環境の急速な発展，拡大により処理対象になるデータが膨張し，いわゆるビッグデータの時代に突入する．このような膨大なデータを活用しようという動きが活発になり，データマイニングとして定着した．そこで主役になったのは，統計学や最適化などの数学的理論を活用した機械学習の理論とアルゴリズムである．本書で取り上げるテーマは機械学習の基礎となる数理モデルとアルゴリズムであり，以下のように構成されている．

第1章では，通信路モデルを導入し，簡単だが見通しのよい機械学習であるnaive Bayes（ベイズ）分類を紹介する．さらに機械学習の基礎概念，例えば観測データとその分類結果のラベルの組からなる教師データ，教師あり学習，教師なし学習，分類，回帰，について説明している．次に，第2章以降で説明する学習アルゴリズムを評価する方法として精度，再現率，ROC曲線，AUCなどを紹介する．

第2章は，Bayes統計を利用した確率密度関数のパラメタ推定を取り上げる．事前分布と尤度を組み合わせて事後分布のパラメタを求める枠組みを紹介し，この枠組みを活用できる確率分布として指数型分布族について解説する．

第3章は，観測データに対して重みベクトルの内積を計算することによって，新規の入力データの回帰や分類を行う線形モデルを説明する．ただし，学習の結果が複雑すぎることは必ずしも新規データの回帰，分類の性能向上には結びつかないため，モデルのいたずらな複雑化を防ぐことに有効な正則化項の導入を行う．

第4章では，モデルの複雑さと予測性能との関係を扱うバイアス・バリアンス分解を説明する．

第 5 章は，1990 年代より使われている性能の高い分類器であるサポートベクターマシンについて，教師データから分類器を学習するアルゴリズムについて説明する．これは分類の境界面をサポートベクターと呼ばれるデータ集合で形成する優れた手法であり，その高い性能から今日でもよく使われている．

第 6 章は，教師データを 1 個処理するごとに分類器の更新を行うオンライン学習を導入する．オンライン学習は，教師データが大きすぎてメモリに格納しきれないときに威力を発揮する．ただし，収束性能などの数学的モデルが重要になるため，難しいが，実装が簡素で扱いやすい利点がある．よってやや高度な内容であるが紹介する．

第 7 章では，教師なし学習の一つであるクラスタリングについて説明する．クラスタリングは類似度の高いデータをクラスタとしてまとめ上げる手法である．まず，データ空間における類似度あるいは距離概念について説明し，次に階層的凝集型クラスタリングと K-平均法を紹介する．

第 8 章は，学習の目的となる確率分布のパラメタに直接知ることができない潜在変数が含まれる場合を扱う．本書ではこのような場合を扱う基礎的な方法である EM アルゴリズムを導出し，応用例を示す．

ここまでで説明した機械学習の方法は解析的手法あるいは繰り返し計算で学習を行う方法であった．しかし，複雑なモデルでは，このような手法が適用できないことが多い．そこで第 9 章では，このような場合に効果を発揮する乱数を用いたシミュレーションで確率分布を推定する Markov 連鎖 Monte Carlo 法を紹介する．

最後に機械学習と他の技術と最近の事情について触れておく．本書で扱った技術は機械学習全体の極めてわずかな部分にすぎない．旧来より知られているものとしては，決定木，主成分分析などがある．近年，発展してきたものとしては潜在変数を持つデータ構造の数理モデルと推論であり，行列分解，潜在 Dirichlet（ディリクレ）配置 (LDA)，トピックモデルなどがある．また，データの利活用という観点からは，強化学習，能動学習，転移学習などがよく研究されている．これらの話題は，工学教程として順次公刊される書籍の中で取り上げられる予定である．

2010 年以降の大きな流れとして注目すべきものに深層学習がある．これは 1980 年代から研究が続いていたニューラルネットワークが強化された計算資源を活用する形で開花したものであり，画像処理などの応用では他の機械学習を大きく上回る性能を示している．ただし，深層学習を学ぶにあたっても，本書で取り上げた知識は役立つ．例えばオンライン学習の考え方は深層学習において応用されている部分もある．深層学習においては理論の発展とよい入門書が期待されるところである．

1 機械学習の基礎概念

本章では，機械学習が現在の内容に至る経緯を簡単にふりかえる．次に観測データから情報源を推定するという機械学習の単純化したモデルを導入し，その例題として文書分類を示すことによって機械学習の概観を得る．さらに機械学習の基本概念である教師あり学習と教師なし学習，識別モデルと生成モデルについて説明する．次に機械学習の対象となる観測データの性質，学習結果の評価方法を紹介し，最後に本書で用いる記法をまとめる．

1.1 背　　景

1990 年代以降のインターネットの加速度的進展と計算機の処理速度，ディスクなどの外部記憶容量の急速な増大は，処理対象になるデータの爆発的増加を引き起こし，**ビッグデータ**と呼ばれる大規模データを処理対象にする時代になった．ここで想定される処理は**データマイニング**と呼ばれるもので，簡単にいえば，与えられたデータから主として統計的処理によって有用な情報を抽出することを意味する．データマイニングの数理的モデルとして機械学習が位置づけられるようになり，機械学習は実用と直接に結びついた学問分野と考えられるようになった．本書で扱うのはこの意味での機械学習である．

この機械学習は統計学と最適化手法に基づく部分が多い．したがって，本書の基礎知識として統計学の基礎[3]と最適化手法の基礎[4,5]に書かれているような知識があると理解の助けになるであろう．

機械学習は広範な技術であるので，その概念を短い記述で概括することは難しい．そこで，機械学習の典型的な側面を把握するために，次節以下で簡単なモデルと具体的応用例を示す．

1.2　情報の変換モデル

1.2.1　モ　デ　ル

情報源は複数の**クラス**に分けられているとする．情報源が新聞記事全体なら，政治の記事，経済の記事，スポーツの記事などがクラスに対応する．情報源のクラス y がなんらかの変換を受け，観測者には記事 x として観測される状況を考えてみる[*1]．詳細は後に説明するが，**モデル**とは概略，入力から出力を得る過程の数理的定式化を意味する．変換は非常に複雑である．例えば，新聞記事の例なら政治の記事というカテゴリーとして実際の政治の記事が執筆されることである．

そこで，以後観測したデータはベクトルであることを想定し $\boldsymbol{x}$ と記す．観測者は新たに観測したデータ $\boldsymbol{x}$ に対応する情報源のクラス y を知りたいとき，観測したデータ $\boldsymbol{x}$ を逆変換して y の値を予測する計算を行う．この計算を機械学習における**予測過程**という．予測過程の計算結果として得られた記号を $\hat{y}$ とする．

逆変換の性質は y の条件付き確率の確率密度関数 $p(y|\boldsymbol{x})$[*2] として与えられるとする．$p(y|\boldsymbol{x})$ を求める計算を機械学習における**学習過程**という．なお，一般には機械学習では，この学習過程の処理を念頭におくことが多いので，以下では特に断らないかぎり，学習といえば，学習過程を意味するものとする．

ここで既に観測されたデータ $\boldsymbol{x}$ に対応する y が知られている場合を考える．このような $\boldsymbol{x}$ と y の対のデータの集合 $\mathcal{D} = \{(\boldsymbol{x}, y)\}$ を**ラベル付きデータ**と呼ぶ．$\boldsymbol{x}$ のラベルは y というクラスであり，ラベル付け作業はデータを見た人間によって行われることが多い．

ここで与えられた観測データ $\boldsymbol{x}$ から未知の y を推定する問題を考えてみる．この問題は，$\boldsymbol{x}$ が知られているという条件の下での y の確率すなわち $p(y|\boldsymbol{x})$ を最大化するような y の予測値 $\hat{y}$ を求めることである．したがって，次式で表される．

$$\hat{y} = \arg\max_{y} p(y|\boldsymbol{x}). \tag{1.1}$$

次に y についての事前の情報がある場合について考えてみる．ふりかえってみると，機械学習で前提としているのは，$\mathcal{D}$ は多数の要素を持つが，その背後にはある確率分布が存在し，$\mathcal{D}$ の要素 $(\boldsymbol{x}, y)$ はその分布に従って独立に生成されたと

---

*1　したがって，ここでは x は文字列あるいは単語を要素とするベクトルなどの構造を持つと考える．
*2　以降，混乱がない場合は確率密度関数 $p(\cdot)$ を単に確率分布と呼ぶことにする．

いうことである．このとき，$\mathcal{D}$ は独立同一分布[*3]（independent and identically distributed の訳語であるので，以下では i.i.d. と略記する）に従うという．

$\mathcal{D}$ から推定される確率 $p(\boldsymbol{x}|y)$ は，$\mathcal{D}$ に含まれる対のデータが少なければ信頼性が低いであろう．そして，情報源の性質すなわち $p(y)$ が使われていない．

例えば，図 1.1 における情報源は 0, 1 の二つのクラスを $p(0) = 0.9$, $p(1) = 0.1$ という確率で出力するとしよう．観測データも 0, 1 の 2 値のいずれかをとるとする．ここで，情報源出力の 0 を 1 に，1 を 0 に変換する確率 $p(\boldsymbol{x}|y)$ が各々0.5 であったとしよう．この状況では，条件付き確率 $p(y|\boldsymbol{x})$ だけを考慮した式 (1.1) を用いると，0 が観測された場合に $\hat{y} = 1$ である確率と $\hat{y} = 0$ である確率はともに 0.5 なので $\hat{y}$ の値は曖昧になってしまう．しかし，情報源が 0 を出力する確率が 0.9 と大きいので，$\hat{y} = 0$ のほうが確からしいという直観がある．この状況をモデル化してみよう．

以下の式で表される Bayes（ベイズ）の定理を使うことを考えてみる．

定理 1.1

$$p(y|\boldsymbol{x}) = \frac{p(\boldsymbol{x}|y)p(y)}{\sum_y p(\boldsymbol{x}|y)p(y)}.$$

$\sum_y p(\boldsymbol{x}|y)p(y) = p(\boldsymbol{x})$ なので，Bayes の定理は次のようにも書ける．

$$p(y|\boldsymbol{x}) = \frac{p(\boldsymbol{x}|y)p(y)}{p(\boldsymbol{x})}. \tag{1.2}$$

これを使うと $\boldsymbol{x}$ は観測された値だから y に関する $\arg\max$ には関与しないので次式が得られる．

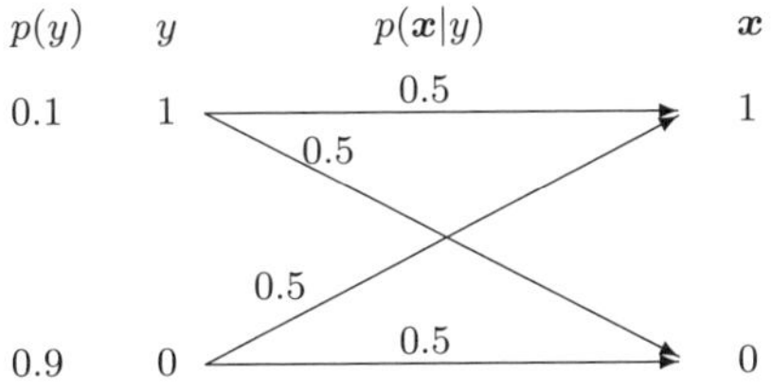

図 1.1　情報源から観測データへの変換．

*3　独立同一分布でない場合，例えば分布が時間的に変化する場合なども機械学習の対象である．例えば，異常値検出などである．ただし，本書では扱わない．

$$\hat{y} = \arg\max_{y} p(\boldsymbol{x}|y)p(y). \tag{1.3}$$

この式を用いれば，情報源の性質である $p(y)$ が事前知識として利用できる．例えば上の例では，$\hat{y}=0$ という結果を得られる．1.2.2 節で式 (1.3) を用いる例題を示す．

1.2.2　例題：文書分類

a.　naive Bayes 分類

日々，Web で発信される文書数は膨大なものであり，そこから有用な知識を抽出するためには，文書を話題ごとに分類する，いわゆる文書分類が重要である．なお，以下では機械学習の用語に沿って，話題をクラスとする．

情報源から生成されたクラス y が変換されて文書 $\boldsymbol{x}$ になったと考えよう．クラス y に属する文書の出現確率を $p(y)$，クラス y から変換されて文書 $\boldsymbol{x}$ が生成される確率を $p(\boldsymbol{x}|y)$ とすると，式 (1.3) によって $\boldsymbol{x}$ が属するクラスの推定結果が $\hat{y}$ として得られる．これによって文書のクラスを推定すること，すなわち文書分類ができる．実際の式 (1.3) の計算は以下のようにして行う．

$p(y)$ は既存の大量の文書集合（コーパスと呼ぶ）におけるクラス y の文書の出現確率として計算できる．一方，文書は多数の単語から構成されるので，同一文書 $\boldsymbol{x}$ はほぼ 1 回しか出現しないから，特定の文書 $\boldsymbol{x}$ に対する $p(\boldsymbol{x}|y)$ を直接計算することは難しい．ここで文書 $\boldsymbol{x}$ は構成要素の n 個の単語 $w_1, w_2, \ldots, w_j, \ldots, w_n$ からなるとすると，$p(\boldsymbol{x}|y) = p(w_1, w_2, \ldots, w_n|y)$ と書けるが，このままではまだ計算しにくい．そこで，辞書見出しになる単語の種類*4で考えることにしてみる．各種の単語の出現確率は独立であると近似すると，$p(w_1, w_2, \ldots, w_n|y) = \prod_{i=1}^{n} p(w_i|y)$ となる．単語 w がクラス y の文書集合に出現する回数を調べれば，個々の単語の条件付き確率 $p(w|y)$ は推定できる．このような仮定によって文書分類は次式で表現できる．

$$\hat{y} = \arg\max_{y} \prod_{i=1}^{n} p(w_i|y)p(y). \tag{1.4}$$

式 (1.4) による文書分類を **naive Bayes 分類**と呼ぶ．まとめてみると，naive

*4　辞書見出しの単語の種類とは通常「見出し語」と呼ばれる．以下では,「単語」は見出し語の意味で用いる．

Bayes 分類における学習過程は，大規模な文書の集合を用いて個々の単語 w に対する $p(w|y)$，および $p(y)$ を計算する操作と，それらを組み合わせた式 (1.4) からなる．

b. 分類例

naive Bayes 分類の例題としてここでは，サッカーに関する文書をオリンピックに関するクラスとワールドカップ（以下では W 杯と略記する）に関するクラスに分類する例を取り上げる．まず，学習過程では，各クラスに含まれる多数の文書の単語出現頻度を調べた結果，条件付き確率 $p(w_i|y)$，事前分布の確率 $p(y)$ は以下であることが分かったとする．

$$\begin{cases} p(\text{W 杯}) = 0.7, \\ p(\text{オリンピック}) = 0.3. \end{cases} \qquad \begin{cases} p(\text{予選} \mid \text{W 杯}) = 0.4, \\ p(\text{決勝} \mid \text{W 杯}) = 0.1, \\ p(\text{ゴール} \mid \text{W 杯}) = 0.5, \\ p(\text{オーバーエイジ} \mid \text{W 杯}) = 0.01. \end{cases}$$

$$\begin{cases} p(\text{予選} \mid \text{オリンピック}) = 0.2, \\ p(\text{決勝} \mid \text{オリンピック}) = 0.2, \\ p(\text{ゴール} \mid \text{オリンピック}) = 0.5, \\ p(\text{オーバーエイジ} \mid \text{オリンピック}) = 0.3. \end{cases}$$

新規に観測された文書 $\boldsymbol{x}$ のクラスを予測する予測過程は以下のようになる．ただし，文書 $\boldsymbol{x}$ が含む単語は $w_1 =$ 予選，$w_2 =$ 決勝，$w_3 =$ ゴールであるとする．

$$\prod_{i=1}^{3} p(w_i|\,\text{W 杯}) \times p(\text{W 杯}) = 0.4 \times 0.1 \times 0.5 \times 0.7 = 0.014,$$

$$\prod_{i=1}^{3} p(w_i|\,\text{オリンピック}) \times p(\text{オリンピック}) = 0.2 \times 0.2 \times 0.5 \times 0.3 = 0.006.$$

この結果から予選，決勝，ゴールという単語を含む文書 $\boldsymbol{x}$ のクラスは W 杯であることが推定できた．

しかし，もし文書 $\boldsymbol{x}$ が予選，決勝，ゴールに加え，$w_4 =$ オーバーエイジという単語を含んでいたとすると予測過程 $\prod_{i=1}^{n} p(w_i|y)p(y)$ の計算は以下のようになる．

$$\prod_{i=1}^{4} p(w_i|\text{W 杯}) \times p(\text{W 杯}) = 0.4 \times 0.1 \times 0.5 \times 0.01 \times 0.7 = 0.00014,$$

$$\prod_{i=1}^{4} p(w_i|\text{オリンピック}) \times p(\text{オリンピック}) = 0.2 \times 0.2 \times 0.5 \times 0.3 \times 0.3 = 0.0018.$$

よって，文書のクラスはオリンピックとなる．

最初の例の場合は，サッカー最大の行事は W 杯であることが事前分布に反映された結果，W 杯に分類された．次の例はオリンピックにおいてサッカーは年齢制限があるためオーバーエイジが鍵となってオリンピックに分類された．このように事前分布を含めた条件付き分布の期待値による分類は，簡単な仕掛けであるが，現実世界における知識を事前分布としてうまく利用していることが分かる．

1.3　概念の整理

1.1 節，1.2 節で機械学習とは何かについて初歩的な導入を行った．後の章における内容の理解をしやすくするために，この節では，機械学習で使われるいくつかの基本的概念について説明する．

1.3.1　分類と回帰

1.2.2 節で述べた文書分類は，観測された文書がどのクラスから変換して生成されたかを予測する処理であった．文書は，前に述べたように複数の単語から構成される．したがって，一つの文書は各単語を次元とするような多次元空間の点すなわちベクトルと考えることができる．以下では，**分類**の概念を整理し，数理モデルとして表現する．そのために，分類対象のデータ $\boldsymbol{x}$ は K 次元空間のベクトルであり，数理モデルとしては $\boldsymbol{x} \in \mathcal{X}$，ただし $\mathcal{X} \subseteq \mathbb{R}^K$ *5 とする．分類されるクラスの集合を $\mathcal{Y}$ と書くことにする．ここで，モデル化している事象においては，$\mathcal{X}$ 中の要素に $\mathcal{Y}$ のある要素が対応していると想定している．すると，分類の操作 h は数理モデルとしては次のように書ける．

$$h : \mathcal{X} \to \mathcal{Y}. \tag{1.5}$$

*5　$\mathbb{R}$ は実数全体の集合を表す．

実際のところ，機械学習で求めたいのはこの対応付けを表現する数理モデルである．

2 クラス分類

最も簡単なクラスへの分類は，観測されたデータがあるクラスに属するか属さないかである．1.2.2 節の例であれば，文書を (1) W 杯クラス，と (2) W 杯以外のクラス，の 2 クラスに分け，観測された文書が (1), (2) のどちらに属するかを推定する．式 (1.5) において $\mathcal{Y}$ が 2 値をとることになる．例えば，$\mathcal{Y} = \{1, -1\}$ あるいは $\mathcal{Y} = \{1, 0\}$ などとなる．これを **2 クラス分類**という．

多クラス分類

全データが M クラス ($M \geq 2$) に分かれているとき，観測されたデータがどのクラスに属するかを推論することを M クラス分類，一般的には**多クラス分類**という．式 (1.5) において $\mathcal{Y}$ が M 値をとることになる．例えば，$\mathcal{Y} = \{1, 2, \ldots, M\}$ などとなる．

機械学習においては，多数の観測データから分類を行う写像 h を学習することになる．h が (1) 何を目的とし，どのような評価関数を最適化するものか，(2) どのような構造であるか，例えば閉じた数式で表現されるのか，アルゴリズムで表現されるのかが問題となる．これらについては以下の章で説明する．

さて，分類では $\mathcal{Y}$ が有限個の既知のクラスであったが，それを拡大してみよう．

$\mathcal{Y} = \mathbb{R}$ の場合．つまり，h は観測データのベクトルを実数に写像する．この写像もなんらかの評価関数を最適化して得られる．この場合は**回帰**と呼ばれる．例えば，h を $\mathbb{R}^K$ における 1 次式とし，評価関数としては既存のラベル付きデータ集合 $\mathcal{D}$ 中の全ての $\boldsymbol{x}$ に関して，$\boldsymbol{x} \in \mathbb{R}^K$ から h で計算した結果と $\boldsymbol{x}$ に対応する $\mathcal{Y}$ の要素の値との差の 2 乗の総和 $\sum_{\{(\boldsymbol{x},y)\}}(h(\boldsymbol{x}) - y)^2$ を最小化する場合は周知の最小 2 乗誤差による線形回帰となる．

$\mathcal{Y} = \mathbb{N}$*6の場合も考えられる．処理できる観測データ数は有限なので，具体的にはクラス数があらかじめ分かっていないという状況である．クラス数が未知だというのは，とりもなおさず，どのデータがどのクラスに属するかということがあらかじめ分かっていない．これはノンパラメトリックな機械学習*7であり，今までの問題と基本的に違う枠組みである．

---

*6 $\mathbb{N}$ は自然数全体の集合を表す．
*7 ただし，本書では紙数の関係からこれについては扱わない．

1.3.2　識別モデルと生成モデル

観測データ $\boldsymbol{x}$ とそれが属するクラス y の対を要素とする集合 $\mathcal{D} = \{(\boldsymbol{x}, y)\}$ が与えられたとき，$\mathcal{D}$ だけを使って異なるクラスの間の境界を求める学習の手法を**識別モデル** (discriminative model) と呼ぶ．情報変換の節で述べたような $\mathcal{D}$ から直接求めた $p(y|\boldsymbol{x})$ を使って判断する式 (1.1) は識別モデルの一種である．

一方，Bayes の定理における $p(y|\boldsymbol{x}) \propto p(\boldsymbol{x}|y)p(y)$ を用いて，$\mathcal{D}$ 以外に情報源に関する知識ないし情報も併用して y から $\boldsymbol{x}$ が生成されるプロセスを学習する手法を**生成モデル** (generative model) と呼ぶ．情報変換の節で述べた式 (1.3) は生成モデルの一種である．

1.3.3　教師あり学習と教師なし学習

ラベル付きデータの集合 $\mathcal{D}$ を用いる学習では，データ $\boldsymbol{x}$ に対応するクラス y を推定したいことが多いが，y がラベルとして既に与えられており，教師の役割を果たす．よって，$\mathcal{D}$ を用いる学習を**教師あり学習**[*8]と呼ぶ．

これに対してラベル付けされていないデータ $\boldsymbol{x}$ の集合を**ラベルなしデータ**と呼び，ラベルなしデータを用いる学習を**教師なし学習**と呼ぶ．教師なし学習は，データに教師の役割をするラベルが付与されていない状態での学習である．例えば，データ集合をデータ自体の性質が類似しているものをまとめる**クラスタリング**が教師なし学習に属する．

1.4　データの性質と表現

1.4.1　データの種別と性質

ここまでは，観測データ x は所与のものとして扱い，その性質については取り上げてこなかった．しかし，機械学習を実データに適用するデータマイニングにおいては，観測データの種別や性質に注意を払う必要がある．

現実世界の何かの事象を計数した場合や，センサから得られるデータの場合は観測データは数値である．数値の場合は精度が問題になるが，これは通常のデー

---

*8　教師付き学習とも呼ぶ．

タ処理と同様に有効数字の桁数を揃えることが前処理として必要である．

画像データの場合は，画素単位の値が基本となる．画素の値は明るさと色に関する情報があるので，1 画素を表すデータはベクトルとなる．例えば RGB の各成分に分解するようなものなので，ベクトルの 1 画素の次元は小さい．しかし，画像を構成する全画素の RGB 値や座標をデータと考えると 1 画面であっても 10 の 5 乗以上の大きな次元となる．また，画素よりも大きな領域を対象にする場合は，明るさにしても平均，分散，最大値，最小値，ダイナミックレンジなど非常に多数の種類の情報があるため，ベクトルの次元は極めて大きくなる．

テキストの場合は，基本的には文字列である．ただし，1 文字はアルファベット，あるいは仮名，漢字など文字の種類数の次元を持つ高次元空間のベクトルであり，かつ一つの次元だけが 1 で残りは全て 0 である．文字列となると，その連接であるのでさらに次元が高くなる．しかし，英語などヨーロッパの言語は単語が単位であり，かつ単語の切れ目は空白で明示されているので，単語を抽出できる．日本語や中国語などは単語の切れ目が明示されていないが，**形態素解析**という処理によって高い精度で単語に切り分けることができる．すると，処理の単位となる観測データは単語ということになる．単語は単語種類数すなわち語彙のサイズの次元のベクトルであり，その単語に対応する次元だけが 1 である．したがって，日本語の新聞記事に現れる単語の種類は数十万なので，10^4 から 10^6 次元のベクトルで表される．ただし，文書となると，出現した各単語の出現回数をベクトルの要素の値とするベクトルとなる．いずれにしても，次元が非常に大きいことが特徴である．

これら全ての種類のデータにおいて時系列性が存在すると考えてよい．音声であれば，音センサからの波形データという時系列データである．画像はビデオであれば明らかに時系列である．静止画 1 枚であっても，2 次元の隣接関係がある．テキストの場合も文書は単語の前後関係という時系列である．そこで，隣接する N 単語の連鎖を一つの次元とみなすこともできる．しかし，その場合は数十万以上存在する単語種類数の N 乗次元となり，極めて膨大である．一方で，実際に観測されるデータは，それに比べればごくわずかなものである．いわゆる**データスパース性**が顕著である．この問題については第 3 章で扱う．

1.4.2 集 合 の 表 現

データ点が集合で表される場合，すなわち $\boldsymbol{x} = \{x_1, \ldots, x_K\}$ である場合について考えよう．例えば一つの文書は，その文書に出現する単語の集合であると考えられる．ただし，抽象的な概念である集合を直接，機械学習のプログラムで扱うことはできない．そこで集合をベクトルで表現する方法を考えてみる．

まず可能な要素全てをなんらかの性質の順番に並べる．例えば，自然言語の語彙を辞書順に並べるイメージである．すると，集合は，順番 k に対応する要素を集合が含むなら 1，含まないなら 0 としてベクトル表現できる．

例えば，次の 4 単語「集合」「積」「ベクトル」「要素」が辞書の 1, 2, 3, 4 番目の単語だったとき,「集合，ベクトル」という単語集合は $\boldsymbol{x} = [1, 0, 1, 0]$ というベクトルで表現できる．

ところで，テキストでは同じ単語が何回も現れる．このような状況は集合では表せない．要素が複数回出現する構造を**多重集合**あるいは**バッグ**という．集合を横ベクトルとして表現したものを拡張すれば多重集合は上記のベクトルの各要素の値を出現回数とすればよい．例えば，文書が「集合の積を，ベクトルの要素の積で表すことで積集合を定義する.」という文書は，上記の辞書の順番を使えば $[2, 3, 1, 1]$ と表現できる．

この表現をもう一歩進めて，全要素の出現数で正規化すると確率分布 $p(\boldsymbol{x})$ とみなすことができる．すなわち，次式である．

$$p(\boldsymbol{x}) = \left[\frac{x_1}{\sum_{k=1}^{K} x_k}, \ldots, \frac{x_K}{\sum_{k=1}^{K} x_k}\right]. \tag{1.6}$$

上の例であれば $[2/7, 3/7, 1/7, 1/7]$ となる．

1.4.3 素　　性

ある物事を記述するには複数の属性データを必要とすることが多い．例えば，人間個人を表すデータは，名前，年齢，性別，身長，体重，住所など多数の属性データで記述されるので，属性を次元とする多次元空間の点としてベクトルで表現される．ベクトルの各次元は数値，文字列，性別のような 2 値の属性などである．

ここで，**属性**をふだん使われる単語の意味で用いたが，ベクトル空間の各次元のことを**素性**と呼ぶことが多い．以後，素性というしばしば用いる．また，機械学習の対象になるデータから機械学習にとって有用ないし有益な素性を現実現象から切り出してデータの構造の設計を行うことを**素性エンジニアリング**と呼ぶ．素性エンジニアリングは機械学習にとっては前処理であるが，機械学習を現実の問題へ応用するデータマイニングにおいては重要な要素技術となる．

データの次元が大きい場合，全ての素性を機械学習の対象にするのは必要とする計算資源を浪費する可能性がある．そこで，あらかじめ素性の重要度を計算して，重要度の低い素性は対象データから除外する前処理，すなわち**素性選択**が有力になる．以下ではデータの重要度の計算法として有力な tf·idf (term frequency · inverse document frequency) を紹介する．

対象とするデータが多数の文書からなるテキスト[*9]において，単語を素性とする場合で考えてみる．コーパス中の文書数を N とし，単語 w_i $(i = 1, 2, \ldots, V)$ が文書 j $(j = 1, 2, \ldots, N)$ に t_{ij} 回出現したとしよう．単語の種類数すなわち語彙サイズ V は 10^4 以上と大きいので，ある単語 w_i の出現する文書数 df_i[*10]はばらつきがある．直観的には，df_i が総文書数 N に近いほど大きい単語は文書を内容的に特徴づけない単語であり，例えば助詞の「は」「が」などがそうであろう．df_i が小さいと，ある文書の集合を意味的に特徴づける有力な単語であろう．ただし，$\mathrm{df}_i = 1$ だと他の類似内容の文書でも使われることがない特殊な内容の単語であろう．したがって，df_i は大きすぎても，小さすぎてもよくなさそうである．一方，少数の文書に出現し，かつ t_{ij} が大きいと単語 w_i はその単語が出現する文書集合を特徴づけるという点で重要である．例えば，旅行会社の広告文書のコーパスを考えると，意味内容上重要な観光地の地名などは，少数の文書に多数回出現する傾向が予想される．

この考え方で単語の重要度を表すのが次式で定義される tf·idf である．

$$
\begin{aligned}
\mathrm{tf}\cdot\mathrm{idf}(i,j) &= t_{ij}\log\frac{N}{\mathrm{df}_i},\\
\mathrm{tf}\cdot\mathrm{idf}(i) &= \sum_{j=1}^{N} t_{ij}\log\frac{N}{\mathrm{df}_i}.
\end{aligned}
\tag{1.7}
$$

t_{ij} は単語すなわち term[*11]の頻度なので tf (term frequency) と記し，$\log\frac{N}{\mathrm{df}_i}$ は df_i を文書数 N で正規化したものの逆数であるので，idf (inverse document frequency)

---

*9 これを**テキストコーパス**と呼ぶ．

*10 これを文書頻度 (document frequency) と呼ぶ．

*11 辞書学や情報検索では単語を term と呼ぶことが多い．

と記す．両者を併せて tf · idf と呼ぶ．式 (1.7) の tf · idf(i, j) は文書 j における単語 w_i の重要度であり，tf · idf(i) は N 文書からなるテキストコーパスにおける単語 w_i の重要度である．機械学習の目的に応じて適宜使い分ける．

式 (1.7) の右辺を書き直してみよう．

$$\begin{aligned} \mathrm{tf} \cdot \mathrm{idf}(i, j) &= -\log \left(\frac{\mathrm{df}_i}{N} \right)^{t_{ij}}, \\ \mathrm{tf} \cdot \mathrm{idf}(i) &= -\log \left(\frac{\mathrm{df}_i}{N} \right)^{\sum_{j=1}^{N} t_{ij}}. \end{aligned} \tag{1.8}$$

この形で解釈すると，$\frac{\mathrm{df}_i}{N}$ は単語 w_i の出現回数を w_i が出現する文書数として定義したときの出現確率となる．tf · idf(i) は $\frac{\mathrm{df}_i}{N}$ を個別文書あるいはテキストコーパス全体で単語 w_i の出現回数乗をした値の $-\log$ なので，各単語の出現が独立した事象であるとみなした場合の単語 w_i のテキストコーパスに出現する確率の負の対数とみなせる．これは確率の低い，すなわち稀な事象ほど大きい．よって，tf · idf は単語 w_i の文書あるいはテキストコーパス全体における出現が稀なものほど大きいという性質を持つ．

ここで，素性選択に話を戻そう．全単語のうち tf · idf の大きなものほど個別文書ないしはテキストコーパスの特徴をよく表す．つまり，tf · idf の大きさを意味的な重要さの指標とみなせば，tf · idf がある閾値より大きい単語だけを機械学習の対象データのベクトルの要素となる素性として選択することになる．この素性選択によって，無意味な素性を考慮することによって生ずる計算資源（使用メモリ量，計算時間）の無駄な使用を削減できる．実際の応用では頻繁に必要になる前処理である．

データを素性を成分とするベクトルとして表現するとデータ間の距離を扱う必要が生ずる．典型的には第 7 章のクラスタリングで必須になるので，そこで詳述する．

1.5　評　価　方　法

既に述べたように学習に用いるデータ集合 $\mathcal{D}$ は観測データ $\boldsymbol{x}$ とその正解ラベル y からなる．機械学習では，$\mathcal{D}$ を使って未知の観測データのラベルを予測するシステム，アルゴリズムを学習するので，学習結果のシステム性能を評価する必要がある．これは，(1) 種々のアルゴリズムを比較してどのアルゴリズムが優位であるかを示すため，(2) 実データに適用したときどの程度の性能を示すか目処をつけるためである．この章では，典型的な評価方法を紹介する*12.

1.5.1 学習データとテストデータ

a. 訓練データと評価データ

評価においては，データ集合 $\mathcal{D}$ を学習に用いる**訓練データ**と学習したシステムの評価に用いる**評価データ**に分割する．なお，システムでパラメタ設定を行う場合*13これらとは別に**開発データ**も $\mathcal{D}$ から切り分けて用いる．

b. 交 差 検 定

$\mathcal{D}$ が十分に大きければ，訓練データと評価データは排他的に分割してよい．しかし，$\mathcal{D}$ が小さく，十分な訓練データが確保できない場合には，次に述べる**交差検定**を使うことが多い．表 1.1 では $\mathcal{D}$ をランダムに N 分割している．なお，各分割データの大きさはできるだけ均等にする．評価実験 1 では，分割 1 以外の分割を訓練データとして用いて学習を行い，分割 1 を評価データとして用いて評価を行っている．同様に，評価実験 i では評価データが分割 i で，それ以外の分割を学習データとして実験している．

こうして得られた N 個の評価結果を平均して $\mathcal{D}$ の評価結果とする方法を **N-分割交差検定**と呼ぶ．一般には，$\mathcal{D}$ を N 個にランダムな分割を行い，そのうち一つの分割を評価データ，残りの分割を訓練データする評価実験を，評価データを変

表 1.1 交差検定におけるデータ分割.

	分割 1	分割 2	⋯	分割 N
評価実験 1	**評価**	訓練	⋯	訓練
評価実験 2	訓練	**評価**	⋯	訓練
⋯	⋯	⋯	⋯	⋯
評価実験 N	訓練	訓練	⋯	**評価**

*12 評価方法は情報検索分野で早くから発達していた[17].
*13 例えば，第 2 章で MAP 推定において多項分布の事前分布として使う式 (2.32) の Dirichlet 分布におけるパラメタ $\boldsymbol{\alpha}$ の設定など.

えながら N 回行い，その結果を平均して $\mathcal{D}$ の評価結果とする．さて，$\mathcal{D}$ データ数が小さいときにはできるだけ学習データ数を大きくしたい．限界まで学習データ数を大きくすると，1 分割 1 データとなり，評価データは 1 個の正解ラベル付きデータとなる．これを **leave-one-out 交差検定**と呼ぶ．

c.　正解ラベル付け作業

正解ラベルを人間のラベル付け作業者が付けることが多いので，いくつか留意すべき点がある．

- ラベル付けの偏り（バイアス）を避けるために，一つの観測データに対するラベル付けを複数人で行うこと．複数人のラベル付けが異なる場合は多数決でラベルを決めることが多い．
- ラベル付け作業者間で付けたラベルの一致度を評価しておくこと．高い一致度であるほどラベルを信用できる．

しかし，大量のデータに人手でラベル付けする作業は非常にコストがかかることは留意しておく必要がある．

1.5.2　教師あり学習の場合

正解ラベル付けされた観測データの集合である教師データを使って学習して得られた分類システムの性能を評価する手法について説明する．ここでは基本となる 2 クラス分類システムについて説明する．2 クラス分類では，評価データ $\boldsymbol{x} \in \mathcal{D}$ が $+1, -1$ のいずれかのラベルを持つクラスに分類される．以下では $+1$ を正解のラベル，-1 を不正解のラベルとする．1.2.1 節でもみたように分類結果はデータ $\boldsymbol{x}$ がラベル y となる確率 $p(y|\boldsymbol{x})$ の値の大小によって決まる．すなわち適当な閾値 θ_{th} を設定し，次のようにラベルの予測値 $\hat{y}$ を決める．

$$\text{if} \quad p(1|\boldsymbol{x}) \geq \theta_{th} \quad \text{then} \quad \hat{y} = 1 \quad \text{otherwise} \quad \hat{y} = -1. \tag{1.9}$$

閾値 θ_{th} をある値に決めると，評価データ $\boldsymbol{x}$ は正解 $(\hat{y} = +1)$ あるいは不正解 $(\hat{y} = -1)$ と予測される．一方，評価データには教師データとして正解あるいは不正解のラベルが付いているので，システムによる予測値と教師データの値の組み合わせは表 1.2 に示す**分割表**で表せる．分割表の各欄の値から機械学習によって

表 **1.2**　分割表.

	教師データで正解とラベル付け	教師データで不正解とラベル付け
正解と予測	TP	FP
不正解と予測	FN	TN

表中の TP, FP, FN, TN は評価データ集合における各欄に対応する個数である.
また，これらの略称は以下の表現の省略形である.
TP: True Positive,　FP: False Positive,
FN: False Negative,　TN: Ture Negative.

構築された予測システムの評価指標として有用な**精度**，**再現率**，F **値**，**正解率**が計算できる．これらの定義を以下に示す.

$$\text{精度} = \frac{TP}{TP+FP}, \tag{1.10}$$

$$\text{再現率} = \frac{TP}{TP+FN}, \tag{1.11}$$

$$F\ \text{値} = \frac{2\cdot\text{精度}\cdot\text{再現率}}{\text{精度}+\text{再現率}}, \tag{1.12}$$

$$\text{正解率} = \frac{TP+TN}{TP+FP+FN+TN}. \tag{1.13}$$

精度は，予測システムが +1 と予測したもののうち，教師データの正解ラベルも +1 のデータの割合である．再現率は，教師データの正解ラベルが +1 のデータのうち，予測システムで +1 と予測できたデータの割合である．F 値は精度と再現率の調和平均であり，システムの性能を一つの指標で表現するときに役立つ．正解率はラベルが +1, −1 の両方の場合を正しく予測できた割合であり，−1 側のデータにも +1 側と同様に重要な意味がある場合の評価指標として有力である.

ところで，閾値 θ_{th} の値によって分割表の各欄の値，ひいてはこれらの評価指標も変化する．二つの例を図 1.2 に示す．予測値は $\theta_{th} = a$ の場合，その左側が +1，右側が −1 となる．$\theta_{th} = b, c$ の場合も同様に予測される．理想的な $p(+1|\boldsymbol{x})$ の場合および現実的な $p(+1|\boldsymbol{x})$ の場合に対して，$\theta_{th} = a, b, c$ の各々の場合の分割表を表 1.3 と表 1.4 に示す．θ_{th} の値が a と c の両極端の間では，図 1.2 に示した b の値によって分割表の各欄の値は変化する．学習を工夫することによって図 1.2 の理想的な $p(+1|\boldsymbol{x})$ の場合のように +1 ラベルのデータと −1 ラベルのデータができるだけ分離するようにしたい．さらに，表 1.3 から分かるように閾値をうま

	大 ← $p(+1\|\boldsymbol{x})$ → 小										
	各データの正解ラベル（+ は +1 を，− は −1 を表す）										
理想的な $p(+1\|\boldsymbol{x})$ の場合	+		+	+	+		−	−	−		−
現実的な $p(+1\|\boldsymbol{x})$ の場合	+		+	−	−		+	−	+		−
		a				b				c	

図 1.2　$p(+1|\boldsymbol{x})$ に並べたデータの正解ラベルと閾値．

表 1.3　理想的な $p(+1|\boldsymbol{x})$ の場合の分割表と精度，再現率，正解率．

	$\theta_{th} = a$	
ラベル付け	+1	−1
+1 と予測	1	0
−1 と予測	3	4
精度	1/1	
再現率	1/4	
正解率	5/8	

	$\theta_{th} = b$	
ラベル付け	+1	−1
+1 と予測	4	0
−1 と予測	0	4
精度	4/4	
再現率	4/4	
正解率	8/8	

	$\theta_{th} = c$	
ラベル付け	+1	−1
+1 と予測	4	3
−1 と予測	0	1
精度	4/7	
再現率	4/4	
正解率	5/8	

表 1.4　現実的な $p(+1|\boldsymbol{x})$ の場合の分割表と精度，再現率，正解率．

	$\theta_{th} = a$	
ラベル付け	+1	−1
+1 と予測	1	0
−1 と予測	3	4
精度	1/1	
再現率	1/4	
正解率	5/8	

	$\theta_{th} = b$	
ラベル付け	+1	−1
+1 と予測	2	2
−1 と予測	2	2
精度	2/4	
再現率	2/4	
正解率	4/8	

	$\theta_{th} = c$	
ラベル付け	+1	−1
+1 と予測	4	3
−1 と予測	0	1
精度	4/7	
再現率	4/4	
正解率	5/8	

く決めることによって最高の正解率を得たい．教師あり学習においては，このような目標を持ってアルゴリズムやシステムの設計を行う．

上記の簡単な例からも分かるように，閾値 θ_{th} を変化させることによって，同一の教師データ集合 $\mathcal{D}$ において（再現率，精度）の対データを多数得ることでき，それらをプロットすると図 1.3 のような再現率 vs 精度の状況を概観できる．理想的な場合は，$\bullet$ でプロットしたように再現率が 1 の直前まで精度が 1 であり，これは図 1.2 の理想的な $p(+1|\boldsymbol{x})$ に対応する．図 1.2 の現実的な場合は $\circ$ でプロットしたようになる．図中の「現実にあるような場合」の折れ線が大体の傾向を示しており，再現率が 0 から大きくなるにつれて精度が減少する．機械学習の目標

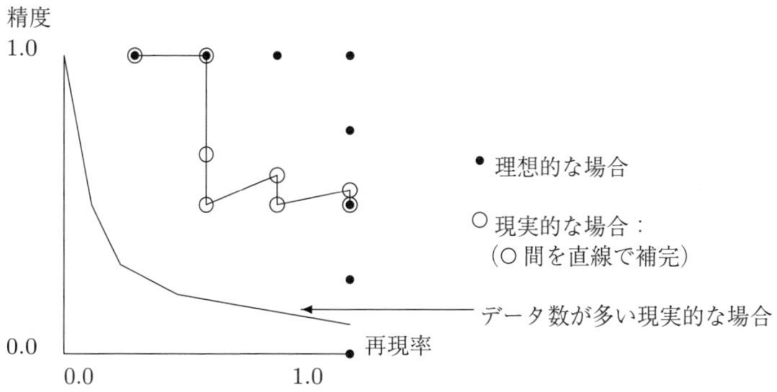

図 1.3 再現率 vs 精度.

は，言い換えれば，この減少をできるだけ少なくすることである.

次に教師あり学習でよく使われる **ROC** (Receiver Operating Characteristic) について説明する．まず次の二つの指標を導入する.

$$TPR = \frac{TP}{TP + FN}, \tag{1.14}$$

$$FPR = \frac{FP}{FP + TN}. \tag{1.15}$$

TPR[*14]は再現率と等価である．ここで横軸に *FPR*，縦軸に *TPR* をとった場合の曲線を ROC 曲線という．図 1.2 の理想的な場合と現実的な場合の ROC を各々，• と ◦ でプロットし，さらに現実にあるような ROC 曲線の例を図 1.4 に示す．誤って +1 と判定するデータを少なくしようとすると正しく +1 と判定されるデータも減ってしまうので，図の左側では ROC 曲線が下がっている．閾値 θ_{th} を下げて +1 への判定基準を緩めると正しく判定される +1 のデータは増えるが，誤って +1 と判定されるデータも増えることを示している．図から分かるように理想的なのは *FPR* が 0 より少し増加しただけで *TPR* が 1 に近づく場合である.

ROC 曲線の下側の部分の面積を **AUC** (Area Under Curve)[*15]という．AUC は閾値の値を動かして得られた ROC 曲線の下側全体の面積だから特定の閾値に依存しない機械学習の結果得られた $p(+1|\boldsymbol{x})$ の評価指標である．ところで AUC

*14 *TPR*, *FPR* は各々True Positive Rate, False Positive Rate の頭文字からなる略称.

*15 ROC 曲線を使っているので AUC-ROC ともいう．もし，図 1.3 に示したような横軸が再現率，縦軸が精度の曲線（PR 曲線）の下側の面積を使う場合には AUC-PR という.

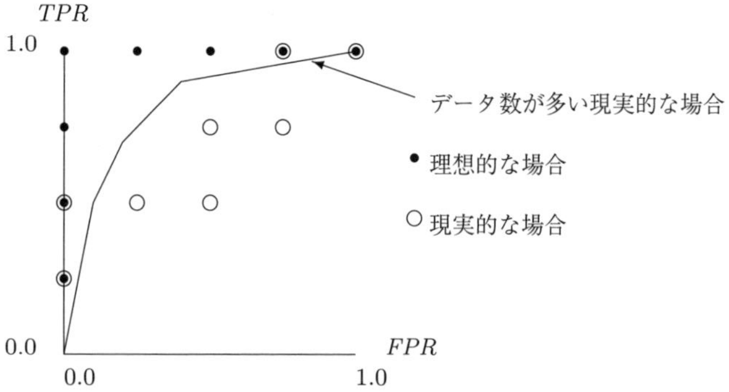

図 **1.4** ROC 曲線.

はランダムに選んだラベルが $+1$ のデータ $\boldsymbol{x}_i$ と，ランダムに選んだラベルが -1 のデータ y_i において $p(+1|\boldsymbol{x}_i) \geq p(-1|y_i)$ となる確率の期待値でもあることが知られている．

なお，特定の閾値に依存しない評価指標は他にも以下のものが提案されている．

N 点平均精度

再現率を等間隔で N 個選び，各再現率に対応する精度を平均したもの．

平均適合率

評価データが N 個あったとき，これらを $p(+1|\boldsymbol{x})$ の大きい順に並べたものを $\boldsymbol{x}(1), \boldsymbol{x}(2), \ldots, \boldsymbol{x}(N)$ とする．このとき $r(n)$ を $\boldsymbol{x}(n)$ 番目のデータのラベルが $+1$ なら 1，-1 なら 0 とする．ここで，$PR(n)$ を上位 n 個のデータすなわち $\boldsymbol{x}(1), \boldsymbol{x}(2), \ldots, \boldsymbol{x}(n)$ $(n \leq N)$ における精度とする．平均適合率 $\overline{PR}$ は次式で定義される．

$$\overline{PR} = \frac{\sum_{n=1}^{N} r(n) PR(n)}{\sum_{n=1}^{N} r(n)}. \tag{1.16}$$

平均適合率は学習結果のシステムで得られた $p(+1|\boldsymbol{x})$ がラベルが $+1$ であるデータを値の大きいところに集中させる度合いを示している．よって，閾値に依存しない $p(+1|\boldsymbol{x})$ の性能を直接評価できる指標である．また，上位のデータから順々に計算できるので，計算を上位のデータだけに絞って計算してもよい近似値を得ることができる．

図 1.2 の理想的な場合と現実的な場合の平均適合率は以下のようになる．

$$\text{理想的な場合：}\overline{PR} = 1.0,$$
$$\text{現実的な場合：}\overline{PR} = \frac{1}{4}\left(\frac{1}{1} + \frac{2}{2} + \frac{3}{5} + \frac{4}{7}\right) = 0.793.$$

1.5.3 教師なし学習

教師なし学習の場合は，存在するのは観測データだけで，正解ラベルは存在しない．したがって，正解ラベルを使う評価はできない．教師なし学習では観測データの性質だけから類似性の高いデータの集合（これを**クラスタ**と呼ぶ）を作ることが多い．この処理を**クラスタリング**と呼ぶ．正解ラベル付きのデータ集合を使ってクラスタリングのアルゴリズムや評価を行うことができるが，これについては第 7 章で具体的なクラスタリングアルゴリズムを説明した後に 7.4 節で詳述する．

1.6 本書で用いる記法

この節では本書で用いる記法について述べる．

1.6.1 ベクトルと行列

n 次元の実ベクトル全体を $\mathbb{R}^n$ とする．実ベクトル $\boldsymbol{x} \in \mathbb{R}^n$ は断らないかぎり縦ベクトルとする．以下では，特に断らないかぎり実ベクトルを単にベクトルと呼ぶ．$\boldsymbol{x}$ の第 i 要素を x_i と記す．ベクトルの要素を書き下す場合は

$$\begin{bmatrix} x_1 \\ \vdots \\ x_n \end{bmatrix}$$

と書く．これ以降本書では，観測データのベクトルの次元は通常 K とする．

$m \times n$ の実行列全体は $\mathbb{R}^{m\times n}$ である．以下では，特に断らないかぎり実行列を単に行列と呼ぶ．行列 $A \in \mathbb{R}^{m\times n}$ の (i,j) 要素を A_{ij} と記す．また，(i,j) 要素が a_{ij} である行列を $[a_{ij}]$ と記す．単位行列は I と記す．行列 A の階数を $\operatorname{rank} A$ と書く．

ベクトルおよび行列の転置は各々$\boldsymbol{x}^\top$ および $A^\top$ と書く．したがって，$\boldsymbol{x}^\top = [x_1, \ldots, x_n]$ であり，$A^\top_{i,j} = A_{j,i}$ あるいは $[a_{ij}]^\top = [a_{ji}]$ である．

ベクトル $\boldsymbol{a}$ と $\boldsymbol{b}$ の内積は $\sum_{i=1}^n a_i b_i = \boldsymbol{a}^\top \boldsymbol{b} = \boldsymbol{b}^\top \boldsymbol{a} = \langle \boldsymbol{a}, \boldsymbol{b} \rangle$ と表記する．なお本書では内積は主に $\langle \boldsymbol{a}, \boldsymbol{b} \rangle$ の表現を使う．

ベクトル $\boldsymbol{x}$ の p ノルムは一般的に以下の記法による．

$$\|\boldsymbol{x}\|_p = \left(\sum_{i=1}^K |x_i|^p \right)^{1/p}. \tag{1.17}$$

例えば，$\langle \boldsymbol{x}, \boldsymbol{x} \rangle$ は $\|\boldsymbol{x}\|_2^2$ と記し，ベクトルの長さは $\sqrt{\langle \boldsymbol{x}, \boldsymbol{x} \rangle}$ は $\|\boldsymbol{x}\|_2$ と記す．また，$\|\boldsymbol{x}\|_1$ は絶対値の和 $\sum_{i=1}^K |x_i|$ である．

行列 A の行列式は $\det(A)$ と記す．$\mathrm{tr}(A)$ は行列 A のトレース（対角成分の総和）を表す．トレースに関して，機械学習でよく使う公式として以下がある．

$$\boldsymbol{x}^\top A \boldsymbol{x} = \mathrm{tr}(A \boldsymbol{x} \boldsymbol{x}^\top) \quad ただし，A は対称行列. \tag{1.18}$$

次にスカラー $f(\boldsymbol{x})$ をベクトル $\boldsymbol{x} = [x_1, \ldots, x_K]^\top$ で微分する場合の記法をまとめる．

$$\frac{\partial f(\boldsymbol{x})}{\partial \boldsymbol{x}} = \left[\frac{\partial f(\boldsymbol{x})}{\partial x_1}, \ldots, \frac{\partial f(\boldsymbol{x})}{\partial x_K} \right]^\top. \tag{1.19}$$

例えば，内積 $\langle \boldsymbol{a}, \boldsymbol{x} \rangle$ の微分は

$$\frac{\partial \langle \boldsymbol{a}, \boldsymbol{x} \rangle}{\partial \boldsymbol{x}} = \frac{\partial \langle \boldsymbol{x}, \boldsymbol{a} \rangle}{\partial \boldsymbol{x}} = [a_1, \ldots, a_K]^\top = \boldsymbol{a} \tag{1.20}$$

となる．スカラー $f(\boldsymbol{x})$ の行列 $A = [A_{ij}]$ での微分は次のように定義される．

$$\frac{\partial f(A)}{\partial A} = \left[\left(\frac{\partial f(A)}{\partial A} \right)_{ij} \right] \quad ただし，\left(\frac{\partial f(A)}{\partial A} \right)_{ij} = \frac{\partial f(A)}{\partial A_{ij}}. \tag{1.21}$$

例えば，$K \times K$ 行列 A, B の積のトレース $\mathrm{tr}(AB)$ を行列 A で微分すると

$$\frac{\partial\, \mathrm{tr}(AB)}{\partial A} = \begin{bmatrix} B_{11} & \cdots & B_{K1} \\ \vdots & \ddots & \vdots \\ B_{1K} & \cdots & B_{KK} \end{bmatrix} = B^\top. \tag{1.22}$$

1.6.2　期待値と分散，共分散

Napier 数 $e = 2.71828\cdots$ のべき乗 e^x を $\exp\{x\}$ あるいは $\exp(x)$ と書く．$\log(x)$ は特に断らないかぎり自然対数 $\ln(x)$ を意味するとする．

確率密度関数が $p(\boldsymbol{x})$ である確率分布が与えられたとき，定義域 $\mathcal{X}$ の確率変数 $\boldsymbol{x}$ を変数とする関数 $f(\boldsymbol{x})$ の期待値 $E[f(\boldsymbol{x})]$ は次式である．

$$\begin{aligned}\text{連続分布の場合：}E[f(\boldsymbol{x})] &= \int_{\mathcal{X}} f(\boldsymbol{x})p(\boldsymbol{x})\,\mathrm{d}\boldsymbol{x},\\ \text{離散分布の場合：}E[f(\boldsymbol{x})] &= \sum_{x_i\in\mathcal{X}} f(\boldsymbol{x}_i)p(\boldsymbol{x}_i).\end{aligned} \tag{1.23}$$

確率分布を陽に示すときは $E_{確率分布}[f(\boldsymbol{x})]$ と記す．また，期待値を計算するために使う確率変数を陽に示すときは $E_{確率変数}[f(\boldsymbol{x})]$ *16と記す．

例えば，**Gauss（ガウス）分布** $\mathcal{N}(\mu,\sigma^2)$ は確率密度関数が $\frac{1}{\sqrt{2\pi\sigma^2}}\exp\left\{-\frac{(x-\mu)^2}{2\sigma^2}\right\}$ で定義され，x の期待値は以下のように書ける．

$$E_{\mathcal{N}(\mu,\sigma^2)}[x] = \int_{-\infty}^{\infty}\frac{x}{\sqrt{2\pi\sigma^2}}\exp\left\{-\frac{(x-\mu)^2}{2\sigma^2}\right\}\mathrm{d}x = \mu. \tag{1.24}$$

確率変数 $\boldsymbol{x}$ に対応する観測データ集合 $\mathcal{D}$ 中の i 番目の具体的データ値を $\boldsymbol{x}_i$ と書く．なお，本書では Gauss 分布の別称として頻繁に用いられる**正規分布**も適宜用いるが，両者は全く同じ分布を意味する．また，正規分布の変数を明示した場合は $\mathcal{N}(x;\mu,\sigma^2)$ は，確率密度関数を意味する*17．

関数 f がベクトル $\boldsymbol{f} = [f_1,\ldots,f_M]^\top$ の場合は

$$E[\boldsymbol{f}(\boldsymbol{x})] = [E[f_1(\boldsymbol{x})],\ldots,E[f_M(\boldsymbol{x})]]^\top$$

である．なお，特殊な場合として，K 次元ベクトル $\boldsymbol{x}$ に対する期待値ベクトルは $E[\boldsymbol{x}] = [E[x_1],\ldots,E[x_K]]^\top$ である．

また，分散 $V[f(\boldsymbol{x})]$ は期待値を使って，以下のように定義される．

$$V[f(\boldsymbol{x})] = E[(f(\boldsymbol{x}) - E[f(\boldsymbol{x})])^2] = E[f(\boldsymbol{x})^2] - E[f(\boldsymbol{x})]^2. \tag{1.25}$$

確率分布を陽に表すときは $V_{確率分布}[f(\boldsymbol{x})]$ と書く．

---

*16　統計学の用語でいえば，この確率変数による $f(\boldsymbol{x})$ の周辺化である．

*17　この記法は他の分布でも用いる．例えば，多項分布において $\mathrm{Mult}(\boldsymbol{x};\boldsymbol{\theta})$ は確率密度関数を意味する．

複数の確率変数に対する期待値 $E_{\boldsymbol{x},\boldsymbol{y}}[f(\boldsymbol{x},\boldsymbol{y})]$ は次式で表される．

$$\begin{aligned}
&\text{連続分布の場合：} E_{\boldsymbol{x},\boldsymbol{y}}[f(\boldsymbol{x},\boldsymbol{y})] = \int_{\mathcal{Y}}\int_{\mathcal{X}} f(\boldsymbol{x},\boldsymbol{y})p(\boldsymbol{x})p(\boldsymbol{y})\,\mathrm{d}\boldsymbol{x}\mathrm{d}\boldsymbol{y}, \\
&\text{離散分布の場合：} E_{\boldsymbol{x},\boldsymbol{y}}[f(\boldsymbol{x},\boldsymbol{y})] = \sum_{\boldsymbol{x}_i\in\mathcal{X}}\sum_{\boldsymbol{y}_j\in\mathcal{Y}} f(\boldsymbol{x}_i,\boldsymbol{y}_j)p(\boldsymbol{x}_i)p(\boldsymbol{y}_j).
\end{aligned} \tag{1.26}$$

この式を使うと $\boldsymbol{x}$ と $\boldsymbol{y}$ の共分散は

$$\begin{aligned}
\mathrm{Cov}[\boldsymbol{x},\boldsymbol{y}] &= E_{\boldsymbol{x},\boldsymbol{y}}[(\boldsymbol{x}-E[\boldsymbol{x}])(\boldsymbol{y}-E[\boldsymbol{y}])] \\
&= E_{\boldsymbol{x},\boldsymbol{y}}[\boldsymbol{x}\boldsymbol{y}] - E[\boldsymbol{x}]E[\boldsymbol{y}]
\end{aligned} \tag{1.27}$$

となる．$\boldsymbol{x}$ の要素同士の分散と共分散からなる行列は $\mathrm{Cov}[\boldsymbol{x},\boldsymbol{x}]$ となる．その (i,j) 成分は $\mathrm{Cov}[\boldsymbol{x},\boldsymbol{x}]_{i,j} = E[x_i x_j] - E[x_i]E[x_j]$ である．以下では，この行列を分散共分散行列*18と呼ぶ．

*18　長いので本書では紛れがない場合は共分散行列と呼ぶ場合もある．

2 確率分布のパラメタ推定

統計的機械学習の主要な目的は，観測データ集合からそれがある確率分布によって生成されたと仮定し，その確率分布のパラメタを推定することである．観測データ集合のみから推定する最尤推定についてまず説明する．次に事前確率分布を与え，観測データを得た後に得られる事後確率を最大化するようにパラメタを推定する最大事後確率推定（MAP 推定）を説明する．MAP 推定は事前確率分布と事後確率分布がパラメタの値が異なるだけで同じ形式である場合は，容易にパラメタ推定ができる．指数型分布族と呼ばれる確率分布の族はこの場合にあてはまる．そこで，本章の後半では指数型分布族の定義，重要な例について説明する．

2.1 最尤推定と最大事後確率推定

2.1.1 最 尤 推 定

観測データ $\boldsymbol{x}$ の確率分布がパラメタ $\boldsymbol{\theta}$ で決まっているとしよう．すなわち，$\boldsymbol{x}$ の確率分布が $p(\boldsymbol{x};\boldsymbol{\theta})$ である．

ここで，$p(\boldsymbol{x};\boldsymbol{\theta})$ に従う i.i.d. なデータの集合 $\mathcal{D}=\{\boldsymbol{x}_n \mid n=1,2,\ldots,N\}$ が観測されたとする．この観測データ集合 $\mathcal{D}$ において

$$L(\boldsymbol{\theta},\mathcal{D})=\prod_{n=1}^{N}p(\boldsymbol{x}_n;\boldsymbol{\theta}) \tag{2.1}$$

を**尤度**と呼ぶ．対象とする観測データの定義が明白な場合は $\boldsymbol{\theta}$ の関数とみなして $L(\boldsymbol{\theta})$ と書く．尤度を最大化するパラメタ $\boldsymbol{\theta}$ の値 $\hat{\boldsymbol{\theta}}_{\mathrm{ML}}$ を求めることは**最尤推定**と呼ばれ，次式で定義される．

$$\hat{\boldsymbol{\theta}}_{\mathrm{ML}}=\arg\max_{\boldsymbol{\theta}} L(\boldsymbol{\theta}). \tag{2.2}$$

例えば，正規分布だということが分かっていると，その期待値 $\boldsymbol{\theta}$ の最尤推定の結果 $\hat{\boldsymbol{\theta}}_{\mathrm{ML}}$ は式 (2.2) を使えば得られる．さらに，i.i.d. な観測データ数 N を増やしていけば，真の期待値，つまり母集団の期待値 θ^* に確率収束する．すなわち次式

が成立する．

$$\text{任意の } \epsilon \text{ について，} \lim_{N\to\infty} P(|\hat{\boldsymbol{\theta}}_{\mathrm{ML}} - \theta^*| > \epsilon) = 0. \tag{2.3}$$

ただし，

$$P(X > a) \equiv \int_a^\infty p(x)\,\mathrm{d}x$$

である．この性質は最尤推定が一致性を持つことを示している．一致性が成立する条件は最尤推定した値と真の値の差 $\hat{\boldsymbol{\theta}}_{\mathrm{ML}} - \theta^*$ の 2 ノルムの期待値 $E[\|\hat{\boldsymbol{\theta}}_{\mathrm{ML}} - \theta^*\|_2^2]$ がデータ数 N を増やすと 0 に収束することであることが知られている[20]．

ところで，対数関数は，単調増加関数なので尤度を最大にするパラメタと対数尤度を最大にするパラメタは一致する．対数尤度の場合は式 (2.2) に対応するのは次式となる．

$$\hat{\boldsymbol{\theta}}_{\mathrm{ML}} = \arg\max_{\boldsymbol{\theta}} \log L(\boldsymbol{\theta}). \tag{2.4}$$

式 (2.1) を代入して書き換えると以下の式になる．積が和の形になるので計算が容易になることがある．

$$\hat{\boldsymbol{\theta}}_{\mathrm{ML}} = \arg\max_{\boldsymbol{\theta}} \sum_{n=1}^{N} \log p(\boldsymbol{x}_n; \boldsymbol{\theta}). \tag{2.5}$$

このようにしてパラメタが $\hat{\boldsymbol{\theta}}_{\mathrm{ML}}$ という一つの値に確定したので，新規データ $\boldsymbol{x}$ の予測分布は $p(\boldsymbol{x}; \hat{\boldsymbol{\theta}}_{\mathrm{ML}})$ となる．

2.1.2　最大事後確率推定

パラメタ $\boldsymbol{\theta}$ の事前分布 $p(\boldsymbol{\theta})$ が与えられているとき，i.i.d. な観測データ集合 $\mathcal{D} = \{\boldsymbol{x}_n \mid n = 1, 2, \ldots, N\}$ を観測したという条件下でのパラメタ $\boldsymbol{\theta}$ の事後確率は $p(\boldsymbol{\theta}|\mathcal{D})$ となる．この事後確率を最大化する $\boldsymbol{\theta}$ すなわち $\hat{\boldsymbol{\theta}}_{\mathrm{MAP}}$ を求めるパラメタ推定法が**最大事後確率推定** (Maximum a Posteriori probability estimation) である．頭文字をとって **MAP 推定**とも呼ばれる．最大事後確率推定は，Bayes の定理を用いて事後確率を変形すると次式のようになり，観測データに加えて $\boldsymbol{\theta}$ の事前確率も使った推定ができる．

$$\begin{aligned}\hat{\boldsymbol{\theta}}_{\mathrm{MAP}} &= \arg\max_{\boldsymbol{\theta}} p(\boldsymbol{\theta}|\mathcal{D}) \\ &= \arg\max_{\boldsymbol{\theta}} \frac{p(\mathcal{D}|\boldsymbol{\theta})p(\boldsymbol{\theta})}{\int p(\mathcal{D}|\boldsymbol{\theta})p(\boldsymbol{\theta})\,\mathrm{d}\boldsymbol{\theta}} \\ &= \arg\max_{\boldsymbol{\theta}} \frac{p(\mathcal{D}|\boldsymbol{\theta})p(\boldsymbol{\theta})}{p(\mathcal{D})} \\ &= \arg\max_{\boldsymbol{\theta}} p(\mathcal{D}|\boldsymbol{\theta})p(\boldsymbol{\theta}). \end{aligned} \tag{2.6}$$

ここで式 (2.6) の 2 行目の分母で $\boldsymbol{\theta}$ による周辺化が行われ，3 行目の $p(\mathcal{D})$ が $\boldsymbol{\theta}$ に依存しないようになっているので，3 行目から 4 行目への変形ができる．最尤推定の場合と同じように事後確率の対数をとると次式の形になる．

$$\begin{aligned}\hat{\boldsymbol{\theta}}_{\mathrm{MAP}} &= \arg\max_{\boldsymbol{\theta}} \log p(\mathcal{D}|\boldsymbol{\theta}) + \log p(\boldsymbol{\theta}) \\ &= \arg\max_{\boldsymbol{\theta}} \sum_{n=1}^{N} \log p(\boldsymbol{x}_n|\boldsymbol{\theta}) + \log p(\boldsymbol{\theta}). \end{aligned} \tag{2.7}$$

この場合も最尤推定と同じくパラメタが $\hat{\boldsymbol{\theta}}_{\mathrm{MAP}}$ という一つの値に確定したので，新規データ $\boldsymbol{x}$ の尤度は $p(\boldsymbol{x};\hat{\boldsymbol{\theta}}_{\mathrm{MAP}})$ となる．

a. 例題：最尤推定

コイン投げの表裏のように確率変数 x が 2 種類の事象 $\{0,1\}$ のいずれかをとる場合の出現確率が各々 $p(x=1|\theta)=\theta$, $p(x=0|\theta)=1-\theta$ である **Bernoulli（ベルヌーイ）分布**の確率分布は式 (2.8) で表される．

$$\mathrm{Bern}(x;\theta) = \theta^{x}(1-\theta)^{1-x}. \tag{2.8}$$

$\mathrm{Bern}(x;\theta)$ から独立に観測された N 個の観測データ集合 $\mathcal{D}=\{x_n \mid n=1, 2,\ldots,N\}$ の尤度は

$$L(\theta) = \prod_{n=1}^{N} \mathrm{Bern}(x_n;\theta) = \prod_{n=1}^{N} \theta^{x_n}(1-\theta)^{1-x_n} \tag{2.9}$$

となる．式 (2.9) の対数をとると

$$\log L(\theta) = \sum_{n=1}^{N} \{x_n \log\theta + (1-x_n)\log(1-\theta)\}. \tag{2.10}$$

最尤推定では $\log L(\theta)$ を最大化をすればよいので，θ で微分して 0 とおく．

$$\frac{\partial}{\partial\theta}\log L(\theta) = \sum_{n=1}^{N}\left\{\frac{x_n}{\theta} - \frac{1-x_n}{1-\theta}\right\} = 0. \tag{2.11}$$

これを解けば，結果は

$$\hat{\theta}_{\mathrm{ML}} = \frac{\sum_{n=1}^{N} x_n}{N} \tag{2.12}$$

となる．

b. 例題：最大事後確率推定

Bernoulli 分布の事前分布としてパラメタ $\{a, b\}$ を持つ**ベータ分布**

$$\mathrm{Beta}(\theta; a, b) = \frac{\Gamma(a+b)}{\Gamma(a)\cdot\Gamma(b)}\theta^{a-1}\cdot(1-\theta)^{b-1} \quad ただし，0 \leq \theta \leq 1 \tag{2.13}$$

が与えられたときの最大事後確率推定を行ってみる．式 (2.7) のように事後確率の対数を用いる．また，$\Gamma(x)$ は式 (2.14) で定義される**ガンマ関数**である．

$$\Gamma(x) = \int_0^\infty u^{x-1}e^{-u}\,\mathrm{d}u. \tag{2.14}$$

事後確率の対数は次式 (2.15) となる．

$$\begin{aligned}&\log p(\mathcal{D}|\theta) + \log p(\theta)\\ &= \left(\left(\sum_{n=1}^{N} x_n + a - 1\right)\log\theta\right) + \left(\left(\sum_{n=1}^{N}(1-x_n) + b - 1\right)\log(1-\theta)\right) + C.\end{aligned} \tag{2.15}$$

ただし，C は θ に無関係な項である．これを θ について最大化すればよいので，θ で微分して 0 とおくと

$$\frac{\partial}{\partial\theta_n}\log p(\mathcal{D}|\boldsymbol{\theta}) + \log p(\boldsymbol{\theta}) = \frac{\left(\sum_{n=1}^{N} x_n\right) + a - 1}{\theta} - \frac{\left(\sum_{n=1}^{N}(1-x_n)\right) + b - 1}{1-\theta} = 0. \tag{2.16}$$

これを解けば，結果は

$$\hat{\theta}_{\mathrm{MAP}} = \frac{(\sum_{n=1}^{N} x_n) + a - 1}{N + a + b - 2}. \tag{2.17}$$

事前分布における $a-1$ が $x=1$ である観測データに加算され，$b-1$ が $x=0$ である観測データに加算されたような効果を持つことが分かる．言い換えれば，事前に $x=1,0$ の各々に対して $a-1$, $b-1$ 回の観測データがあったようにも考えられる．このように事前分布がベータ分布であるとき，特徴的な二つの場合の事後分布のパラメタをみてみよう．

$$\mathrm{Beta}(\theta;1,1)=\begin{cases}1 & \text{if } \ 0\le\theta\le1\\ 0 & \text{otherwise}\end{cases} \tag{2.18}$$

の場合は

$$\hat{\theta}_{\mathrm{MAP}}=\frac{\sum_{n=1}^{N}x_n}{N}$$

となり，観測データだけに依存する最尤推定の場合と一致する．この場合は，事前分布は一様分布であるので，特定の情報を与えていないと考えられる．

$$\mathrm{Beta}(\theta;2,1)=\begin{cases}2\theta & \text{if } \ 0\le\theta\le1\\ 0 & \text{otherwise}\end{cases}. \tag{2.19}$$

この場合は

$$\hat{\theta}_{\mathrm{MAP}}=\frac{(\sum_{n=1}^{N}x_n)+1}{N+1}$$

となり，事前に $x=1$ が 1 回観測されたとみなせる．

2.2 Bayes 推 定

最尤推定では対象のデータを生成する母集団の確率分布のパラメタを $\hat{\theta}_{\mathrm{ML}}$ として点で推定している．最大事後確率推定でも $\hat{\boldsymbol{\theta}}_{\mathrm{MAP}}$ は $p(\mathcal{D}|\boldsymbol{\theta})p(\boldsymbol{\theta})$ を最大化をする点のパラメタとして推定されている．これらの推定において用いた Bayes の定理による次の式，

$$p(\boldsymbol{\theta}|\mathcal{D})=\frac{p(\mathcal{D}|\boldsymbol{\theta})p(\boldsymbol{\theta})}{p(\mathcal{D})} \tag{2.20}$$

の右辺の最大化は $\boldsymbol{\theta}$ が他の値をとる可能性を排除している．そこで，$\mathcal{D}=\{x_n \mid n=1,\ldots,N\}$ を i.i.d. な観測データ集合とすると $p(\mathcal{D}|\boldsymbol{\theta})=\prod_{n=1}^{N}p(x_n|\boldsymbol{\theta})$ であるから

$$p(\mathcal{D}) = \int p(\mathcal{D}|\boldsymbol{\theta})p(\boldsymbol{\theta})\,\mathrm{d}\boldsymbol{\theta}$$
$$= \int \prod_{n=1}^{N} p(x_n|\boldsymbol{\theta})p(\boldsymbol{\theta})\,\mathrm{d}\boldsymbol{\theta}. \tag{2.21}$$

これを用いるとパラメタ $\boldsymbol{\theta}$ の事後分布は次式で表される．

$$p(\boldsymbol{\theta}|\mathcal{D}) = \frac{\prod_{n=1}^{N} p(x_n|\boldsymbol{\theta})p(\boldsymbol{\theta})}{\int \prod_{n=1}^{N} p(x_n|\boldsymbol{\theta})p(\boldsymbol{\theta})\,\mathrm{d}\boldsymbol{\theta}}. \tag{2.22}$$

最尤推定や最大事後確率推定がパラメタ $\boldsymbol{\theta}$ を一つの値として求めていたのに対して，式 (2.22) では，確率分布として与えられている．したがって，新規データ $\boldsymbol{x}$ に対する予測分布は次式のように無数の可能性がある $\boldsymbol{\theta}$ の値を積分して求めることができる．これは **Bayes 推定**によって求められる $\boldsymbol{x}$ の確率密度関数と呼び，次式で定義される．

$$p(\boldsymbol{x}|\mathcal{D}) = \frac{\int p(\boldsymbol{x}|\boldsymbol{\theta}) \prod_{n=1}^{N} p(x_n|\boldsymbol{\theta})p(\boldsymbol{\theta})\,\mathrm{d}\boldsymbol{\theta}}{\int \prod_{n=1}^{N} p(x_n|\boldsymbol{\theta})p(\boldsymbol{\theta})\,\mathrm{d}\boldsymbol{\theta}}. \tag{2.23}$$

ただし，この式における積分の計算は一般には困難なことが多い．

2.2.1　共役事前分布と指数型分布族

Bayes の定理を使って事前分布を考慮する特長をいかし，かつ Bayes 推定における式 (2.22) の積分計算を解析的に求めるときに役立つのが**共役事前分布**である．共役事前分布とは，事後分布がその事前分布と同じ関数の形[*1]になる事前分布である．

Bayes 推定で使う式：$p(\boldsymbol{\theta}|\mathcal{D}) \propto p(\mathcal{D}|\boldsymbol{\theta})p(\boldsymbol{\theta})$ において共役事前分布について考えてみよう．尤度では主に観測データ集合 $\mathcal{D}$ を用いてパラメタ $\boldsymbol{\theta}$ を推定している．一方，事前分布では $\boldsymbol{\theta}$ の推定を何に基づいて行っているかという疑問が生ずる．共役事前分布では事後分布と同じ関数の形であるから，仮想的観測データ $\mathcal{D}_0$ を想定し，それに基づいて $\boldsymbol{\theta}$ を推定していると考えることができる．まず以下に注意する．

---

*1　もちろん，パラメタは異なってよい．

$$
\begin{aligned}
p(\boldsymbol{\theta}|\mathcal{D},\mathcal{D}_0) &\propto p(\mathcal{D},\mathcal{D}_0|\boldsymbol{\theta})p(\boldsymbol{\theta}) \\
&= p(\mathcal{D}|\boldsymbol{\theta})p(\mathcal{D}_0|\boldsymbol{\theta})p(\boldsymbol{\theta}) \\
&\propto p(\mathcal{D}|\boldsymbol{\theta})p(\boldsymbol{\theta}|\mathcal{D}_0).
\end{aligned} \tag{2.24}
$$

1 行目は $p(a|b) \propto p(b|a)p(a)$ において，a を $\boldsymbol{\theta}$ に，b を $\mathcal{D},\mathcal{D}_0$ をまとめたものに対応させている．1 行目から 2 行目への変形は観測データ $\mathcal{D}$ と仮想的観測データ $\mathcal{D}_0$ が独立であることによる．2 行目から 3 行目は，$p(\mathcal{D}_0|\boldsymbol{\theta})p(\boldsymbol{\theta}) \propto p(\boldsymbol{\theta}|\mathcal{D}_0)$ による．式 (2.24) から，事前分布と事後分布が同じ関数の形であることの意味が分かる．情報の流れとしては $\mathcal{D}_0$ から $\boldsymbol{\theta}$ が推定され，それと $\mathcal{D}$ を使って事後分布の $\boldsymbol{\theta}$ が推定されている．つまり，$\mathcal{D}_0$ と $\mathcal{D}$ は $\boldsymbol{\theta}$ に同じ形で寄与していることが共役事前分布の意味的側面である．Bayes の定理は，事前分布における $\boldsymbol{\theta}$ と尤度における $\boldsymbol{\theta}$ を同一とみなすことに貢献している．

ここで確率分布のパラメタと条件付き分布の条件の関係について述べておく．確率密度関数 $p(x;\boldsymbol{\theta})$ において $\boldsymbol{\theta}$ はパラメタを表す．ところが式 (2.24) ではパラメタであるはずの $\boldsymbol{\theta}$ を $p(\boldsymbol{\theta}|\mathcal{D}_0)$ にみられるように確率変数とみなしている．さらにその推定結果を使って $p(\mathcal{D}|\boldsymbol{\theta})$ としているので，この場合はこの式の記法のように $\boldsymbol{\theta}$ を条件付き分布の条件のように考えることができる．したがって，以下では同じ記号 a をパラメタとみなしているときには $p(*;a)$，条件である確率変数とみなしているときは $p(*|a)$ と書くことにする[*2]．

次に述べる**指数型分布族**は，$\mathcal{D}_0$ と $\mathcal{D}$ の加算されたものが事後分布の推定に使われるという性質を持っている．

指数型分布族は次の式の形で定義される分布の集合である．

$$
p(\boldsymbol{x}|\boldsymbol{\theta}) = h(\boldsymbol{x})\exp\{\langle\boldsymbol{\theta}, u(\boldsymbol{x})\rangle - A(\boldsymbol{\theta})\}. \tag{2.25}
$$

式 (2.25) の形の指数型分布族の分布には次式の形の共役事前分布が存在する．

$$
p(\boldsymbol{\theta}|\boldsymbol{z},\nu) = f(\boldsymbol{z},\nu)\exp\{\langle\boldsymbol{\theta}, \nu\boldsymbol{z}\rangle - \nu A(\boldsymbol{\theta})\}. \tag{2.26}
$$

$\boldsymbol{\theta}$ の役割が式 (2.25) ではパラメタ，式 (2.26) では確率変数に入れ替わっている点に注意してほしい．式 (2.26) で $\boldsymbol{z}$ はパラメタであるが，意味的には仮想的観測

*2 ただし，本書の以降の部分ではもっぱらパラメタを Bayes の定理の事前分布の確率変数とし，それを条件とする条件付き分布を考える．よって，パラメタを表す ; という表現はほとんど使わず，大部分の場合は条件を表す | が使われる．

データ，ν は仮想的観測データの個数を表すと解釈できる．ここで N 個の i.i.d. な観測データからなる集合 $\mathcal{D}=\{\boldsymbol{x}_1,\ldots,\boldsymbol{x}_N\}$ に対する式 (2.25) の尤度は

$$p(\mathcal{D}|\boldsymbol{\theta})=\left(\prod_{n=1}^{N}h(\boldsymbol{x}_n)\right)\exp\left\{\left\langle\boldsymbol{\theta},\sum_{n=1}^{N}u(\boldsymbol{x}_n)\right\rangle-NA(\boldsymbol{\theta})\right\}. \tag{2.27}$$

$\boldsymbol{\theta}$ の事後分布は Bayes の定理により，式 (2.27) の尤度と式 (2.26) の事前分布を乗算したものに比例する．ただし比例定数 C は右辺を確率分布とするための正規化定数である．

$$p(\boldsymbol{\theta}|\mathcal{D},\boldsymbol{z},\nu)=C\exp\left\{\left\langle\boldsymbol{\theta},\left(\sum_{n=1}^{N}u(\boldsymbol{x}_n)+\nu\boldsymbol{z}\right)\right\rangle-(N+\nu)A(\boldsymbol{\theta})\right\}. \tag{2.28}$$

この式の右辺によれば，事前分布において ν 回観測された仮想的な観測データ $\boldsymbol{z}$ と実際の観測データ $\mathcal{D}=\{\boldsymbol{x}_1,\ldots,\boldsymbol{x}_N\}$ が加算されて，$\boldsymbol{\theta}$ の推定に使われていると解釈できる[*3]．

さて，式 (2.28) で得られた共役事前分布を考慮した指数型分布族の事後分布では $\boldsymbol{\theta}$ は一つの値ではなく確率分布なので Bayes 推定の場合と同じく新規データ $\boldsymbol{x}$ に対する予測は $\boldsymbol{\theta}$ を積分消去した次式となる．

$$\begin{aligned}p(\boldsymbol{x}|\mathcal{D},\boldsymbol{z},\nu)&=\int p(\boldsymbol{x}|\boldsymbol{\theta})p(\boldsymbol{\theta}|\mathcal{D},\boldsymbol{z},\nu)\,\mathrm{d}\boldsymbol{\theta}\\&=\int p(\boldsymbol{x}|\boldsymbol{\theta})C\exp\left\{\left\langle\boldsymbol{\theta},\left(\sum_{n=1}^{N}\boldsymbol{u}(\boldsymbol{x}_n)+\nu\boldsymbol{z}\right)\right\rangle-(N+\nu)A(\boldsymbol{\theta})\right\}\mathrm{d}\boldsymbol{\theta}.\end{aligned} \tag{2.29}$$

指数型分布族の確率分布には共役事前分布があるので，観測データを観測した後の事後分布を容易に求められる．機械学習で多用する多項分布と正規分布はいずれも指数型分布族であるので，これらについて事後分布を求めてみる．

2.2.2　多項分布と Dirichlet 分布

多項分布 $\mathrm{Mult}(\mathcal{D};\boldsymbol{\theta},N)$（ただし，$\mathcal{D}=(m_1,\ldots,m_k,\ldots,m_K)$, $m_k\in\mathbb{N}$, $\boldsymbol{\theta}=(\theta_1,\ldots,\theta_k,\ldots,\theta_K)$, $\theta_k\in\mathbb{R}$）は K 種類の事象が各々確率 $\theta_i\geq 0$ $(k=1,\ldots,K)$ ただし $\Sigma_{k=1}^{K}\theta_k=1$ で発生するとき，N 個の観測データにおいて各々の事象が m_i

*3　$\nu=0$ なら，事前分布を考慮しない場合になる．

回発生する確率を表す．例えば，語彙数が K の言語において，N 単語からなる文書中に各単語が m_k 回出現している確率を表す．確率密度関数は次式で表される．

$$p(\mathcal{D};\boldsymbol{\theta},N) = \frac{\Gamma(N+1)}{\prod_{k=1}^{K}\Gamma(m_k+1)}\prod_{k=1}^{K}{\theta_i}^{m_k} \quad ただし，\textstyle\sum_{k=1}^{K} m_k = N. \tag{2.30}$$

後に述べるように多項分布は指数型分布族であり，共役事前分布がパラメタ $\boldsymbol{\alpha}$ を持つ **Dirichlet**（ディリクレ）分布

$$p(\boldsymbol{\theta};\boldsymbol{\alpha}) = \frac{\Gamma\left(\sum_{k=1}^{K}\alpha_k\right)}{\prod_{k=1}^{K}\Gamma(\alpha_k)}\prod_{k=1}^{K}\theta_k^{\alpha_k-1} \tag{2.31}$$

であることが知られている[*4]．したがって，多項分布に従う観測データの尤度と Dirichlet 分布に従う共役事前分布の積は Dirichlet 分布に従う事後分布になることが分かる．よって，式 (2.30) と式 (2.31) によって得られる事後分布は次式で表される．

$$p(\boldsymbol{\theta}|\mathcal{D},N;\boldsymbol{\alpha}) \propto p(\mathcal{D};\boldsymbol{\theta},N)p(\boldsymbol{\theta};\boldsymbol{\alpha}) \propto \prod_{k=1}^{K}{\theta_k}^{m_k+\alpha_k-1}. \tag{2.32}$$

式 (2.32) は Dirichlet 分布なので最右辺の式より，比例定数も容易に分かり以下のようになる．

$$p(\boldsymbol{\theta}|\mathcal{D},N;\boldsymbol{\alpha}) = \frac{\Gamma\left(\sum_{k=1}^{K} m_k+\alpha_k\right)}{\prod_{k=1}^{K}\Gamma(m_k+\alpha_k)}\prod_{k=1}^{K}{\theta_k}^{m_k+\alpha_k-1}. \tag{2.33}$$

式 (2.33) の事後分布と式 (2.31) の事前分布を比べてみれば分かるように，α_k は事象 k に関する仮想的な生起回数とみなせる．

2.2.3 正 規 分 布

正規分布では平均と分散の二つの性質の違うパラメタがある．したがって観測データから計算した尤度において，平均と分散が既知か未知かで異なる共役事前分布を考えることになる．また，変数がスカラー x の 1 次元正規分布と，変数がベクトル $\boldsymbol{x}$[*5]である多次元正規分布で数学的扱いに差が出る．以下では，1 次元正規分布の場合の結果と多次元正規分布の場合の結果を対で記述する．以後，特に断らない場合は,「正規分布」は「1 次元正規分布」を意味する．

*4 多項分布はパラメタ数は K 個なので $\boldsymbol{\alpha}$ も同様に K 個のパラメタからなる．

*5 もちろん，ベクトルの次元が 1 であれば，1 次元正規分布と同一である．

a.　分散既知の正規分布

観測データ集合 $\mathcal{D} = \{x_n \mid n = 1, \ldots, N\}$ に対する正規分布 $\mathcal{N}(\mu, \sigma^2)$ の尤度は次のようになる．ただし，分散 σ^2 は既知とする．

$$
\begin{aligned}
p(\mathcal{D}|\mu, \sigma^2) &= \prod_{n=1}^{N} \frac{1}{\sqrt{2\pi\sigma^2}} \exp\left\{-\frac{(x_n - \mu)^2}{2\sigma^2}\right\} \\
&= \frac{1}{(2\pi\sigma^2)^{N/2}} \exp\left\{-\frac{\sum_{n=1}^{N}(x_n - \mu)^2}{2\sigma^2}\right\}. \qquad (2.34)
\end{aligned}
$$

観測データ集合 $\mathcal{D}$ に対する尤度である正規分布の分散が既知の場合は，事前分布に同じ関数の形を要請するのは $\exp\{-\frac{1}{2\sigma^2}(x - \mu)^2\}$ の部分である．したがって，共役事前分布が尤度と同じく正規分布とできるのでこれを $\mathcal{N}(\mu|\mu_0, \sigma_0^2)$ とし，その確率密度関数を $p(\mu)$ と書くと，事後分布は以下になる．

$$
\begin{aligned}
p(\mu|\mathcal{D}) &\propto p(\mathcal{D}|\mu)p(\mu) \propto \exp\left\{-\frac{1}{2\sigma^2}\sum_{n=1}^{N}(x_n - \mu)^2 - \frac{1}{2\sigma_0^2}(\mu - \mu_0)^2\right\} \\
&\propto \exp\left\{-\frac{1}{2}\left\{\frac{N}{\sigma^2} + \frac{1}{\sigma_0^2}\right\}\mu^2 + \left\{\frac{\mu_0}{\sigma_0^2} + \frac{\sum_{n=1}^{N} x_n}{\sigma^2}\right\}\mu\right\}. \qquad (2.35)
\end{aligned}
$$

共役事前分布の定義から事後分布が正規分布 $\mathcal{N}(\mu|\mu_N, \sigma_N^2)$ だと分かっているので，式 (2.35) の結果の μ の 1 次の項と 2 次の項の係数から事後分布の平均 μ_N と分散 σ_N^2 は次式であることが分かる[*6]．

$$
\begin{aligned}
\mu_N &= \frac{\sigma^2}{N\sigma_0^2 + \sigma^2}\mu_0 + \frac{\sigma_0^2}{N\sigma_0^2 + \sigma^2}\sum_{n=1}^{N} x_n, \\
\sigma_N^2 &= \left\{\frac{1}{\sigma_0^2} + \frac{N}{\sigma^2}\right\}^{-1}.
\end{aligned} \qquad (2.36)
$$

この式から分かるように，$N = 0$ すなわち観測データがない場合は，当然 $\mu_N = \mu_0$ および $\sigma_N^2 = \sigma_0^2$ となる．また，$N \to \infty$ においては $\mu_N \to \frac{1}{N}\sum_{n=1}^{N} x_n$ および $\sigma_N^2 \to \sigma^2$ となる．

---

*6

$$
\exp\left\{-\frac{(\mu - \mu_N)^2}{2\sigma_N^2}\right\}
$$

における μ の 1 次の項の係数が μ_N/σ_N^2，2 次の項の係数が $-1/2\sigma_N^2$ であることに注意せよ．

b. 分散既知の多次元正規分布

多次元正規分布も上記の正規分布と同じ方向で考える．ここでは確率変数 $\boldsymbol{x}$，平均 $\boldsymbol{\mu}$ は K 次元ベクトル，分散は $K \times K$ の共分散行列 Σ で扱うことになる．Σ は $E[(\boldsymbol{x}-\boldsymbol{\mu})(\boldsymbol{x}-\boldsymbol{\mu})^\top]$ である．したがって，観測データ集合 $\mathcal{D} = \{\boldsymbol{x}_n \mid n = 1, \ldots, N\}$ に対する正規分布 $\mathcal{N}(\boldsymbol{\mu}, \Sigma)$ の尤度は次のようになる．ここでも，共分散行列 Σ は既知であるとしている．

$$
\begin{aligned}
p(\mathcal{D}|\boldsymbol{\mu}, \Sigma) &= \prod_{n=1}^{N} \frac{1}{(2\pi)^{(K/2)} \det(\Sigma)^{1/2}} \exp\left\{-\frac{1}{2}(\boldsymbol{x}_n - \boldsymbol{\mu})^\top \Sigma^{-1}(\boldsymbol{x}_n - \boldsymbol{\mu})\right\} \\
&= \frac{1}{(2\pi)^{(NK/2)} \det(\Sigma)^{N/2}} \exp\left\{-\frac{1}{2}\sum_{n=1}^{N}(\boldsymbol{x}_n - \boldsymbol{\mu})^\top \Sigma^{-1}(\boldsymbol{x}_n - \boldsymbol{\mu})\right\}.
\end{aligned} \tag{2.37}
$$

この場合も共役事前分布は尤度と同じ関数の形 $\exp\left\{-\frac{1}{2}(\boldsymbol{x} - \boldsymbol{\mu})^\top \Sigma^{-1}(\boldsymbol{x} - \boldsymbol{\mu})\right\}$ を持つので多次元正規分布 $\mathcal{N}(\boldsymbol{\mu}|\boldsymbol{\mu}_0, \Sigma_0)$ とし，その確率密度関数を $p(\boldsymbol{\mu})$ と書くと，事後分布は以下になる．

$$
\begin{aligned}
&p(\boldsymbol{\mu}|\mathcal{D}) \propto p(\mathcal{D}|\boldsymbol{\mu})p(\boldsymbol{\mu}) \\
&\quad \propto \exp\left\{\frac{1}{2}\left(-\sum_{n=1}^{N}(\boldsymbol{x}_n - \boldsymbol{\mu})^\top \Sigma^{-1}(\boldsymbol{x}_n - \boldsymbol{\mu}) - (\boldsymbol{\mu} - \boldsymbol{\mu_0})^\top \Sigma_0^{-1}(\boldsymbol{\mu} - \boldsymbol{\mu}_0)\right)\right\} \\
&\quad \propto \exp\left\{-\frac{1}{2}\left(\boldsymbol{\mu}^\top(N\Sigma^{-1} + \Sigma_0^{-1})\boldsymbol{\mu} - 2\boldsymbol{\mu}^\top\left(\Sigma^{-1}\sum_{n=1}^{N}\boldsymbol{x}_n + \Sigma_0^{-1}\boldsymbol{\mu}_0\right)\right)\right\}.
\end{aligned} \tag{2.38}
$$

ただし，式変形には Σ^{-1} が対称行列であることを用いた．1 次元の場合と同様に，共役事前分布の定義から事後分布も多次元正規分布だと分かっているので，式 (2.38) の結果から，事後分布の平均 $\boldsymbol{\mu}_N$ と分散共分散行列 Σ_N は次式であることが分かる．

$$
\begin{aligned}
\boldsymbol{\mu}_N &= (N\Sigma^{-1} + \Sigma_0^{-1})^{-1}\left(\Sigma^{-1}\sum_{n=1}^{N}\boldsymbol{x}_n + \Sigma_0^{-1}\boldsymbol{\mu}_0\right), \\
\Sigma_N &= (N\Sigma^{-1} + \Sigma_0^{-1})^{-1}.
\end{aligned} \tag{2.39}
$$

c. 平均既知の正規分布

観測データの尤度において平均は既知だが，分散が未知の場合を考えてみる．ここでは分散の代わりに，その逆数である**精度** $\lambda \equiv 1/\sigma^2$ を使う．すると，個々の観測データ x_n に対する尤度 $p(x_n|\lambda)$ は正規分布 $\mathcal{N}(x_n|\mu, \lambda^{-1})$ によって決まり，観測データ集合 $\mathcal{D}$ に対する尤度 $p(\mathcal{D}|\lambda)$ は次式となる．

$$p(\mathcal{D}|\lambda) = \prod_{n=1}^{N} p(x_n|\lambda) \propto \lambda^{N/2} \exp\left\{-\frac{\lambda}{2}\sum_{n=1}^{N}(x_n-\mu)^2\right\}. \tag{2.40}$$

この形は λ のべき乗の項と $\exp(-b\lambda)$（b は λ に関係しない）の項の積からできている．この形の指数型分布族で共役事前分布になるものとして次式で定義される**ガンマ分布** $\mathrm{Gam}(\lambda|a,b)$ があり，その確率密度関数は次式である．

$$p(\lambda|a,b) = \frac{1}{\Gamma(a)} b^a \lambda^{a-1} \exp(-b\lambda). \tag{2.41}$$

事前分布を $\mathrm{Gam}(\lambda|a_0,b_0)$ として λ の事後分布を求めると次のようになる．

$$\begin{aligned} p(\lambda|\mathcal{D}) &\propto p(\mathcal{D}|\lambda)p(\lambda|a_0,b_0) \\ &\propto \lambda^{N/2+a_0-1} \exp\left\{-\frac{\lambda}{2}\sum_{n=1}^{N}(x_n-\mu)^2 - b_0\lambda\right\}. \end{aligned} \tag{2.42}$$

共役事前分布の定義から，この式の右辺がガンマ分布 $\mathrm{Gam}(\lambda|a_N,b_N)$ であるので，λ の係数をみれば，事後分布における a_N, b_N の値が次のように求まる．

$$\begin{aligned} a_N &= a_0 + \frac{N}{2}, \\ b_N &= b_0 + \frac{1}{2}\sum_{n=1}^{N}(x_n-\mu)^2. \end{aligned} \tag{2.43}$$

この結果から分かるように，a_0 は事前分布における仮想的な観測データ数，b_0 は仮想的な分散に対応する．

d. 平均既知の多次元正規分布

多次元正規分布 $\mathcal{N}(\boldsymbol{x}|\boldsymbol{\mu}, \Sigma)$ を共分散行列の逆行列で定義される**精度行列**を用いて表現した $\mathcal{N}(\boldsymbol{x}|\boldsymbol{\mu}, \Lambda^{-1})$ の確率密度関数は次のようになる．

$$p(\boldsymbol{x}|\boldsymbol{\mu}, \Lambda) = \frac{(\det \Lambda)^{1/2}}{(2\pi)^{(K/2)}} \exp\left\{-\frac{1}{2}(\boldsymbol{x}_n-\boldsymbol{\mu})^\top \Lambda(\boldsymbol{x}_n-\boldsymbol{\mu})\right\}. \tag{2.44}$$

この分布を用いた観測データ集合 $\mathcal{D}$ の尤度の共役事前分布は，上記の平均既知，分散未知の 1 次元正規分布の場合と同様の考え方により，ガンマ分布を多次元化した **Wishart 分布** $\mathcal{W}(\Lambda|W,\nu)$ であり，その確率密度関数は次式である．

$$p(\Lambda|W,\nu) = B(\det W)^{-\nu/2}(\det \Lambda)^{(\nu-K-1)/2}\exp\left\{-\frac{1}{2}\operatorname{tr}(W^{-1}\Lambda)\right\}, \tag{2.45}$$

$$B = \left\{2^{\nu K/2}\pi^{K(K-1)/4}\prod_{k=1}^{K}\Gamma\left(\frac{\nu+1-k}{2}\right)\right\}^{-1}. \tag{2.46}$$

事前分布を $\mathcal{W}(\Lambda|W_0,\nu_0)$ とすると，ν_0 はガンマ分布のパラメタ a_0 すなわち仮想的な観測データ数に対応し，W_0 はガンマ分布のパラメタ b_0 すなわち仮想的観測データの精度に対応する．観測データ集合 $\mathcal{D}$ の尤度を考慮した事後分布のパラメタはこれまでと同様の計算で次のようになる．

$$\begin{aligned}\nu_N &= \nu_0 + N,\\ W_N^{-1} &= W_0^{-1} + \sum_{n=1}^{N}(\boldsymbol{x}_n-\boldsymbol{\mu})(\boldsymbol{x}_n-\boldsymbol{\mu})^\top.\end{aligned} \tag{2.47}$$

e. 平均，分散とも未知の正規分布

平均と精度がともに既知の正規分布の場合，共役事前分布は正規分布である．精度が未知の正規分布の共役事前分布はガンマ分布である．よって，平均，精度とも未知の正規分布の共役事前分布が正規分布とガンマ分布の積だと予想される．こう考えてくると，$p(\mu|\lambda)$ が $\mathcal{N}(\mu|\mu_0,\lambda^{-1})$ の確率密度関数，$p(\lambda)$ が $\mathrm{Gam}(\lambda|a,b)$ の確率密度関数としたとき，$p(\mu,\lambda)=p(\mu|\lambda)p(\lambda)$ とおけそうである．ただし，$p(\mu|\lambda)$ によって μ を推定するときには，一般的には μ に関する仮想的な観測を β 回行ったうえでの推定となる．観測回数が β 倍になると分散は $1/\beta$，精度は β 倍になる．よって，$p(\mu|\lambda)$ の λ は $p(\lambda)$ で推定された値の β 倍されたものになる．したがって，

$$p(\mu,\lambda) = \mathcal{N}(\mu|\mu_0,(\beta\lambda)^{-1})\,\mathrm{Gam}(\lambda|a,b) \tag{2.48}$$

となる．これを正規ガンマ分布と呼び，平均，分散とも未知の正規分布が尤度関数の場合の共役事前分布となる．

平均，分散とも未知の多次元正規分布の場合の共役事前分布は，同様に考え Wishart 分布と，そこで求められた精度行列を β 倍したものを用いる多次元正規

分布を組み合わせた正規 Wishart 分布となり，次式で与えられる．

$$\begin{aligned} p(\Lambda) &= \mathcal{W}(\Lambda|a,b) \text{ の確率密度関数}, \\ p(\boldsymbol{\mu}|\Lambda) &= \mathcal{N}(\boldsymbol{\mu}|\boldsymbol{\mu}_0,(\beta\Lambda)^{-1}) \text{ の確率密度関数}, \\ p(\boldsymbol{\mu},\Lambda) &= p(\boldsymbol{\mu}|\Lambda)p(\Lambda). \end{aligned} \tag{2.49}$$

2.2.4 指数型分布族に属さない分布

以上述べてきたように，共役事前分布を利用して確率分布のパラメタの事後分布を求める Bayes 推定において指数型分布族は重要な役割を果たす．機械学習において頻繁に使われる確率分布の多くは指数型分布族である．2.2 節で示したように，離散分布を代表する多項分布，Dirichlet 分布，連続分布を代表する正規分布，多次元正規分布，さらにベータ分布，ガンマ分布，Wishart 分布などはみな指数型分布族に属する．

では，機械学習に使う分布で指数型分布族に属さないものはどんな分布であろうか．例えば指数型分布族の確率分布の重み付け和の分布は一般的に指数型分布族ではない．一般的に複数の確率分布の重み付け和によって表される確率分布を**混合分布**という．また，混合分布で表される確率モデルを**混合モデル**という．機械学習でよく使われる混合分布は正規分布の重み付け和である**混合正規分布**である．この場合は，確率分布のパラメタ推定に共役事前分布を使った事後分布の推定が使えないので，別の手法で推定することになる．代表的な推定手法は **EM アルゴリズム**であるが，これについては第 8 章で述べる．

2.3 指数型分布族のパラメタ推定

2.3.1 平均と分散の推定

指数型分布族の確率分布において平均と分散を計算する手法を説明する．$p(\boldsymbol{x}|\boldsymbol{\theta})$ の指数型分布族の確率分布は下の式の第 2 項の内側で表され，これを $\boldsymbol{x}$ で積分すると式 (2.50) となる．

$$\int p(\boldsymbol{x}|\boldsymbol{\theta})\,\mathrm{d}\boldsymbol{x} = \int h(\boldsymbol{x}) \exp\{\langle \boldsymbol{\theta}, \boldsymbol{u}(\boldsymbol{x}) \rangle - A(\boldsymbol{\theta})\}\,\mathrm{d}\boldsymbol{x} = 1 \tag{2.50}$$

$\boldsymbol{\theta}$ の推定値は式 (2.50) を微分すると式 (2.50) の第 2 項が 0 になることが分かり得られる．そこで $\boldsymbol{\theta}$ の第 k 成分 θ_k で微分すると次式が得られる[*7]．

$$
\begin{aligned}
&-\frac{\partial A(\boldsymbol{\theta})}{\partial \theta_k}\int h(\boldsymbol{x})\exp\{\langle\boldsymbol{\theta},\boldsymbol{u}(\boldsymbol{x})\rangle - A(\boldsymbol{\theta})\}\,\mathrm{d}\boldsymbol{x} \\
&\quad + \int h(\boldsymbol{x})\exp\{\langle\boldsymbol{\theta},\boldsymbol{u}(\boldsymbol{x})\rangle - A(\boldsymbol{\theta})\}\boldsymbol{u}(\boldsymbol{x})_k\,\mathrm{d}\boldsymbol{x} \\
&\qquad = -\frac{\partial A(\boldsymbol{\theta})}{\partial \theta_k} + E[\boldsymbol{u}(\boldsymbol{x})_k] = 0. \qquad (2.51)
\end{aligned}
$$

つまり

$$
E[\boldsymbol{u}(\boldsymbol{x})_k] = \frac{\partial A(\boldsymbol{\theta})}{\partial \theta_k} \qquad (2.52)
$$

となり $\boldsymbol{u}(\boldsymbol{x})_k$ の期待値が得られる．この式の左辺 $E[\boldsymbol{u}(\boldsymbol{x})_k]$ は $\int h(\boldsymbol{x})\exp\{\langle\boldsymbol{\theta}, \boldsymbol{u}(\boldsymbol{x})\rangle - A(\boldsymbol{\theta})\}\boldsymbol{u}(\boldsymbol{x})_k\,\mathrm{d}\boldsymbol{x}$ であるので，両辺を θ_l で微分すると[*8]

$$
\begin{aligned}
\frac{\partial^2 A(\boldsymbol{\theta})}{\partial \theta_k \partial \theta_l} &= \int h(\boldsymbol{x})\exp\{\langle\boldsymbol{\theta},\boldsymbol{u}(\boldsymbol{x})\rangle - A(\boldsymbol{\theta})\}\boldsymbol{u}(\boldsymbol{x})_k\boldsymbol{u}(\boldsymbol{x})_l\,\mathrm{d}\boldsymbol{x} - \frac{\partial A(\boldsymbol{\theta})}{\partial \theta_k}\frac{\partial A(\boldsymbol{\theta})}{\partial \theta_l} \\
&= E[\boldsymbol{u}(\boldsymbol{x})_k\boldsymbol{u}(\boldsymbol{x})_l] - E[\boldsymbol{u}(\boldsymbol{x})_k]E[\boldsymbol{u}(\boldsymbol{x})_l] \qquad (2.53)
\end{aligned}
$$

となる．右辺は $\boldsymbol{u}(\boldsymbol{x})$ の k 成分と l 成分に対する共分散なので結局

$$
\mathrm{Cov}[\boldsymbol{u}(\boldsymbol{x})_k, \boldsymbol{u}(\boldsymbol{x})_l] = \frac{\partial^2 A(\boldsymbol{\theta})}{\partial \theta_k \partial \theta_l} \qquad (2.54)
$$

として共分散が得られる．$k = l$ の場合は

$$
V[\boldsymbol{u}(\boldsymbol{x})_k] = \frac{\partial^2 A(\boldsymbol{\theta})}{\partial^2 \theta_k} \qquad (2.55)
$$

として，$\boldsymbol{u}(\boldsymbol{x})_k$ の分散が得られる．N 個のデータからなる観測データ集合 $\mathcal{D} = \{\boldsymbol{x}_n \mid n = 1, \ldots, N\}$ に対する指数分布族の確率分布は

$$
C\exp\left\{\left\langle\boldsymbol{\theta}, \left(\sum_{n=1}^{N}\boldsymbol{u}(\boldsymbol{x}_n)\right)\right\rangle - NA(\boldsymbol{\theta})\right\} \qquad (2.56)
$$

なので，$\mathcal{D}$ に対する最尤推定を行う場合は，式 (2.52)，式 (2.54) における $A(\boldsymbol{\theta})$ を $NA(\boldsymbol{\theta})$ で，$\boldsymbol{u}(\boldsymbol{x})$ を $\sum_{n=1}^{N}\boldsymbol{u}(\boldsymbol{x}_n)$ で各々置き換えれば平均と共分散が得られる．

---

*7　この式の導出では，被積分関数が積分区間で連続で偏微分可能なので，積分と微分の順序交換が可能であることを用いている．

*8　式 (2.52) とは左辺と右辺が入れ替わっている．

2.3.2　平均と分散の計算例

以下では代表的な指数型分布族の確率分布として多項分布と正規分布を指数型分布族の形で表現し，式 (2.52)，式 (2.54)，式 (2.55) を用いて平均，分散などの最尤推定量を計算する．

a.　多　項　分　布

ここでは多項分布の確率密度関数 $\mathrm{Mult}(\boldsymbol{x};\boldsymbol{\mu})$ を次式 1 行目で定義すると，3 行目の指数型分布族の形に書き換えられる．$\boldsymbol{x}, \boldsymbol{\mu}$ は K 次元とする．

$$\begin{aligned}
\mathrm{Mult}(\boldsymbol{x};\boldsymbol{\mu}) &= \frac{N!}{x_1!\cdots x_K!}\mu_1^{x_K}\cdots\mu_K^{x_K} \qquad \text{ただし，} \sum_{k=1}^{K} x_k = N,\ \sum_{k=1}^{K}\mu_k = 1 \\
&= \frac{N!}{x_1!\cdots x_K!}\exp\left\{\sum_{k=1}^{K-1} x_k \log\frac{\mu_k}{1-\sum_{k=1}^{K-1}\mu_k} + N\log\left(1-\sum_{k=1}^{K-1}\mu_k\right)\right\} \\
&= \frac{N!}{x_1!\cdots x_K!}\exp\left\{\sum_{k=1}^{K-1} x_k\theta_k - A(\boldsymbol{\theta})\right\}.
\end{aligned} \tag{2.57}$$

なお，上の式では

$$\theta_k = \log\frac{\mu_k}{1-\sum_{k=1}^{K-1}\mu_k} \quad \text{すなわち} \quad e^{\theta_k} = \frac{\mu_k}{1-\sum_{k=1}^{K-1}\mu_k},$$

$$A(\boldsymbol{\theta}) = -N\log\left(1-\sum_{k=1}^{K-1}\mu_k\right) = N\log\frac{\sum_{k=1}^{K}\mu_k}{1-\sum_{k=1}^{K-1}\mu_k} = N\log\sum_{k=1}^{K} e^{\theta_k}$$

とおいた*9．このように変換して $A(\boldsymbol{\theta})$ を求めれば，式 (2.52)，式 (2.54)，式 (2.55) を用いて平均，共分散，分散が微分操作で以下のように求められる．

$$\begin{aligned}
E[x_k] &= \frac{\partial A(\boldsymbol{\theta})}{\partial\theta_k} = N\frac{e^{\theta_k}}{\sum_{k=1}^{K} e^{\theta_k}} = N\mu_k, \\
\mathrm{Cov}[x_k, x_l] &= \frac{\partial^2 A(\boldsymbol{\theta})}{\partial\theta_k\partial\theta_l} = -N\mu_k\mu_l(k\neq l), \\
V[x_k] &= \frac{\partial^2 A(\boldsymbol{\theta})}{\partial\theta_k^2} = N\mu_k(1-\mu_k).
\end{aligned} \tag{2.58}$$

---

*9　$A(\boldsymbol{\theta})$ の変形では $1 = \sum_{k=1}^{K}\mu_k$ を用いていることに注意．

b. 正 規 分 布

正規分布では分布を決めるパラメタが平均と分散であり，分散は確率変数の 2 乗で決まってくるので，指数分布族として表現するときの $\boldsymbol{u}(x)$ が多項分布のときのように直接に確率変数を使えない．そこで $\boldsymbol{u}(x) = [x, x^2]^\top$ とすると，正規分布 $\mathcal{N}(x; \mu, \sigma^2)$ の確率密度関数は以下のように指数分布族の形に変換できる．

$$\begin{aligned}
&\frac{1}{\sqrt{2\pi\sigma^2}} \exp\left\{-\frac{(x-\mu)^2}{2\sigma^2}\right\} \\
&\quad = \frac{1}{\sqrt{2\pi}} \exp\left\{\left[\frac{\mu}{\sigma^2}, -\frac{1}{2\sigma^2}\right]\left[\begin{array}{c} x \\ x^2 \end{array}\right] - \frac{1}{2}\left(\frac{\mu^2}{\sigma^2} - \log\frac{1}{\sigma^2}\right)\right\}, \\
&\boldsymbol{\theta} = [\theta_1, \theta_2] = \left[\frac{\mu}{\sigma^2}, -\frac{1}{2\sigma^2}\right], \\
&A(\boldsymbol{\theta}) = \frac{1}{2}\left(\frac{\mu^2}{\sigma^2} - \log\frac{1}{\sigma^2}\right) = -\frac{\theta_1^2}{4\theta_2} - \frac{1}{2}\log(-2\theta_2).
\end{aligned} \tag{2.59}$$

$A(\boldsymbol{\theta})$ が求まったので，これを x に対応する θ_1 で微分すれば，よく知られた正規分布の平均と分散が求まる．

$$\begin{aligned}
E[x] &= \frac{\partial A(\boldsymbol{\theta})}{\partial\theta_1} = \frac{\partial}{\partial\theta_1}\left(-\frac{\theta_1^2}{4\theta_2}\right) = -\frac{\theta_1}{2\theta_2} = \mu, \\
V[x] &= \frac{\partial^2 A(\boldsymbol{\theta})}{\partial\theta_1^2} = \frac{\partial}{\partial\theta_1}\left(-\frac{\theta_1}{2\theta_2}\right) = -\frac{1}{2\theta_2} = \sigma^2.
\end{aligned} \tag{2.60}$$

3 線形モデル

ベクトルで表された観測データ $\boldsymbol{x}$ に対する回帰や分類の結果を y とするとき，重みベクトル $\boldsymbol{w}$ による観測データとの内積 $\langle \boldsymbol{x}, \boldsymbol{w} \rangle$ によって y が決まるモデルを線形モデルという．これは内積がベクトル $\boldsymbol{x}$ の各成分の重み付け線形和になっているからである．y と $\langle \boldsymbol{x}, \boldsymbol{w} \rangle$ の 2 乗誤差，すなわち 2 乗損失を最小化する $\boldsymbol{w}$ は，よく知られた正規方程式の解として得られることを述べる．次に，より簡素なモデルを目指して，$\boldsymbol{w}$ の L1 あるいは L2 正則化項も併せて最適化する正則化について説明する．さらに，種々の損失と正則化項を紹介し，最後に事前分布を考慮した分類について説明する．

3.1 線形回帰モデル

3.1.1 最尤推定と正規方程式

以下で対象となる観測データ $(\boldsymbol{x}, y)$ は一般性を考慮して，$\boldsymbol{x}$ が定数のバイアスを持っているとする．すなわち $\boldsymbol{x} = [1, x_1, \ldots, x_K]^\top$, $x_k \in \mathbb{R}$，ただし $k = 1, \ldots, K$，$y \in \mathbb{R}$ とする．重みベクトル $\boldsymbol{w} = [w_0, w_1, \ldots, w_K]^\top$ を用いて $y = \sum_{k=0}^{K} x_k w_k = \langle \boldsymbol{x}, \boldsymbol{w} \rangle$ という形で表現される母集団の構造を推定することを**線形回帰**と呼ぶ．観測データは一般に雑音を含む．ここでは雑音 ε は平均 $= 0$，分散 $= \sigma^2$ の正規分布 $\mathcal{N}(0, \sigma^2)$ に従うとする．すると観測データは $y = \langle \boldsymbol{x}, \boldsymbol{w} \rangle + \varepsilon$ と表される．観測データ集合 $\mathcal{D}$ が N 組の観測データ $\{(\boldsymbol{x}_n, y_n) \mid n = 1, \ldots, N\}$ からなるとする．この観測データ集合を用いて尤度最大にする $\boldsymbol{w}$ を求める最尤推定を行う．

この状況を行列で表現するために以下の記法を導入する．ただし，$\boldsymbol{x}_n$ の第 k 要素を x_{nk} とする．

$$y \equiv \begin{bmatrix} y_1 \\ \vdots \\ y_N \end{bmatrix}, \quad \boldsymbol{w} \equiv \begin{bmatrix} w_0 \\ w_1 \\ \vdots \\ w_K \end{bmatrix}, \quad X \equiv \begin{bmatrix} \boldsymbol{x}_1^\top \\ \vdots \\ \boldsymbol{x}_N^\top \end{bmatrix} = \begin{bmatrix} 1 & x_{11} & \dots & x_{1K} \\ \vdots & & \ddots & \vdots \\ 1 & x_{N1} & \dots & x_{NK} \end{bmatrix}. \tag{3.1}$$

ここで X は観測データを要素とする行列であるが，統計学における**計画行列**に対応する．この記法を使うと，尤度は $L(\boldsymbol{w}, \mathcal{D}) = p(\boldsymbol{y}|X, \boldsymbol{w}, \sigma^2) = \prod_{n=1}^{N} \mathcal{N}((y_n - \langle \boldsymbol{x}_n, \boldsymbol{w} \rangle); 0, \sigma^2)$ となる．対数尤度にすると

$$\log L(\boldsymbol{w}, \mathcal{D}) = -\frac{N}{2} \log(2\pi\sigma^2) - \frac{1}{2\sigma^2} \sum_{n=1}^{N} (y_n - \langle \boldsymbol{x}_n, \boldsymbol{w} \rangle)^2 \tag{3.2}$$

となるので，最尤推定は次式になる．

$$\begin{aligned} \hat{\boldsymbol{w}} &= \operatorname*{arg\,max}_{\boldsymbol{w}} \log L(\boldsymbol{w}, \mathcal{D}) \\ &= \operatorname*{arg\,min}_{\boldsymbol{w}} \sum_{n=1}^{N} (y_n - \langle \boldsymbol{x}_n, \boldsymbol{w} \rangle)^2. \end{aligned} \tag{3.3}$$

以上により尤度を最大にする $\hat{\boldsymbol{w}}$ はすなわち 2 乗誤差を最小化する重みベクトル $\hat{\boldsymbol{w}}$ であり，以下のように書ける．

$$\hat{\boldsymbol{w}} = \operatorname*{arg\,min}_{\boldsymbol{w}} (\boldsymbol{y} - X\boldsymbol{w})^\top (\boldsymbol{y} - X\boldsymbol{w}). \tag{3.4}$$

これは右辺の 2 次形式を $\boldsymbol{w}$ での微分が 0 に等しいという方程式を解けばよい．

$$\frac{\partial}{\partial \boldsymbol{w}} (\boldsymbol{y} - X\boldsymbol{w})^\top (\boldsymbol{y} - X\boldsymbol{w}) = 0. \tag{3.5}$$

この式を解くためにスカラーの関数をベクトルで微分する必要があるので，そのことを説明しつつ導出する．

まず，右辺の 2 次形式を展開すると $\boldsymbol{y}^\top \boldsymbol{y} - \boldsymbol{w}^\top X^\top \boldsymbol{y} - \boldsymbol{y}^\top X \boldsymbol{w} + \boldsymbol{w}^\top X^\top X \boldsymbol{w}$ となる．内積の微分の公式（ただし $\boldsymbol{a}$ は定数）

$$\frac{\partial}{\partial \boldsymbol{w}} \boldsymbol{w}^\top \boldsymbol{a} = \frac{\partial}{\partial \boldsymbol{w}} \boldsymbol{a}^\top \boldsymbol{w} = \boldsymbol{a} \tag{3.6}$$

を使って $\boldsymbol{w}$ で各項を微分すると

$$\frac{\partial}{\partial \boldsymbol{w}} \boldsymbol{y}^\top \boldsymbol{y} = 0, \quad \frac{\partial}{\partial \boldsymbol{w}} \boldsymbol{w}^\top X^\top \boldsymbol{y} = X^\top \boldsymbol{y}, \quad \frac{\partial}{\partial \boldsymbol{w}} \boldsymbol{y}^\top X \boldsymbol{w} = [\boldsymbol{y}^\top X]^\top = X^\top \boldsymbol{y},$$

$$\frac{\partial}{\partial \boldsymbol{w}} \boldsymbol{w}^\top X^\top X \boldsymbol{w} = \frac{\partial \boldsymbol{w}^\top (X^\top X \boldsymbol{w})}{\partial \boldsymbol{w}} + \frac{\partial (\boldsymbol{w}^\top X^\top X) \boldsymbol{w}}{\partial \boldsymbol{w}} = 2X^\top X \boldsymbol{w}.$$

ただし，上の式の第 2 項で括弧内の $\boldsymbol{w}$ は微分の対象にしていない．

よって，式 (3.5) $= -2X^\top(\boldsymbol{y} - X\boldsymbol{w}) = 0$ でありまとめると

$$(X^\top X)\boldsymbol{w} = X^\top \boldsymbol{y} \tag{3.7}$$

となる．これを**正規方程式**と呼ぶ．これを解くと $\hat{\boldsymbol{w}}$ として次式が得られる．

$$\hat{\boldsymbol{w}} = (X^\top X)^{-1} X^\top \boldsymbol{y}. \tag{3.8}$$

なお，この正規方程式の解が計算できるためには $(K+1) \times (K+1)$ 行列である $X^\top X$ が正則，この場合はランク $K+1$ でなければならない．

例題　簡単な例として，$\boldsymbol{x}$ が 1 次元の場合を正規方程式を解いてみよう．

$$y = \begin{bmatrix} y_1 \\ \vdots \\ y_N \end{bmatrix}, \quad \boldsymbol{w} = \begin{bmatrix} w_0 \\ w_1 \end{bmatrix}, \quad X = \begin{bmatrix} 1 & x_1 \\ \vdots & \vdots \\ 1 & x_N \end{bmatrix}. \tag{3.9}$$

すると

$$X^\top X = \begin{bmatrix} N & \sum_{n=1}^N x_n \\ \sum_{n=1}^N x_n & \sum_{n=1}^N x_n^2 \end{bmatrix}, \quad X^\top \boldsymbol{y} = \begin{bmatrix} \sum_{n=1}^N y_n \\ \sum_{n=1}^N x_n y_n \end{bmatrix}$$

$$\Rightarrow \quad (X^\top X)^{-1} = \frac{1}{N\sum_{n=1}^N x_n^2 - \left(\sum_{n=1}^N x_n\right)^2} \begin{bmatrix} \sum_{n=1}^N x_n^2 & -\sum_{n=1}^N x_n \\ -\sum_{n=1}^N x_n & N \end{bmatrix}.$$

この結果から以下のように $\hat{\boldsymbol{w}}$ が求まる．特に w_0 は $y - w_1 x$ の観測データ集合での平均なので，定数のバイアスとなっていることが直観的にも理解できる．

$$\begin{aligned} \hat{w}_0 &= \frac{1}{N}\left(\sum_{n=1}^N y_n - \hat{w}_1 \sum_{n=1}^N x_n\right), \\ \hat{w}_1 &= \frac{N\sum_{n=1}^N x_n y_n - \sum_{n=1}^N x_n \cdot \sum_{n=1}^N y_n}{N\sum_{n=1}^N x_n^2 - \left(\sum_{n=1}^N x_n\right)^2}. \end{aligned} \tag{3.10}$$

K が大きくなり $X^\top X$ が高次元の行列になると，$(X^\top X)^{-1}$ という逆行列演算の計算量は $O(K^3)$ なので時間がかかる．そこで逆行列を計算せずに式 (3.7) を連立 1 次方程式として解く種々の効率的な数値計算法を使う必要がある．

既に $\hat{\boldsymbol{w}}$ が分かったが，明らかにこれは σ^2 に依存しない．そこで $\hat{\boldsymbol{w}}$ を使って，最尤推定で $\hat{\sigma^2}$ を求めてみよう．ここで σ^2 を精度 λ に置き換えて計算を進める．形式的には

$$\frac{\partial}{\partial\lambda}\log L(\lambda,\hat{\boldsymbol{w}},\mathcal{D})=\frac{N}{2\lambda}-\frac{1}{2}\sum_{n=1}^{N}(y-\langle\boldsymbol{x}_n,\hat{\boldsymbol{w}}\rangle)^2=0. \tag{3.11}$$

これを解くと

$$\hat{\sigma^2}=\hat{\lambda}^{-1}=\frac{1}{N}\sum_{n=1}^{N}(y-\langle\boldsymbol{x}_n,\hat{\boldsymbol{w}}\rangle)^2 \tag{3.12}$$

となり，$\hat{\sigma^2}$ は観測データ集合 $\mathcal{D}$ における標本分散に一致することが分かる．

3.1.2　基底関数の導入

3.1.1 節では y は $\boldsymbol{x}$ $(=[1,x_1,\ldots,x_K]^\top)$ の線形な関数で表現されていた．しかし，実際には非線形な関数で表現されるべき場合もある．そのような場合に対応するために，$\boldsymbol{w}$ との内積を直接 $\boldsymbol{x}$ ととらずに，非線形関数 $\boldsymbol{\phi}(\boldsymbol{x})$ と内積をとる方法がある．$\boldsymbol{\phi}(\boldsymbol{x})$ は $[1,\phi_1(\boldsymbol{x}),\ldots,\phi_M(\boldsymbol{x})]^\top$ という $M+1$ 次元の縦ベクトルである．よって重みベクトル $\boldsymbol{w}$ の次元は $M+1$ になる．仮に 3 次の項まで考えると $\boldsymbol{\phi}(\boldsymbol{x})=[1,x_1,x_1^2,x_1^3,\ldots,x_K,x_K^2,x_K^3]^\top$ であり，$M=3K$ である．さらに y の回帰式は次のようになる．

$$\begin{aligned}y=\langle\boldsymbol{\phi}(\boldsymbol{x}),\boldsymbol{w}\rangle&=w_0+x_1w_1+x_1^2w_2+x_1^3w_3+\cdots\\&\quad+x_Kw_{3K-2}+x_K^2w_{3K-1}+x_K^3w_{3K}.\end{aligned} \tag{3.13}$$

べき乗以外には周期性のある場合には，$\sin(2m\pi x_m/M)$ $(m=1,\ldots,M)$，種々の平均を考慮する場合は $\exp(-(x-\mu_m)^2/2\sigma^2)$ $(m=1,\ldots,M)$ のように M 個の平均の異なる正規分布の exp の部分などがある．正規方程式の解は以下のようになる．なお，ε は 平均 $=0$，分散 $=\sigma^2$ の雑音である．

$$\boldsymbol{\phi}(\boldsymbol{x}_i)=\begin{bmatrix}1\\\phi_1(\boldsymbol{x}_i)\\\vdots\\\phi_M(\boldsymbol{x}_i)\end{bmatrix},\quad \Phi(\boldsymbol{x})=\begin{bmatrix}\boldsymbol{\phi}(\boldsymbol{x}_1)^\top\\\vdots\\\boldsymbol{\phi}(\boldsymbol{x}_N)^\top\end{bmatrix},\quad \boldsymbol{w}=\begin{bmatrix}\boldsymbol{w}_0\\\vdots\\\boldsymbol{w}_M\end{bmatrix},$$

$$\boldsymbol{y}=\Phi(\boldsymbol{x})\boldsymbol{w}+\varepsilon \quad\Rightarrow\quad \text{正規方程式の解：}\hat{\boldsymbol{w}}=(\Phi(\boldsymbol{x})^\top\Phi(\boldsymbol{x}))^{-1}\Phi(\boldsymbol{x})^\top\boldsymbol{y}. \tag{3.14}$$

当然，$\Phi(\boldsymbol{x})^\top\Phi(\boldsymbol{x})$ は正則でなければならない．この非線形化は確率変数 $\boldsymbol{x}$ の高次の項の持つ性質を回帰に取り込める利点はあるが，対象データのベクトルの次元 M が高くなると計算量が $O(M^3)$ であり，膨大な計算を要することが問題である．

さらに高次の項を増やすことによって，教師データを高い精度で表現できるようになる反面，未知のデータの回帰や分類性能が逆に悪化する過学習という現象も起こる．これについては 4.1 節で詳しく述べる．

3.2 線形分類モデル

3.2.1 2 クラス分類

分類の場合は，観測データ $\boldsymbol{x}$ の分類先のクラス C に関するデータは $y \in \{1, -1\}$ という 2 値のいずれかをとり，$y = 1$ の場合は $\boldsymbol{x}$ はクラス C に属し，$y = -1$ の場合は $\boldsymbol{x}$ はクラス C に属さない（あるいは $\bar{C}$ というクラスに属す）ことを表す．これ以外は線形回帰の場合の式 (3.1) と同じ設定を用いると，正解クラス y の尤度を最大化する重みベクトル $\boldsymbol{w}$ を求めることになる．雑音 ε は $\mathcal{N}(0, \sigma^2)$ に従うとすると，尤度最大化は結局，$\langle \boldsymbol{x}_n, \boldsymbol{w} \rangle$ によって表される観測データが属すると予想するクラスと，正解データ y_n の差の 2 乗を観測データ集合 $\mathcal{D}$ について総和をとったものを最小化することになる．線形回帰でも示したように，$\boldsymbol{w}$ の最尤推定の結果である $\hat{\boldsymbol{w}}$ は以下に再掲する正規方程式の解として求まる．

$$\hat{\boldsymbol{w}} = (X^\top X)^{-1} X^\top \boldsymbol{y}. \tag{3.15}$$

以下では，ここで得られた $\hat{\boldsymbol{w}}$ を分類重みベクトルと呼ぶ．$\hat{\boldsymbol{w}}$ を使った新規データ $\boldsymbol{x}$ の分類予測関数 $y(\boldsymbol{x}) = \langle \boldsymbol{x}, \hat{\boldsymbol{w}} \rangle$ を用いた分類のアルゴリズムすなわち**分類器**は次のようになる．

$$\begin{aligned} &\text{if} \quad y(\boldsymbol{x}) \geq 0 \quad \text{then} \quad C \\ &\quad \text{else} \quad \bar{C}. \end{aligned}$$

直観的理解のために，正解ラベル付きの観測データが 2 個で，2 クラス分類するという簡単な場合を例にして線形分類の概念を紹介する．この状況を図 3.1 に示す．簡単のため，観測データ集合の平均は 0 の例とし，バイアス項は省略している．また，図では $y = 1$ のクラスの観測データは $\bullet$，$y = -1$ の場合は $\circ$ で表している．

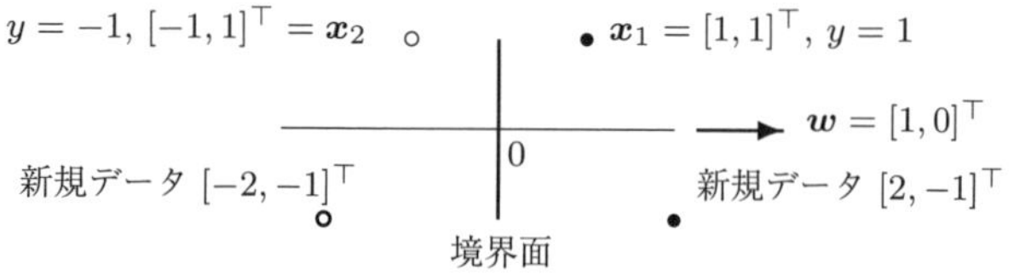

図 3.1　線形識別の簡単な例.

図 3.1 によると $X=\begin{bmatrix}1 & 1\\ -1 & 1\end{bmatrix}$, $\boldsymbol{y}=\begin{bmatrix}1\\ -1\end{bmatrix}$ なので，正規方程式により

$$\begin{aligned}\hat{\boldsymbol{w}}&=(X^\top X)^{-1}X^\top\boldsymbol{y}\\ &=\begin{bmatrix}2 & 0\\ 0 & 2\end{bmatrix}^{-1}\begin{bmatrix}1 & -1\\ 1 & 1\end{bmatrix}\begin{bmatrix}1\\ -1\end{bmatrix}=\begin{bmatrix}1\\ 0\end{bmatrix}\end{aligned}\tag{3.16}$$

であることが分かる．この図の例では $y=1$ の観測データと $y=-1$ の観測データを分類する境界面は明らかに原点を通る縦軸そのものである．したがって，$\hat{\boldsymbol{w}}$ は境界面に直交するベクトルであることが分かる．さらに新規データ $\boldsymbol{x}=[2,-1]^\top$ に対しては $\langle\boldsymbol{x},\hat{\boldsymbol{w}}\rangle=2\geq 0$ なので $y=1$，$\boldsymbol{x}=[-2,-1]^\top$ に対しては $\langle\boldsymbol{x},\hat{\boldsymbol{w}}\rangle=-2<0$ なので $y=-1$ と正しく分類されている．

3.2.2　境界面の幾何学的解釈

一般的状況での境界面あるいは分類重みベクトル $\hat{\boldsymbol{w}}$ の幾何学的意味を図 3.2 を用いて説明する．

ここでバイアスに対応する定数項を含まない観測データ $[x_1,\ldots,x_K]^\top$ を $\acute{\boldsymbol{x}}$，バイアス項 w_0 を含まない分類重みベクトル $[w_1,\ldots,w_K]$ を $\hat{\acute{\boldsymbol{w}}}$ と書くことにする．すると，新規データ $\boldsymbol{x}$ に対する y の予測値 $y(\boldsymbol{x})=\langle\acute{\boldsymbol{x}},\hat{\acute{\boldsymbol{w}}}\rangle+w_0$ の値が正の場合はクラス C，負の場合は $\bar{C}$ に分類され，0 の場合は境界面上になる．よって，図 3.2 に示すように境界面上の 2 点 $\boldsymbol{x}_a$, $\boldsymbol{x}_b$ はともに $y(\boldsymbol{x}_a)=y(\boldsymbol{x}_b)=0$ である．ゆえに $y(\boldsymbol{x}_a)-y(\boldsymbol{x}_b)=\langle(\acute{\boldsymbol{x}}_a-\acute{\boldsymbol{x}}_b),\hat{\acute{\boldsymbol{w}}}\rangle=0$．これによって $\hat{\acute{\boldsymbol{w}}}$ は境界面に垂直な方向のベクトルであることが確認される．次に原点から $\hat{\acute{\boldsymbol{w}}}$ の方向，すなわち境界面に垂線を落としたときの境界面との交点を $\acute{\boldsymbol{x}}_c$ とする．境界面上の点だから，

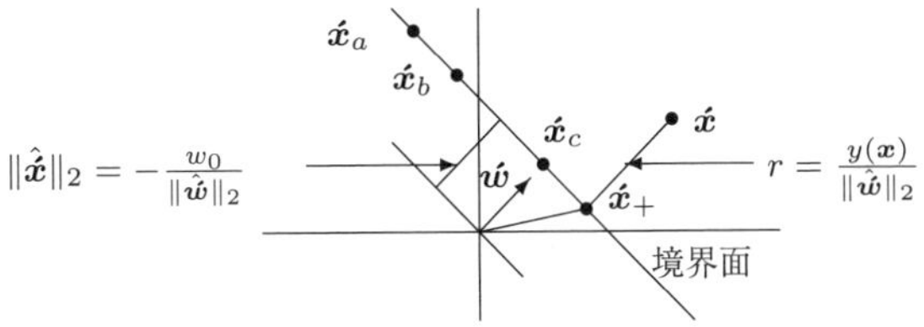

図 3.2 分類境界面と分類重みベクトル $\hat{\boldsymbol{w}}$ の幾何学的意味.

$$\langle \acute{\boldsymbol{x}}_{\boldsymbol{c}}, \hat{\boldsymbol{w}} \rangle + w_0 = 0 \tag{3.17}$$

である．一方，$\acute{\boldsymbol{x}}_c$ は $\hat{\boldsymbol{w}}$ と同じ方向なので，

$$\langle \acute{\boldsymbol{x}}_{\boldsymbol{c}}, \hat{\boldsymbol{w}} \rangle = \|\hat{\acute{\boldsymbol{x}}}_c\|_2 \cdot \|\hat{\boldsymbol{w}}\|_2.$$

これを式 (3.17) に代入すると，

$$\|\hat{\acute{\boldsymbol{x}}}_c\|_2 \cdot \|\hat{\boldsymbol{w}}\|_2 = -w_0.$$

ゆえに $\acute{\boldsymbol{x}}_c$ の長さすなわち $\|\acute{\boldsymbol{x}}_c\|_2$ は以下の式で表される．

$$\|\acute{\boldsymbol{x}}_c\|_2 = -\frac{w_0}{\|\hat{\boldsymbol{w}}\|_2}. \tag{3.18}$$

次にデータ $\acute{\boldsymbol{x}}$ から境界面までの距離 r を求める．この距離はデータ $\acute{\boldsymbol{x}}$ がクラス C（あるいは $\bar{C}$）のどのくらい内側に入っているか（あるいは境界面に近くてきわどくそのクラスに分類されたか）を表す尺度とみなすことができる．また，後にサポートベクターマシンの定式化において重要な役割を果たすことになる．

まず，$\acute{\boldsymbol{x}}$ を通り，境界面と直交する $\hat{\boldsymbol{w}}$ 方向の直線を考える．この直線と境界面との交点を $\acute{\boldsymbol{x}}_+$ とする．この方向の単位ベクトルは

$$\frac{\hat{\boldsymbol{w}}}{\|\hat{\boldsymbol{w}}\|_2}$$

であるので，

$$\acute{\boldsymbol{x}} = \acute{\boldsymbol{x}}_+ + r\frac{\hat{\boldsymbol{w}}}{\|\hat{\boldsymbol{w}}\|_2}$$

である．この式の両辺の転置をとり，右から $\hat{\boldsymbol{w}}$ をかけて w_0 をたすと

$$y(\boldsymbol{x}) = \acute{\boldsymbol{x}}^\top \hat{\boldsymbol{w}} + w_0 = \langle \acute{\boldsymbol{x}}_+, \hat{\boldsymbol{w}} \rangle + w_0 + r\frac{\hat{\boldsymbol{w}}^\top \hat{\boldsymbol{w}}}{\|\hat{\boldsymbol{w}}\|_2} = y(\acute{\boldsymbol{x}}_+) + r\|\hat{\boldsymbol{w}}\|_2.$$

$\acute{\boldsymbol{x}}_+$ は境界面上にあるので，$y(\acute{\boldsymbol{x}}_+) = 0$ だから，r は式 (3.19) で表される．

$$r = \frac{y(\boldsymbol{x})}{\|\hat{\boldsymbol{w}}\|_2}. \tag{3.19}$$

3.2.3 多クラス分類

2 クラス分類は新規データ $\boldsymbol{x}$ が C というクラスに属するか，属さない（C の補集合である $\bar{C}$ というクラスに属する）かを判断するものであった．現実の問題では，分類先のクラス数が多い場合がある．例えば，新聞記事の分類では，政治，経済，スポーツ，文化など多数のクラスが想定できる．このようにクラス数が多い場合の分類，すなわち多クラス分類について説明する．クラス数は M (≥ 2) とする．

a. 多数の 2 クラス分類

この方法はクラスごとに 2 クラス分類器を学習し，M 個の分類器を作っておく．新規データ $\boldsymbol{x}$ を M 個の分類器全てで分類し，そのクラスに入ると判定されたクラスを $\boldsymbol{x}$ の分類先とする．これは簡単であるが，次のような状況が発生しえる．

$\boldsymbol{x}$ が分類先となるクラスが 2 個以上ある場合．これは，本当に複数クラスに属すると解釈することもできる．例えば，サッカーのスポーツ記事はオリンピック記事のクラスと W 杯記事のクラスの両方に入っていてもおかしくない場合がある．ただし，分類先を 1 個のクラスにしたい場合は，ヒューリスティックな方法ではあるが，3.2.2 節で述べた式 (3.19) による境界面からの距離が一番大きなクラスを選ぶ方法が考えられる．

$\boldsymbol{x}$ が分類先のクラスが一つもなかった場合，すなわち全クラスで $\bar{C}$ に分類されてしまった場合は，そうとう酷いヒューリスティックだが，そのデータと境界面からの距離が一番近いクラスに分類してしまう方法がありえる．しかし，本来は今まで知られていなかったクラスの新規データが出現したと考え，新たなクラスをつくるべき状態になったと考えるべきかもしれない．こういう場合は，分類ではなくむしろ後述するクラスタリング手法の守備範囲になる．

b. 正解の多クラス対応化

a. では正解ラベル y は -1 か 1 をとる場合に対応する 2 クラス分類器を複数個作って利用していた．しかし，M クラスあるので，正解ラベルを M 次元のベクトル $\boldsymbol{y}$ にして 1 個の M クラス分類器を作る方法もある．すなわち，$M=4$ で第 1 クラスと第 3 クラスにだけデータ $\boldsymbol{x}$ が属する場合は，$\boldsymbol{y}=[1,-1,1,-1]^\top$ とする．ただし，解析は複雑なので省略する．また，複数クラスが分類先になってしまう問題も同様に発生する．

3.3 正　則　化

元来，高次元のデータ，あるいは非線形化によるデータの高次元化などによって複雑な回帰や分類のモデルを考えると正解ラベル付きの観測データ集合，すなわち**訓練データ**にはよく適合する．しかし，訓練データに適合しすぎると訓練データ以外のデータ，例えば未知の新規データの予測性能，すなわち**汎化性能**は劣化する可能性が高くなる．これを**過学習**と呼ぶ．過学習を抑制するためにはモデルを簡素に保つことが効果的である．例えば，母集団のモデルが線形であっても，観測データが雑音を含むため 2 次以上の高次の曲線で回帰あるいは分類の境界面を学習すると訓練データに対する誤差は小さくなるが，本来が線形であるため，新規データに対しての予測性能が劣化すると予想される．

過学習を抑える方法として，**2 乗損失** $\mathcal{L}$[*1] にモデルの複雑さを表す**正則化項** $R(\boldsymbol{w})$ を加算した正則化項付き損失を最少化する重みベクトル $\hat{\boldsymbol{w}}$ を求める手法がある．以下では，観測データは既に平均値 $=0$ になっており，ベクトル $\boldsymbol{x}$ からバイアス項（第 1 成分の 1）を除いたものを $\boldsymbol{x}$ とし，それに対応する $\boldsymbol{w}$ の w_0 は除いたものを $\boldsymbol{w}$ として議論を進める．正則化項が p ノルムの q 乗の場合は式 (3.20) で表される．

$$\hat{\boldsymbol{w}}=\underset{\boldsymbol{w}}{\arg\min}\,\mathcal{L}(\boldsymbol{w},\mathcal{D})+\lambda R(\boldsymbol{w})=\underset{\boldsymbol{w}}{\arg\min}\left(\sum_{n=1}^{N}(y_n-\langle\boldsymbol{x}_n,\boldsymbol{w}\rangle)^2+\lambda\|\boldsymbol{w}\|_p^q\right). \tag{3.20}$$

この式の λ は損失に対して正則化項を重視する度合いを表すパラメタである．

---

*1　2 乗誤差の訓練データでの総和．

3.3.1 L2 正 則 化

$R(\boldsymbol{w}) = \|\boldsymbol{w}\|_2^2 = \boldsymbol{w}^\top \boldsymbol{w}$ の場合を **L2 正則化**あるいは **ridge 正則化**という．これを解くには両辺を $\boldsymbol{w}$ で微分して 0 とおけばよい．すなわち，式 (3.5) に $R(\boldsymbol{w})$ を加味して以下となる．ただし，X は式 (3.1) で定義された観測データを要素とする行列である．

$$\frac{\partial}{\partial \boldsymbol{w}} \left\{ (\boldsymbol{y} - X\boldsymbol{w})^\top (\boldsymbol{y} - X\boldsymbol{w}) + \lambda \boldsymbol{w}^\top \boldsymbol{w} \right\} = -2X^\top (\boldsymbol{y} - X\boldsymbol{w}) + 2\lambda \boldsymbol{w} = 0 \quad (3.21)$$

であり，これを解くと式 (3.22) が得られる．

$$\hat{\boldsymbol{w}} = (\lambda I + X^\top X)^{-1} X^\top \boldsymbol{y}. \quad (3.22)$$

幾何学的には，図 3.3 の 2 次元のデータの例で示すように，データの中心点からの同心円（観測データの雑音による損失 $\mathcal{L}(\boldsymbol{w}, \boldsymbol{x})$）と原点中心の同心円（正則化項 $R(\boldsymbol{w})$ に対応する）が接する点が $\hat{\boldsymbol{w}}$ になるように $\boldsymbol{w}$ を最適化するものである．よって，$\|\hat{\boldsymbol{w}}\|_2^2$ の大きさを抑制する効果があるが，特定の次元の $\boldsymbol{w}$ を 0 にする次元削減効果はない．

3.3.2 L1 正 則 化

$$R(\boldsymbol{w}) = \|\boldsymbol{w}\|_1 = \sum_{k=1}^{K} |w_k| \quad (3.23)$$

の場合を **L1 正則化**あるいは **Lasso**[*2]という．まず L1 正則化の幾何学的意味を図 3.4 に示す．

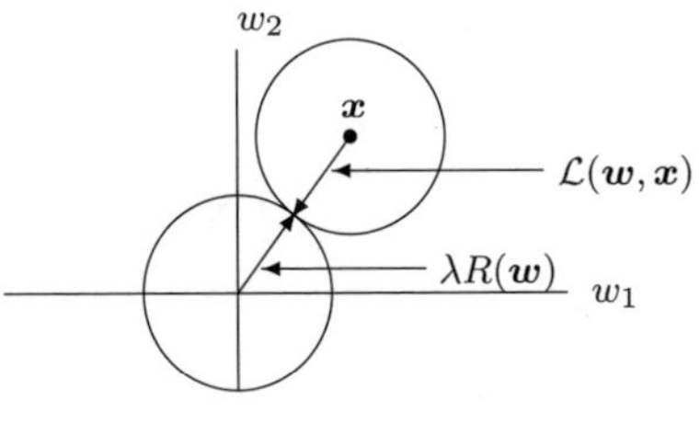

図 3.3　L2 正則化の幾何学的意味．

*2　Lasso とは，Least absolute shrinkage and selection operator の略称である．

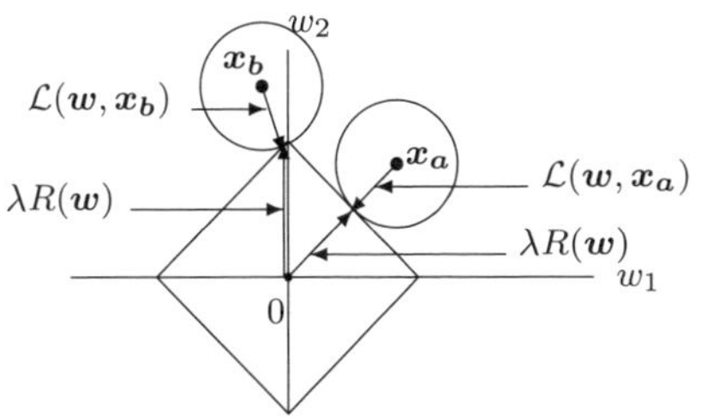

(a) 全体像

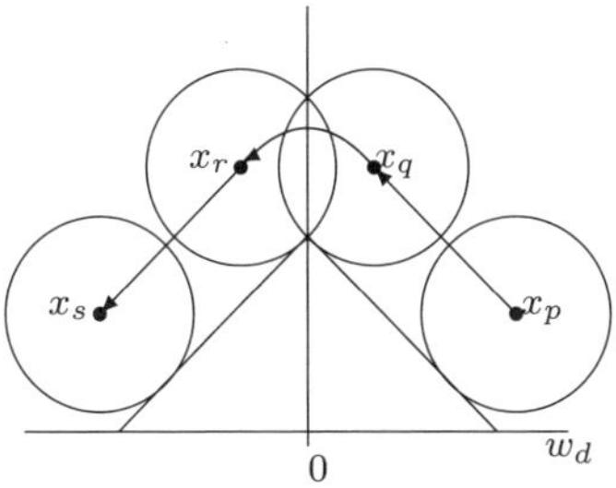

(b) $w_d = 0$ 付近の挙動

図 **3.4**　L1 正則化の幾何学的意味.

$\boldsymbol{x_a}$ の場合はデータ点を中心にする同心円と原点を中心にする菱形に接するように $\boldsymbol{w}$ を最適化する．この場合は $\boldsymbol{w}$ のどれかの成分が 0 になることはない．しかし，$\boldsymbol{x_b}$ のような位置にくると，データ点を中心にする同心円と原点を中心にする菱形が接するのは w_2 軸上にあり，$\boldsymbol{w}$ の w_1 軸の成分は 0 になる．具体的には図 3.4 の右側「$w_d = 0$ 付近の挙動」おいて，観測データが x_q から x_r までの移動の間は w_1 軸の成分は 0 である．つまり，観測データのかなりの領域で w_1 軸の成分は 0 になっている．結局，この区間では $\boldsymbol{w}$ において w_1 の成分は新規データを回帰あるいは分類するとき考慮する必要がなくなっている．このことを w_1 の次元が削減されたという．つまり，学習された回帰，分類のモデルは簡単化されている．これは，正則化の観点からはよい性質であるが，L2 正則化の場合と違って閉じた形の最適解 $\hat{\boldsymbol{w}}$ を求められない．その理由は $|w|$ が $w = 0$ で微分できないことにある．若干複雑になるが，最適化の計算を以下に示す．

a.　L1 正則化の最適化計算

原点で微分不可能な $R(\boldsymbol{w})$ のため $\boldsymbol{w}$ の全ての次元を同時に最適化することはできないので，まずある次元 d に着目して，$\mathcal{L}(\boldsymbol{w}, \boldsymbol{x}) + \lambda R(\boldsymbol{w})$ を最小にする第 d 次元の $\boldsymbol{w}$ の値 w_d を求める．これは，図 3.4 の右側の「$w_d = 0$ 付近の挙動」において，w_d を調整して $\boldsymbol{w}$ を菱形で表される $\lambda R(\boldsymbol{w})$ と接触させる操作に対応する．実際の計算をしてみよう．$\mathcal{L}(\boldsymbol{w}, \boldsymbol{x}) + \lambda R(\boldsymbol{w})$ を w_d を抽出した部分と残りの部分に分けて書くと式 (3.24) になる．

$$\mathcal{L}(\boldsymbol{w},\boldsymbol{x})+\lambda R(\boldsymbol{w})=\sum_{n=1}^{N}\left(y_n-x_{nd}w_d-\sum_{k\neq d}x_{nk}w_k\right)^2+\lambda\left(|w_d|+\sum_{k\neq d}|w_k|\right).^{*3} \tag{3.24}$$

式 (3.24) を w_d に関する項だけを取り出して書き換えると次のようになる[*4]．ただし，w_d に関係ない部分は定数とみなし，まとめて C とした．

$$\mathcal{L}(\boldsymbol{w},\boldsymbol{x})+\lambda R(\boldsymbol{w})=\left(\sum_{n=1}^{N}x_{nd}^2\right)(w_d^2-2w_d\tilde{w_d})+\lambda|w_d|+C,$$

$$\tilde{w_d}=\frac{\sum_{n=1}^{N}x_{nd}\left(y_n-\sum_{k\neq d}x_{nk}w_k\right)}{\sum_{n=1}^{N}x_{nd}^2}.$$

ここで $\gamma=\lambda/(2\sum_{n=1}^{N}x_{nd}^2)$ とおくと，式 (3.25) となる．

$$\mathcal{L}(\boldsymbol{w},\boldsymbol{x})+\lambda R(\boldsymbol{w})\propto\frac{1}{2}w_d^2-w_d\tilde{w_d}+\gamma|w_d|+C=LR(\boldsymbol{w}). \tag{3.25}$$

ここまでは単純な式の変形である．問題は $w_d=0$ を境目にして場合分けする次の部分である．

$$\frac{\partial LR(\boldsymbol{w})}{\partial w_d}=\begin{cases}w_d-\tilde{w_d}+\gamma & \text{場合 1}\quad w_d>0\\ \text{定義できない} & \text{場合 2}\quad w_d=0\\ w_d-\tilde{w_d}-\gamma & \text{場合 3}\quad w_d<0\end{cases}. \tag{3.26}$$

したがって，$\frac{\partial LR(\boldsymbol{w})}{\partial w_d}=0$ なる w_d を各場合について求めると，以下のような結果になる．

場合 1　$w_d-\tilde{w_d}+\gamma=0$ なので $\tilde{w_d}>\gamma$ なら $w_d>0$ となる．

- この場合は図 3.4 右側の $x_p\rightarrow x_q$ の部分に対応．

場合 2　$-\gamma<\tilde{w_d}<\gamma$ なら $w_d=0$ とならざるをえない．なぜなら，

$w_d>0$ だと $\tilde{w_d}-\gamma>0$ すなわち $\tilde{w_d}>\gamma$ なので矛盾，

$w_d<0$ だと $\tilde{w_d}+\gamma<0$ すなわち $\tilde{w_d}<-\gamma$ なので矛盾．

- この場合は図 3.4 右側の $x_q\rightarrow x_r$ の部分に対応．

---

*3　x_{nd}，x_{nk} は各々 $\boldsymbol{x}_n$ の第 d 成分，k 成分を意味する．

*4　$\tilde{w_d}$ は $\mathcal{L}(\boldsymbol{w},\boldsymbol{x})$ に対応する右辺の左側の項を w_d で微分して 0 とおいた式を解いた結果である．

場合 3　$w_d - \tilde{w_d} + \gamma = 0$ なので $\tilde{w_d} < -\gamma$ なら $w_d < 0$ となる.

- この場合は図 3.4 右側の $x_r \to x_s$ の部分に対応.

こうして w_d の最適解が求まったようにみえるが，その解には他の次元の重み w_k $(k \neq d)$ を含む．したがって，図 3.5 に示す繰り返しアルゴリズムによって $\boldsymbol{w}$ の各次元の重みが収束するまでこの図の処理を繰り返して，最適な重みベクトル $\hat{\boldsymbol{w}}$ を求める．上記の**場合 2** $(w_d = 0)$ の場合は，$-\gamma < \tilde{w_d} < \gamma$ という区間を持ち，その区間では $w_d = 0$ になるので，実際はかなり多くの次元で $\hat{\boldsymbol{w}}$ が 0 になるという次元削減効果がある．したがって，新規データに対する分類器が簡素化されることが分かる．このような重みベクトルの 0 の成分を増やすことをスパース化とも呼ぶ.

3.3.3　正則化項の Bayes 的解釈

線形モデルにおいては，Bayes の定理を用いた対数尤度を用いる最大事後確率推定は以下に示す式 (3.27) である．線形モデルでは確率分布のパラメタは重みベクトル $\boldsymbol{w}$ なので，式 (3.27) は式 (2.7)

$$\hat{\boldsymbol{\theta}}_{\mathrm{MAP}} = \arg\max_{\boldsymbol{\theta}} \log p(\mathcal{D}|\boldsymbol{\theta}) + \log p(\boldsymbol{\theta})$$

の右辺の $\boldsymbol{\theta}$ を $\boldsymbol{w}$ で置き換えたものである.

step 1	$\boldsymbol{w}$ の各要素を適当な値に初期化.
step 2	$\boldsymbol{w}$ の各要素の値 w_k $(k = 1, \ldots, K)$ が収束するまで以下 step 3 を繰り返す.
step 3	$k = 1, \ldots, K$ で step 3-1, step 3-2 を繰り返す.
step 3-1	w_j $(j \neq k)$ を用いて式 (3.26) の場合， 場合 1, 2, 3 に従って w_k の更新値を計算.
step 3-2	w_k を step 3-1 で計算した更新値に置き換える.
step 4	収束した結果を $\hat{\boldsymbol{w}}$ とする.

図 **3.5**　$\hat{\boldsymbol{w}}$ を求める繰り返しアルゴリズム.

$$\hat{\boldsymbol{w}} = \arg\max_{\boldsymbol{w}}(\log p(\mathcal{D}|\boldsymbol{w}) + \log p(\boldsymbol{w})) = \arg\max_{\boldsymbol{w}} \sum_{n=1}^{N} \log p(\boldsymbol{x}_n|\boldsymbol{w}) + \log p(\boldsymbol{w}). \tag{3.27}$$

観測データなどの記法は式 (3.1) を用い，観測データの雑音 ε の確率分布は $\mathcal{N}(0, \sigma^2)$ であるとする．観測データは i.i.d. なので対数尤度は

$$\log p(\mathcal{D}|\boldsymbol{w}) = \log L(\boldsymbol{w}, \mathcal{D}) = -\frac{N}{2}\log(2\pi\sigma^2) - \frac{1}{2\sigma^2}\sum_{n=1}^{N}(y_n - \langle \boldsymbol{x}_n, \boldsymbol{w}\rangle)^2$$

である．一方，$\boldsymbol{w}$ の事前分布は平均が $\mathbf{0}$ で各成分の分散は全て σ_0^2 の正規分布，すなわち $\mathcal{N}(\mathbf{0}, \sigma_0^2 I)$ とするとその対数は

$$\log p(\boldsymbol{w}) = -\frac{K}{2}\log(2\pi\sigma_0) - \frac{\boldsymbol{w}^\top\boldsymbol{w}}{2\sigma_0^2}$$

である．最大事後確率推定は $\boldsymbol{w}$ について $\arg\max_{\boldsymbol{w}} \log L(\boldsymbol{w}, \mathcal{D}) + \log p(\boldsymbol{w})$ を行う操作なので，$\boldsymbol{w}$ に関係ない項は無視できるため，以下になる．

$$\hat{\boldsymbol{w}} = \arg\min_{\boldsymbol{w}}\left(\frac{1}{\sigma^2}\sum_{n=1}^{N}(y_n - \langle \boldsymbol{x}_n, \boldsymbol{w}\rangle)^2 + \frac{\boldsymbol{w}^\top\boldsymbol{w}}{\sigma_0^2}\right). \tag{3.28}$$

ここで，$\lambda = \sigma^2/\sigma_0^2$ とおくと式 (3.29) になる．

$$\hat{\boldsymbol{w}} = \arg\min_{\boldsymbol{w}}\left(\sum_{n=1}^{N}(y_n - \langle \boldsymbol{x}_n, \boldsymbol{w}\rangle)^2 + \lambda\|\boldsymbol{w}\|_2^2\right). \tag{3.29}$$

これは，式 (3.20) において $p = q = 2$ とした L2 正則化に他ならない．つまり，**正則化項は事前分布に対応する**．また λ の定義から，正則化項を重視する度合い λ は事前分布の分散に対して観測データの分散が何倍かを表す．つまり，観測データに対して事前分布の分散が小さくて信頼性が高ければ，事前分布をより重視するという自然な解釈を λ が与えていると考えられる．

次に事前分布として $\boldsymbol{w}$ の各次元の成分が同一の **Laplace 分布**を持つとすると，事前分布は

$$p(\boldsymbol{w}) = \left(\frac{1}{2\eta}\right)^K \exp\left(-\frac{\|\boldsymbol{w}\|_1}{\eta}\right)$$

になる．すると，対数尤度を用いた最大事後確率推定は，L2 正則化の場合と同じく $\boldsymbol{w}$ に関係しない部分を無視すれば，次の式で与えられる．

$$\hat{\boldsymbol{w}} = \arg\min_{\boldsymbol{w}}\left(\frac{1}{\sigma^2}\sum_{n=1}^{N}(y_n - \langle \boldsymbol{x}_n, \boldsymbol{w}\rangle)^2 + \frac{\|\boldsymbol{w}\|_1}{\eta}\right). \tag{3.30}$$

ここで $\lambda = \sigma^2/\eta$ と定義すると最大事後確率の推定は式 (3.31) になる．

$$\hat{\boldsymbol{w}} = \arg\min_{\boldsymbol{w}} \left(\sum_{n=1}^{N} (y_n - \langle \boldsymbol{x}_n, \boldsymbol{w} \rangle)^2 + \lambda \|\boldsymbol{w}\|_1 \right). \tag{3.31}$$

これは，式 (3.20) において $p = q = 1$ とした L1 正則化である．つまり，事前分布が Laplace 分布であることが L1 正則化項に対応する．Laplace 分布の分散は $2\eta^2$ なので，正規分布の場合と同様に，観測データの分散に比して事前分布の分散が小さいほど事前分布を重視するという意味付けができる．

このように正則化項は Bayes の定理を利用した最大事後確率推定におけるなんらかの事前分布に対応していること，正則化項の重みは観測データの分散に対する事前分布の分散の小ささ，すなわち信頼性の高さに対応していることが分かる．

3.4　種々の損失と正則化

この章では線形モデルにおける回帰と分類のモデルを表す重みベクトル $\boldsymbol{w}$ の最適値 $\hat{\boldsymbol{w}}$ を式 (3.20)（以下に再掲する）に示すように，損失 $\mathcal{L}(\boldsymbol{w}, \mathcal{D})$ と正則化項 $R(\boldsymbol{w})$ の和を最小化して解く方法について述べてきた．

$$\hat{\boldsymbol{w}} = \arg\min_{\boldsymbol{w}} \mathcal{L}(\boldsymbol{w}, \mathcal{D}) + \lambda R(\boldsymbol{w}).$$

損失や正則化項には既に述べてきた以外にも種々の定義のものがある．そこで，ここではまだ紹介していなかった損失と正則化項のうち主なものについて触れておくことにする．そのうちいくつかは第 5 章のサポートベクターマシンや第 6 章のオンライン学習で使われることになる．以下では主に分類モデルに関して説明を進める．

3.4.1　損　　失

a.　2　乗　損　失

この章で用いた損失は観測データ y_n と予測値 $\langle \boldsymbol{w}, \boldsymbol{x}_n \rangle$ の 2 乗誤差の総和の 2 乗損失であり 2 乗ノルムを用いて $\sum_{n=1}^{N} \|y_n - \langle \boldsymbol{w}, \boldsymbol{x}_n \rangle\|_2^2$ と表される．ここで分類問題の場合を考えると，$y_n \in \{-1, 1\}$ であるから $y_n^2 = 1$ に注意すると，

$$y_n - \langle \boldsymbol{w}, \boldsymbol{x}_n \rangle = y_n - y_n^2 \langle \boldsymbol{w}, \boldsymbol{x}_n \rangle = y_n(1 - y_n \langle \boldsymbol{w}, \boldsymbol{x}_n \rangle).$$

したがって，

$$\|y_n - \langle \boldsymbol{w}, \boldsymbol{x}_n \rangle\|_2^2 = \|1 - y_n \langle \boldsymbol{w}, \boldsymbol{x}_n \rangle\|_2^2.$$

よって 2 乗損失 $\mathcal{L}_2(\boldsymbol{w}, \mathcal{D})$ は次の式で表される．

$$\mathcal{L}_2(\boldsymbol{w}, \mathcal{D}) = \sum_{n=1}^{N} \|1 - y_n \langle \boldsymbol{w}, \boldsymbol{x}_n \rangle\|_2^2. \tag{3.32}$$

横軸を一つの観測データ $\{\boldsymbol{x}, y\}$ における $y\langle \boldsymbol{w}, \boldsymbol{x} \rangle$ としたとき 2 乗損失は図 3.6 に示すようになる．

$0 < y_n \langle \boldsymbol{w}, \boldsymbol{x}_n \rangle$ の場合は分類の正解データ y_n と予測値 $\langle \boldsymbol{w}, \boldsymbol{x}_n \rangle$ の符号が等しいので正しい分類が行われている．これを 2 値分類における損失に関してみれば，式 (3.32) の左辺の総和内部の各項において，$1 - y_n \langle \boldsymbol{w}, \boldsymbol{x}_n \rangle$ の場合は，正しい分類であっても $y_n \langle \boldsymbol{w}, \boldsymbol{x}_n \rangle$ が 1 以外の場合は損失があるということになる．

図 3.6 に示すように，$y_n \langle \boldsymbol{w}, \boldsymbol{x}_n \rangle$ が負で絶対値が大きなデータにおいて 2 乗ノルムの損失が非常に大きくなるため，境界面から離れた観測データの影響が大きくなりすぎる傾向がある．このことが分類精度に悪影響を与える問題については 5.1 節で詳しく述べる．

b.　0/1　損　失

分類の場合，正しい分類なら 0，誤った分類なら 1 という損失が直観的である．これを 0/1 損失と呼び，$\mathcal{L}_{01}$ と書くことにする．1 個の観測データ $\{\boldsymbol{x}, y\}$ の 0/1

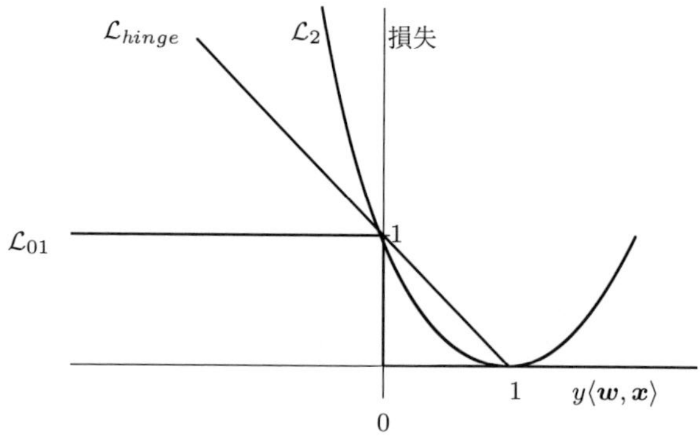

図 **3.6**　2 乗損失 $\mathcal{L}_2$，0/1 損失 $\mathcal{L}_{01}$，ヒンジ損失 $\mathcal{L}_{hinge}$．

損失は以下で定義される.

$$\mathcal{L}_{01}(\boldsymbol{w}, \boldsymbol{x}_n, y_n) = \begin{cases} 0 & \text{if} \quad y_n \langle \boldsymbol{w}, \boldsymbol{x}_n \rangle > 0 \\ 1 & \text{otherwise} \end{cases}. \tag{3.33}$$

観測データ集合 $\mathcal{D} = \{\boldsymbol{x}_n, y_n \mid n = 1, \ldots, N\}$ に対する 0/1 損失は次式となる.

$$\mathcal{L}_{01}(\boldsymbol{w}, \mathcal{D}) = \sum_{n=1}^{N} \mathcal{L}_{01}(\boldsymbol{w}, \boldsymbol{x}_n, y_n). \tag{3.34}$$

0/1 損失は損失の大きさが観測データの境界面からの距離に依存しない点が好ましい. しかし, 0/1 損失の最少化は離散最適化問題となり計算量が大きく直接に分類問題を解くためには使いにくい.

c. ヒンジ損失

0/1 損失の扱いにくさは境界面における不連続性なので, それを解消し, かつ 2 乗損失のように境界面から遠い観測データの影響が大きすぎる点も緩和した損失が**ヒンジ損失** $\mathcal{L}_{hinge}$ である. 観測データ集合 $\mathcal{D}$ に対するヒンジ損失は次式で定義される. ヒンジとは蝶番のことであり, 図 3.6 に示すヒンジ損失の形状からこのような名前が付いている.

$$\mathcal{L}_{hinge}(\boldsymbol{w}, \mathcal{D}) = \sum_{n=1}^{N} [1 - y_n \langle \boldsymbol{w}, \boldsymbol{x}_n \rangle]_+. \tag{3.35}$$

ただし, $[x]_+$ は次式で定義される.

$$[x]_+ = \begin{cases} x & \text{if} \quad x \geq 0 \\ 0 & \text{otherwise} \end{cases}. \tag{3.36}$$

図 3.6 に示すように, ヒンジ損失は 0/1 損失より大きい値をとるが, 2 乗損失よりは 0/1 損失のよい近似になっており, 0/1 損失のよい代理の役割[*5]をできる. この場合は正しい分類ができていても $y\langle \boldsymbol{w}, \boldsymbol{x} \rangle$ が 1 以下の場合は損失があり, 境界面, すなわち $y\langle \boldsymbol{w}, \boldsymbol{x} \rangle = 1$ のときの損失が 0 となる. また, $y\langle \boldsymbol{w}, \boldsymbol{x} \rangle = 0$ のときの損失が 1 となる. 第 5 章のサポートベクターマシンにおける損失として使われることになる.

---

*5 **代理損失**と呼ぶ.

d. 指数損失

誤分類をしたとき $-y\langle \boldsymbol{w}, \boldsymbol{x}\rangle$ の値が大きいほど間違え方が酷いといえる．したがって，観測データ $\{\boldsymbol{x}, y\}$ に対して $\exp(-y\langle \boldsymbol{w}, \boldsymbol{x}\rangle)$ という損失を考えると，この間違え方の酷さをうまく表せるといえよう．これを**指数損失**と呼び，観測データ集合 $\mathcal{D}$ に対する指数損失は次式で定義される．その概形は図 3.7 に示す．

$$\mathcal{L}_{\exp}(\boldsymbol{w}, \mathcal{D}) = \sum_{n=1}^{N} \exp(-y_n\langle \boldsymbol{w}, \boldsymbol{x}_n\rangle). \tag{3.37}$$

この損失は**アダブースト**という学習法で使われる[24]．

e. ロジスティック損失

指数損失とは逆に $-y_n\langle \boldsymbol{w}, \boldsymbol{x}_n\rangle$ が大きくても分類モデルに大きすぎる影響を与えず，0/1 損失にできるだけ近い損失を実現するのが**ロジスティック損失**であり，次式で定義される．

$$\mathcal{L}_{\log}(\boldsymbol{w}, \mathcal{D}) = \sum_{n=1}^{N} \log\{1 + \exp(-y_n\langle \boldsymbol{w}, \boldsymbol{x}_n\rangle)\}. \tag{3.38}$$

図 3.7 に示すように，ここで述べた損失の中では境界面より左側の誤分類の領域では最も 0/1 損失に近い．ロジスティック損失の log の内部の関数の逆数は境界面では 1/2 となる．これは，境界面では 2 値分類においてどちらのクラスに属するかの確率が 1/2 である考えられることに対応している．

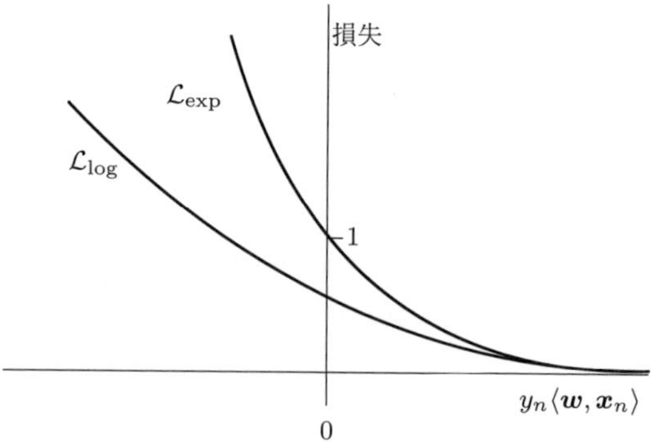

図 **3.7**　指数損失 $\mathcal{L}_{\exp}$ とロジスティック損失 $\mathcal{L}_{\log}$．

3.4.2 正 則 化

正則化については L1 正則化項 $\|\boldsymbol{w}\|_1$ と L2 正則化項 $\|\boldsymbol{w}\|_2^2$ を既に紹介した．L1 正則化は 0 の次元を増やすスパース化において強力だが，ときとして過剰に 0 の次元が増える，つまり過剰スパース化によって新規データの分類性能が悪化する可能性がある．そこで，折衷案として式 (3.39) の L1 正則化項と L2 正則化項の $\eta \in (0,1)$ で重み付けした和を正則化項とすることも有力である[*6]．

$$\eta\|\boldsymbol{w}\|_1 + (1-\eta)\|\boldsymbol{w}\|_2^2. \tag{3.39}$$

一般的なノルム $\|\boldsymbol{w}\|_p^q$ を正則化項として用いることも可能である．

凸性の観点からみると，p を小さくしていったとき，$p=1$ すなわち L1 正則化項までが凸であり，大域的な最適化ができる．$p<1$ の場合は，重みベクトル $\boldsymbol{w}$ のスパース化の能力は高くなると考えられる．しかし，正則化項が凸でなくなるため，局所解に陥る可能性があり，扱いが難しい．ちなみに $p=0$ の場合は，

$$\|\boldsymbol{w}\|_0 = \sum_{k=1}^{K}\delta(w_k \neq 0) \quad ただし,\ \delta(w_k \neq 0) = \begin{cases} 1 & \text{if} \quad w_k \neq 0 \\ 0 & \text{if} \quad w_k = 0 \end{cases}. \tag{3.40}$$

つまり，$\boldsymbol{w}$ の 0 ではない要素の数である．したがって，損失 + 正則化項の最小化では，できるだけ 0 の成分の多い $\boldsymbol{w}$ を選ぼうとする．よって，強力なスパース化能力を持つ．しかし，最適化のアルゴリズムに関しては未解決である．

一方，$p=\infty$ の場合は

$$\|\boldsymbol{w}\|_\infty = \max\{|w_1|, \ldots, |w_K|\} \tag{3.41}$$

となる．よって，この場合は $\boldsymbol{w}$ の要素の最大値を小さくしようとするだけなので，0 の要素を増やす力はなく，言い換えればスパース化能力は低い．

3.5 生成モデルによる分類

ここまでは観測データ集合だけによって線形分類をモデル化してきた．しかし，Bayes の定理を直接利用し，事前分布も活用する分類方法を考えることもできる．データ $\boldsymbol{x}$ がクラス C_1 に分類されるかどうかの 2 値分類を考える．ただし，以下

*6 Elastic Net と呼ばれることもある．

では $\boldsymbol{x}$ の定義は式 (3.1) ではなく，バイアスを除いた $[x_1,\ldots,x_K]^\top$ を用いる．C_1 に分類されない場合は C_2[*7] に分類されるとする．$\boldsymbol{x}$ がクラス C_k $(k=1,2)$ に分類される確率 $p(C_k|\boldsymbol{x})$ は Bayes の定理により，式 (3.42) と書き換えられる．

$$p(C_k|\boldsymbol{x}) = \frac{p(\boldsymbol{x}|C_k)p(C_k)}{p(\boldsymbol{x}|C_1)p(C_1)+p(\boldsymbol{x}|C_2)p(C_2)}. \tag{3.42}$$

新規データ $\boldsymbol{x}$ の分類結果 $\hat{C}_k$ は式 (3.43) で与えられる．

$$\hat{C}_k = \operatorname*{arg\,max}_{C_k} p(C_k|\boldsymbol{x}). \tag{3.43}$$

式 (3.42) を評価する右辺は $p(\boldsymbol{x}|C_k)p(C_k)$ という形で，事前分布 $p(C_k)$ と C_k からの生成過程の確率 $p(\boldsymbol{x}|C_k)$ を乗じた生成モデルを用いた分類になっている．

式 (3.42) で $k=1$ の場合の式をさらに書き換えると

$$p(C_1|\boldsymbol{x}) = \frac{1}{1+\exp(-a)} = \sigma(a), \tag{3.44}$$

ここで

$$a = \log\frac{p(\boldsymbol{x}|C_1)p(C_1)}{p(\boldsymbol{x}|C_2)p(C_2)} \tag{3.45}$$

となる．この $\sigma(a)$ を**シグモイド関数**という．

$p(\boldsymbol{x}|C_k)$ には $\mathcal{N}(\boldsymbol{\theta}_k,\Sigma)$，$p(C_k)$ には $p(C_1)=\pi, p(C_2)=1-\pi$ ただし $0\le\pi\le1$，という具体的な確率分布を与えたとき，シグモイド関数の変数 a は以下になる．

$$\begin{aligned} a &= -\frac{1}{2}(\boldsymbol{x}-\boldsymbol{\theta}_1)^\top\Sigma^{-1}(\boldsymbol{x}-\boldsymbol{\theta}_1)+\frac{1}{2}(\boldsymbol{x}-\boldsymbol{\theta}_2)^\top\Sigma^{-1}(\boldsymbol{x}-\boldsymbol{\theta}_2)+\log\frac{\pi}{1-\pi}\\ &= \boldsymbol{x}^\top\Sigma^{-1}(\boldsymbol{\theta}_1-\boldsymbol{\theta}_2)-\frac{1}{2}\boldsymbol{\theta}_1^\top\Sigma^{-1}\boldsymbol{\theta}_1+\frac{1}{2}\boldsymbol{\theta}_2^\top\Sigma^{-1}\boldsymbol{\theta}_2+\log\frac{\pi}{1-\pi}. \end{aligned} \tag{3.46}$$

なお，この式の導出では，分散共分散行列は対称行列なので $\Sigma^{-1}=(\Sigma^{-1})^\top$ であること，および $\boldsymbol{\theta}_{\boldsymbol{k}}^\top\Sigma^{-1}\boldsymbol{x}$ がスカラーなので，転置しても同じ値であることを使って $\boldsymbol{x}^\top\Sigma^{-1}\boldsymbol{\theta}_{\boldsymbol{k}}=(\boldsymbol{\theta}_{\boldsymbol{k}}^\top\Sigma^{-1}\boldsymbol{x})^\top$ となることを利用している．式 (3.46) で求めた a をシグモイド関数に代入すると，$\boldsymbol{x}$ が C_1 に属す確率が以下のように求まる[*8]．

$$\begin{aligned} &p(C_1|\boldsymbol{x}) = \sigma(\boldsymbol{w}^\top\boldsymbol{x}+w_0) = \frac{1}{1+\exp(-(\boldsymbol{w}^\top\boldsymbol{x}+w_0))},\\ &\text{なお，}\ \boldsymbol{w} = \Sigma^{-1}(\boldsymbol{\theta}_1-\boldsymbol{\theta}_2),\\ &\qquad w_0 = -\frac{1}{2}\boldsymbol{\theta}_1^\top\Sigma^{-1}\boldsymbol{\theta}_1+\frac{1}{2}\boldsymbol{\theta}_2^\top\Sigma^{-1}\boldsymbol{\theta}_2+\log\frac{\pi}{1-\pi}. \end{aligned} \tag{3.47}$$

---

*7　$C_2=\bar{C}_1$ すなわち C_1 の補集合のクラスである．

*8　C_1 と C_2 の分散共分散行列が等しいことによって簡単な式になっている．

次の問題は，所属するクラスの正解ラベルが付いた観測データからなる観測データ集合 $\mathcal{D}$ から式 (3.47) の各パラメタを決めることである．観測データ $\boldsymbol{x}_n$ $(n = 1, \ldots, N)$ がクラス C_1 に属す場合は正解ラベル $t_n = 1$，クラス C_2 に属す場合は正解ラベル $t_n = 0$ とする．観測データは確率分布 $\mathcal{N}(\boldsymbol{\theta}_k, \Sigma)$ $(k = 1, 2)$ に従う i.i.d. なデータなので，その確率密度関数を $p(\boldsymbol{x}_n|\boldsymbol{\theta}_k, \Sigma)$ とすると事前分布の確率と尤度を乗じた事後確率は式 (3.48) となる．

$$p(t_1, \ldots, t_N|\pi, \boldsymbol{\theta}_1, \boldsymbol{\theta}_2, \Sigma) = \prod_{n=1}^{N} \left(\pi p(\boldsymbol{x}_n|\boldsymbol{\theta}_1, \Sigma)\right)^{t_n} \left((1-\pi)p(\boldsymbol{x}_n|\boldsymbol{\theta}_2, \Sigma)\right)^{1-t_n}. \tag{3.48}$$

以下で，式 (3.48) の左辺の対数 $\log p(t_1, \ldots, t_N|\pi, \boldsymbol{\theta}_1, \boldsymbol{\theta}_2, \Sigma)$ を最大化するパラメタを計算する．

事前分布の確率

$\log p(t_1, \ldots, t_N|\pi, \boldsymbol{\theta}_1, \boldsymbol{\theta}_2, \Sigma)$ の π に関係するところだけ取り出し，これを $p(\pi)$ と書くと，

$$\log p(\pi) = \sum_{n=1}^{N} (t_n \log \pi + (1 - t_n) \log(1 - \pi))$$

であり，これを π で微分して 0 とおいて解くと，π の推定値 $\hat{\pi}$ が式 (3.49) として得られる．

$$\hat{\pi} = \frac{1}{N} \sum_{n=1}^{N} t_n = \frac{N_1}{N}, \tag{3.49}$$

ただし N_1 はクラス C_1 に属するデータ数，N は全データ数．

平均値

$\log p(t_1, \ldots, t_N|\pi, \boldsymbol{\theta}_1, \boldsymbol{\theta}_2, \Sigma)$ の $\boldsymbol{\theta}_1$ に関係するところだけ取り出すと，

$$\sum_{n=1}^{N} t_n \log(\pi p(\boldsymbol{x}_n|\boldsymbol{\theta}_1, \Sigma))^{t_n} \propto -\sum_{n=1}^{N} t_n (\boldsymbol{x}_n - \boldsymbol{\theta}_1)^\top \Sigma^{-1} (\boldsymbol{x}_n - \boldsymbol{\theta}_1).$$

この式の右辺を $\boldsymbol{\theta}_1$ で微分して 0 とおき，これを解けば式 (3.50) を得る．

$$\hat{\boldsymbol{\theta}}_1 = \frac{1}{N_1} \sum_{n=1}^{N} t_n \boldsymbol{x}_n. \tag{3.50}$$

同様にして $\log p(t_1,\ldots,t_N|\pi,\boldsymbol{\theta}_1,\boldsymbol{\theta}_2,\Sigma)$ の $\boldsymbol{\theta}_2$ に関係するところだけを取り出し，$\boldsymbol{\theta}_2$ で微分して 0 とおき，これを解けば式 (3.51) を得る．

$$\hat{\boldsymbol{\theta}}_2 = \frac{1}{N_2}\sum_{n=1}^{N}(1-t_n)\boldsymbol{x}_n. \tag{3.51}$$

分散共分散行列

$\log p(t_1,\ldots,t_N|\pi,\boldsymbol{\theta}_1,\boldsymbol{\theta}_2,\Sigma)$ から分散共分散行列 Σ に関係するところだけを取り出す．ただし，Σ^{-1} を Λ と置き換えている．Σ^{-1} $(=\Lambda)$ に無関係な部分は無視すると以下の式を最大化することになる．

$$\begin{aligned}&\sum_{n=1}^{N} t_n \log\det(\Lambda) - \sum_{n=1}^{N} t_n(\boldsymbol{x}_n-\boldsymbol{\theta}_1)^\top\Lambda(\boldsymbol{x}_n-\boldsymbol{\theta}_1)\\&\quad+\sum_{n=1}^{N}(1-t_n)\log\det(\Lambda)-\sum_{n=1}^{N}(1-t_n)(\boldsymbol{x}_n-\boldsymbol{\theta}_2)^\top\Lambda(\boldsymbol{x}_n-\boldsymbol{\theta}_2)\\&\quad=N\log\det(\Lambda)-N\,\mathrm{tr}(\Lambda S),\end{aligned}$$

ただし，

$$S=\frac{1}{N}\sum_{n=1}^{N}t_n(\boldsymbol{x}_n-\boldsymbol{\theta}_1)(\boldsymbol{x}_n-\boldsymbol{\theta}_1)^\top+\frac{1}{N}\sum_{n=1}^{N}(1-t_n)(\boldsymbol{x}_n-\boldsymbol{\theta}_2)(\boldsymbol{x}_n-\boldsymbol{\theta}_2)^\top. \tag{3.52}$$

この式変形では Λ が対称行列なので，式 (1.18) に示した $\boldsymbol{x}^\top A\boldsymbol{x}=\mathrm{tr}(A\boldsymbol{x}\boldsymbol{x}^\top)$ を用いている．式 (3.52) を Λ で微分して 0 とおき，$\hat{\Lambda}$ を求める．

式 (3.52) の 2 行目の第 1 項の微分は公式[1]

$$\frac{\partial}{\partial a_{ij}}\log(\det(A))=A_{ij}^{-1}$$

を用いると，次の式になる．

$$\frac{\partial}{\partial\Lambda}N\log\det(\Lambda)=N\Lambda^{-1}=N\Sigma. \tag{3.53}$$

式 (3.52) の 2 行目の第 2 項の微分は行列のトレースの微分の公式 (1.22) を用いると，S の各項は対称行列なので，結果は次の式になる．

$$\frac{\partial}{\partial\Lambda}N\,\mathrm{tr}(\Lambda S)=NS^\top=NS. \tag{3.54}$$

式 (3.53)，式 (3.54) を合わせると，

$$\hat{\Sigma} = S = \frac{1}{N}\sum_{n=1}^{N} t_n(\boldsymbol{x}_n - \boldsymbol{\theta}_1)(\boldsymbol{x}_n - \boldsymbol{\theta}_1)^\top + \frac{1}{N}\sum_{n=1}^{N}(1-t_n)(\boldsymbol{x}_n - \boldsymbol{\theta}_2)(\boldsymbol{x}_n - \boldsymbol{\theta}_2)^\top \tag{3.55}$$

が得られる．

4 過学習と予測性能

観測データ集合から計算される尤度の最大化は線形モデルで説明したように簡単で強力である．しかし，重みベクトル $\boldsymbol{w}$ の大きさや次元が大きくなったときに現れる観測データに適合しようとしすぎる傾向，すなわち過学習について説明する．次に，この現象の数理モデル的側面を捉えたバイアス・バリアンス分解を説明する．この分解では個々の観測データ集合に学習結果が依存して生ずる予測性能の劣化も定式化できる．具体例を k-近傍法を用いて説明する．

4.1 過　学　習

正解ラベル付きの観測データ集合 $\mathcal{D}$ から学習した回帰や分類の予測式が $\mathcal{D}$ に精度高くあてはまるが，一方で新規データの予測精度は必ずしもよくないという現象を**過学習**あるいは**過適合**と呼ぶ．過学習の概念を図 4.1 を使って説明する．図 4.1 は，$\circ$ と $\bullet$ を 2 値分類する問題であり，本来は線形な分類境界面であったとする．観測データには一般的に雑音 ε を含む．雑音を含む観測データを正確に分類しようとして高次の分類境界面を考えると図中の曲線で表された分類境界面になるであろう．ところが，本来は線形な分類境界面であるため，境界面に近いところにある新規データ $\odot$，$\diamond$ は，本来は各々$\bullet$，$\circ$ に分類されるべきところが，高次の分

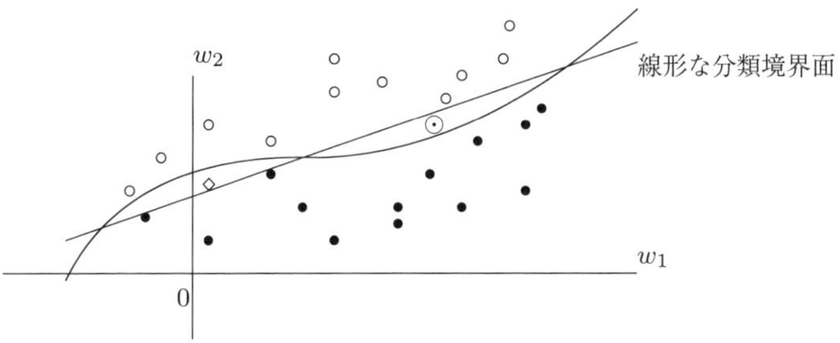

図 4.1　過学習の概念．

類境界面によれば $\circ$, $\bullet$ に誤分類されてしまう.

次元の高い分類境界面を考えれば，正解ラベル付きの観測データ，すなわち訓練データを非常に高い精度で分類できる．極端なケースではクラス C に属するという訓練データ各々の周囲で半径 $\alpha \ll 1$ の球面の内側がクラス C であり，外側がクラス $\bar{C}$ であるという境界面に選べば訓練データの分類は完全に行えるが，新規のデータは大部分が $\bar{C}$ に分類されてしまい，分類精度は低いであろう．このように過学習は，次元を高くして複雑な分類境界面や回帰曲面などの数理モデルを作って訓練データに追従しすぎることから生ずる問題である．したがって，有力な対策は以下の 2 種類が考えられる.

1. 正解ラベル付きの観測データを増やすこと．ただし，偏った部分で増やしても効果がないことは明らかなので，できるだけ偏りのない観測データとしなければならない.
2. 分類境界面や回帰曲面を複雑にしすぎないこと.

1 番目の問題は本質的だが実験科学一般の課題であり，機械学習の固有の手法としては 2 番目の方法がよく検討されている．境界面，回帰曲面が複雑になるほど罰則を与える罰則付きの推定法が考えられる．3.3 節で説明した正則化項は，罰則を表すと考えられる．特に L1 正則化では，重みベクトル $\boldsymbol{w}$ のうち相当数の次元の重みが 0 になり，境界面，回帰曲面の複雑さは減少している．3.3.3 節の議論により，正則化項は最大事後確率推定における事前分布の役割をしているので，適当な事前分布を選ぶと最大事後確率推定も罰則付きの推定法とみなせる.

このような適度な複雑さの数理モデルを使うとしても，観測データ集合の背後にある数理モデルは既知ではないので，観測データ集合から本書で述べているような機械学習の手法で推定する．したがって，推定された数理モデルの性能を理論的に評価することが必要になる．以下の節で，このような理論的評価法であるバイアス・バリアンス分解を説明する.

4.2 バイアス・バリアンス分解

4.2.1 損失関数とバイアス，バリアンス

a. 損 失 関 数

観測データ集合 $\mathcal{D} = \{(\boldsymbol{x}, y)\}$ から学習された予測器を使って新規データ $\boldsymbol{x}$ に対する y の値の予測を行ったときの予測値 $y(\boldsymbol{x})$ と y が観測データから目標として得られるはずの値を表す確率変数 y_t のずれを**損失**といい，その具体的な関数としての表現を**損失関数** $\mathcal{L}(y(\boldsymbol{x}), y_t)$ と記す．例えば，2 乗損失は $(y(\boldsymbol{x}) - y_t)^2$ で定義される．以下では損失として 2 乗損失を用いて議論を進める．

種々の観測データ $\boldsymbol{x}$ の各々に対して何回も y_t を観測したときの損失の期待値は次の式となる．ただし，$p(\boldsymbol{x}, y_t)$ は $\boldsymbol{x}$ と y_t の同時確率である．

$$E[\mathcal{L}(y(\boldsymbol{x}), y_t)] = \iint (y(\boldsymbol{x}) - y_t)^2 p(\boldsymbol{x}, y_t)\, \mathrm{d}y_t \mathrm{d}\boldsymbol{x}. \tag{4.1}$$

b. 雑 音 の 分 離

$E[\mathcal{L}(y(\boldsymbol{x}), y_t)]$ を最小にする $y(\boldsymbol{x})$ を求めてみる．$E[\mathcal{L}(y(\boldsymbol{x}), y_t)]$ を $y(\boldsymbol{x})$ で変分して 0 とおく．すなわち，$\boldsymbol{x}$ の任意のなめらかな関数 $\eta(\boldsymbol{x})$ に微少の ϵ を乗じたものを加えた次式を考える．

$$\begin{aligned}&\lim_{\epsilon \to 0} \frac{E[\mathcal{L}(y(\boldsymbol{x}) + \epsilon\eta(\boldsymbol{x}), y_t)] - E[\mathcal{L}(y(\boldsymbol{x}), y_t)]}{\epsilon} \\ &\quad = \left.\frac{\partial E[\mathcal{L}(y(\boldsymbol{x}) + \epsilon\eta(\boldsymbol{x}), y_t)]}{\partial \epsilon}\right|_{\epsilon=0} = 0.\end{aligned} \tag{4.2}$$

ここで上の式の微分を式 (4.1) の $\boldsymbol{x}$ の積分の中に入れれば以下の式が成り立つ．

$$\begin{aligned}&\int \frac{\partial}{\partial \epsilon} \int (y(\boldsymbol{x}) + \epsilon\eta(\boldsymbol{x}) - y_t)^2 p(\boldsymbol{x}, y_t)\, \mathrm{d}y_t \mathrm{d}\boldsymbol{x}\Big|_{\epsilon=0} \\ &\quad = \iint 2(y(\boldsymbol{x}) + \epsilon\eta(\boldsymbol{x}) - y_t) p(\boldsymbol{x}, y_t)\, \mathrm{d}y_t\, \eta(\boldsymbol{x})\, \mathrm{d}\boldsymbol{x}\Big|_{\epsilon=0} = 0.\end{aligned} \tag{4.3}$$

式 (4.3) は任意の十分なめらかな $\eta(\boldsymbol{x})$ に対して成り立たなければならないので，この式の $\int * \eta(\boldsymbol{x})\, \mathrm{d}\boldsymbol{x}$ の $*$ に対応する部分は 0 でなければならない．すなわち，次の式が成り立つ．

$$
\begin{aligned}
&2\int(y(\boldsymbol{x})-y_t)p(\boldsymbol{x},y_t)\,\mathrm{d}y_t=0\\
&\quad\Rightarrow\quad y(\boldsymbol{x})\int p(\boldsymbol{x},y_t)\,\mathrm{d}y_t=y(\boldsymbol{x})p(\boldsymbol{x})=\int y_t p(\boldsymbol{x},y_t)\,\mathrm{d}y_t\\
&\quad\Rightarrow\quad y(\boldsymbol{x})=\int\frac{y_t p(\boldsymbol{x},y_t)}{p(\boldsymbol{x})}\,\mathrm{d}y_t=\int y_t p(y_t|\boldsymbol{x})\,\mathrm{d}y_t=E[y_t|\boldsymbol{x}]. \qquad (4.4)
\end{aligned}
$$

以上によって $E[\mathcal{L}(y(\boldsymbol{x}),y_t)]$ を最小にする $y(\boldsymbol{x})$ は次のように求まる．

$$
\underset{y(\boldsymbol{x})}{\arg\min}\,E[\mathcal{L}(y(\boldsymbol{x}),y_t)]=E[y_t|\boldsymbol{x}]. \qquad (4.5)
$$

次に $E[y_t|\boldsymbol{x}]$ を使って損失を以下のように書き換える．

$$
\begin{aligned}
(y(\boldsymbol{x})-y_t)^2&=(y(\boldsymbol{x})-E[y_t|\boldsymbol{x}]+E[y_t|\boldsymbol{x}]-y_t)^2\\
&=(y(\boldsymbol{x})-E[y_t|\boldsymbol{x}])^2+2(y(\boldsymbol{x})-E[y_t|\boldsymbol{x}])(E[y_t|\boldsymbol{x}]-y_t)\\
&\quad+(E[y_t|\boldsymbol{x}]-y_t)^2. \qquad (4.6)
\end{aligned}
$$

式 (4.6) の右辺の第 2 項の 1/2 を y_t で周辺化すると以下のようになる．

$$
\int(y(\boldsymbol{x})-E[y_t|\boldsymbol{x}])(E[y_t|\boldsymbol{x}]-y_t)p(y_t,\boldsymbol{x})\,\mathrm{d}y_t. \qquad \text{(a)}
$$

$(y(\boldsymbol{x})-E[y_t|\boldsymbol{x}])$ はもはや y_t の関数ではないので

$$
\begin{aligned}
\text{(a)}&=(y(\boldsymbol{x})-E[y_t|\boldsymbol{x}])\int(E[y_t|\boldsymbol{x}]-y_t)p(y_t,\boldsymbol{x})\,\mathrm{d}y_t\\
&=(y(\boldsymbol{x})-E[y_t|\boldsymbol{x}])\left\{E[y_t|\boldsymbol{x}]\int p(y_t,\boldsymbol{x})\,\mathrm{d}y_t-\int\frac{y_t p(y_t,\boldsymbol{x})}{p(\boldsymbol{x})}\,\mathrm{d}y_t\,p(\boldsymbol{x})\right\}\\
&=(y(\boldsymbol{x})-E[y_t|\boldsymbol{x}])\left\{E[y_t|\boldsymbol{x}]p(\boldsymbol{x})-\int y_t p(y_t|\boldsymbol{x})\,\mathrm{d}y_t\,p(\boldsymbol{x})\right\}\\
&=(y(\boldsymbol{x})-E[y_t|\boldsymbol{x}])(E[y_t|\boldsymbol{x}]p(\boldsymbol{x})-E[y_t|\boldsymbol{x}]p(\boldsymbol{x}))=0. \qquad (4.7)
\end{aligned}
$$

y_t による周辺化は y_t の期待値を求めることと同じなので，式 (4.7) の結果を使えば，損失の期待値 $E[(y(\boldsymbol{x})-y_t)^2]$ すなわち式 (4.6) の期待値は次のように書き直せる．

$$
\begin{aligned}
E[(y(\boldsymbol{x})-y_t)^2]&=\iint(y(\boldsymbol{x})-y_t)^2p(y_t,\boldsymbol{x})\,\mathrm{d}y_t\mathrm{d}\boldsymbol{x}\\
&=\int(y(\boldsymbol{x})-E[y_t|\boldsymbol{x}])^2p(\boldsymbol{x})\,\mathrm{d}\boldsymbol{x}+\iint(E[y_t|\boldsymbol{x}]-y_t)^2p(y_t,\boldsymbol{x})\,\mathrm{d}y_t\mathrm{d}\boldsymbol{x}. \qquad (4.8)
\end{aligned}
$$

式 (4.8) の第 2 項は損失を最小にする y_t の期待値から個々の y_t を差し引いたもの，すなわち雑音によるものである．つまり，損失の期待値における観測データの雑音の寄与分と解釈される．

c.　バイアス・バリアンス分解

これまで観測データ集合 $\mathcal{D}$ は外部から与えられたものと考えてきた．しかし，観測は $\boldsymbol{x}$ の選び方を変えて行えるし，観測自体も雑音を含む確率的な事象である．したがって，同一の母集団から観測データ集合 $\mathcal{D}$ 自体を何回も取り出して学習することができる．すると分類や回帰という学習の結果は観測データ集合 $\mathcal{D}$ をパラメタとして含む．よって y を $y(\boldsymbol{x};\mathcal{D})$ と明示的に記する．また，期待値の計算も $\mathcal{D}$ を動かして計算することができ，その場合は $E_{\mathcal{D}}[\cdot]$ と記す．

この設定では式 (4.8) の第 1 項中の $y(\boldsymbol{x})$ は $\mathcal{D}$ に依存*1するので $y(\boldsymbol{x};\mathcal{D})$ と書く．そこで，$\mathcal{D}$ を動かしたときの $y(\boldsymbol{x};\mathcal{D})$ の期待値を $E_{\mathcal{D}}[y(\boldsymbol{x};\mathcal{D})]$ と書くと，第 1 項を以下のように分解できる．

$$
\begin{aligned}
(y(\boldsymbol{x};\mathcal{D}) - E[y_t|\boldsymbol{x}])^2 &= (y(\boldsymbol{x};\mathcal{D}) - E_{\mathcal{D}}[y(\boldsymbol{x};\mathcal{D})] + E_{\mathcal{D}}[y(\boldsymbol{x};\mathcal{D})] - E[y_t|\boldsymbol{x}])^2 \\
&= (y(\boldsymbol{x};\mathcal{D}) - E_{\mathcal{D}}[y(\boldsymbol{x};\mathcal{D})])^2 + (E_{\mathcal{D}}[y(\boldsymbol{x};\mathcal{D})] - E[y_t|\boldsymbol{x}])^2 \\
&\quad + 2(y(\boldsymbol{x};\mathcal{D}) - E_{\mathcal{D}}[y(\boldsymbol{x};\mathcal{D})])(E_{\mathcal{D}}[y(\boldsymbol{x};\mathcal{D})] - E[y_t|\boldsymbol{x}]). \qquad (4.9)
\end{aligned}
$$

式 (4.9) の期待値 $E_{\mathcal{D}}$ をとると，第 3 項は

$$
\begin{aligned}
&E_{\mathcal{D}}[(y(\boldsymbol{x};\mathcal{D}) - E_{\mathcal{D}}[y(\boldsymbol{x};\mathcal{D})])(E_{\mathcal{D}}[y(\boldsymbol{x};\mathcal{D})] - E[y_t|\boldsymbol{x}])] \\
&\quad = (E_{\mathcal{D}}[y(\boldsymbol{x};\mathcal{D})] - E_{\mathcal{D}}[y(\boldsymbol{x};\mathcal{D})])(E_{\mathcal{D}}[y(\boldsymbol{x};\mathcal{D})] - E_{\mathcal{D}}[E[y_t|\boldsymbol{x}]]) = 0
\end{aligned}
$$

となるので結局，次式が得られる．

$$
\begin{aligned}
&E_{\mathcal{D}}[(y(\boldsymbol{x};\mathcal{D}) - E[y_t|\boldsymbol{x}])^2] \\
&\quad = E_{\mathcal{D}}[(y(\boldsymbol{x};\mathcal{D}) - E_{\mathcal{D}}[y(\boldsymbol{x};\mathcal{D})])^2] + E_{\mathcal{D}}[E_{\mathcal{D}}[y(\boldsymbol{x};\mathcal{D})] - E[y_t|\boldsymbol{x}])^2]. \qquad (4.10)
\end{aligned}
$$

右辺の第 1 項を**バリアンス**という．第 2 項を **2 乗バイアス**といい bias^2 と書くこともある．バリアンスは特定の観測データ集合 $\mathcal{D}$ を使った予測値 $y(\boldsymbol{x};\mathcal{D})$ と，観測データ集合で平均化した $y(\boldsymbol{x};\mathcal{D})$ の差の 2 乗なので，観測データ集合 $\mathcal{D}$ ごとの

---

*1　右辺の第 2 項には直接 $\mathcal{D}$ に依存する部分はない．

学習結果のばらつきを表す．2 乗バイアスは，観測データ集合 $\mathcal{D}$ を動かして平均化した $y(\boldsymbol{x};\mathcal{D})$ と，y_t の期待値との差の 2 乗なので，学習の手法自体が生む構造的なずれを表す．

d.　バイアス，バリアンスのトレードオフと雑音

ここまでの議論から，観測データ集合を動かしたときの損失の期待値は

$$E_{\mathcal{D}}[\mathcal{L}(y(\boldsymbol{x}), y_t)] = \text{雑音} + \text{バリアンス} + 2\,\text{乗バイアス} \tag{4.11}$$

となる．なお雑音は式 (4.8) の第 2 項で与えられ，バリアンスと 2 乗バイアスは式 (4.10) で与えられる．ここで学習手法のパラメタとして線形モデルで述べた正則化の式 (3.20) の正則化項の重み λ を動かしたときの式 (4.11) の雑音，2 乗バイアス，バリアンスを図 4.2 に示す．

まず雑音であるが，これは観測においては必ず発生するものであり，観測データ集合によってその性質が変わるものではない．加えて，学習の手法に依存するものでもないので，λ の値にかかわらず一定の誤差が新規データ $\boldsymbol{x}$ に対する予測において発生している．

観測データ集合 $\mathcal{D}$ に適合しすぎると，新規データ $\boldsymbol{x}$ の予測値 $y(\boldsymbol{x})$ と真の値 y_t の差を表すバリアンスは大きくなる傾向がある．したがって，λ が小さい場合は観測データ集合 $\mathcal{D}$ を重視するので，バリアンスが大きくなる．一方，λ が大きくなると正則化項あるいは事前分布を重視するので，学習結果からの予測値 $y(\boldsymbol{x})$ は

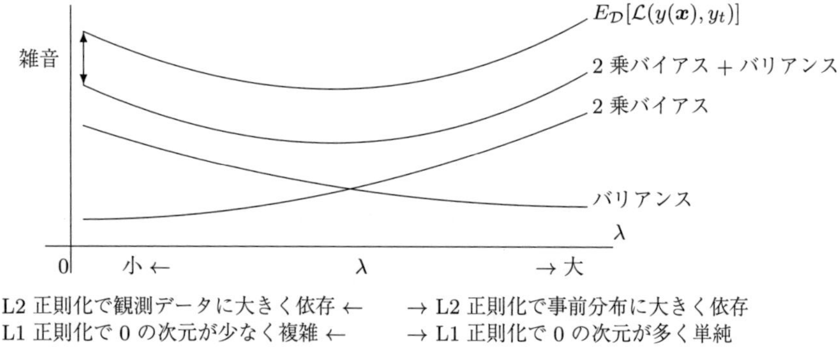

図 4.2　雑音，バリアンス，2 乗バイアス

機械学習の枠組み自体で制約されて，観測データ集合 $\mathcal{D}$ に追従しきれない．これによって生ずる誤差を表す 2 乗バイアスは λ が大きくなるにつれて増加する傾向がある．以下に L1, L2 正則化を例として説明する．

L1 正則化

λ が大きくなると重みベクトルの値が 0 の次元が増えて，分類器自体は簡単になるが，その結果 2 乗バイアスが増加する．λ が小さくなると，重みベクトルが 0 になりにくくなり，観測データ集合 $\mathcal{D}$ への過適合によりバリアンスが増す．

L2 正則化

λ が大きくなると事前分布への依存性が高くなり，観測データへの追従性が悪くなり，2 乗バイアスが増加する．λ が小さくなると，観測データに過度に追従するため，バリアンスが大きくなる．

このような事情があるため，予測器は図 4.2 において $E_{\mathcal{D}}[\mathcal{L}(y(\boldsymbol{x}), y_t)]$ が最小になるような設計が望ましく，その調整は正則化においては λ を調整して行うことになる．正則化項は情報量基準[25]においてはモデルの自由パラメタ数，MDL 原理[26]においては記述符号長の導入によって適切な複雑さの確率モデルを求める問題として扱われている．

4.2.2 k-近傍法におけるトレードオフ

分類器の複雑さと 2 乗バイアスとバリアンスの関係を **k-近傍法**[*2]を例にして説明する．

k-近傍法

多次元空間の点をデータとする正解ラベル付きの観測データ集合 $\mathcal{D} = \{(\boldsymbol{x}, y)\}$ が与えられたとする．多次元空間のデータ間には距離[*3]が定義されているとする．y はデータが属するクラス C とする．k-近傍法では新規データ $\boldsymbol{x}$ が属すクラス $C(\boldsymbol{x})$ は，以下のようにして決める．当然ながら，$0 < k \leq N$ である．

---

*2 k-NN とも呼ばれる．

*3 Euclid（ユークリッド）距離，その一般化である Mahalanobis（マハラノビス）距離，Hamming（ハミング）距離などが考えられる．第 7 章で詳述する．

k-近傍法アルゴリズム

step 1	$\boldsymbol{x}$ との距離の近い順に $\mathcal{D}$ 中のデータを並べ，その結果を $\{(x_1, y_1), (x_2, y_2), \ldots, (x_N, y_N)\}$ とする．
step 2	$\{(x_1, y_1), (x_2, y_2), \ldots, (x_k, y_k)\}$ 中の $\{y_i\}$ のうち最も出現回数の多いクラス y を $C(\boldsymbol{x})$ の値とする．

k の値はユーザが決める．$k = 1$ の場合は $\boldsymbol{x}$ のクラスは $\mathcal{D}$ 中で $\boldsymbol{x}$ に最も近いデータのクラスと一致することになる．一方，$k = N$ とすると，$\boldsymbol{x}$ はそのデータ内容にかかわらず $\mathcal{D}$ 中の最も出現回数の多いクラスになってしまう．図 4.3 に 2 次元平面に 11 個のデータがある場合の $k = 1$ の場合と $k = 3$ の場合の各々の分類境界面を示す．

$k = 1$ の場合

最も近い点のクラスが ∘ か • かで境界面（図中の細い折れ線）が決まるため，この例では 4 本の折れ線になり，総計で 8 個のパラメタが必要であり，図 4.2 の λ が小さい左方の複雑な分類器の場合になる．図中の $\oplus$ は本来 • だとすると ∘ だと誤分類されてしまう．観測データが多数あり，特異点が多いと，その周辺が誤分類を発生しやすくなると予想される．

$k = 3$ の場合

最も近い 3 点の中で多数を占めるクラスになるので，この例では太い直線であり，2 個のパラメタで記述できる．図 4.2 の λ が中間的な値のときの分類器の場合になる．太い直線の左側にある • と右側にある 2 個の ∘ は誤分類されてしまう．

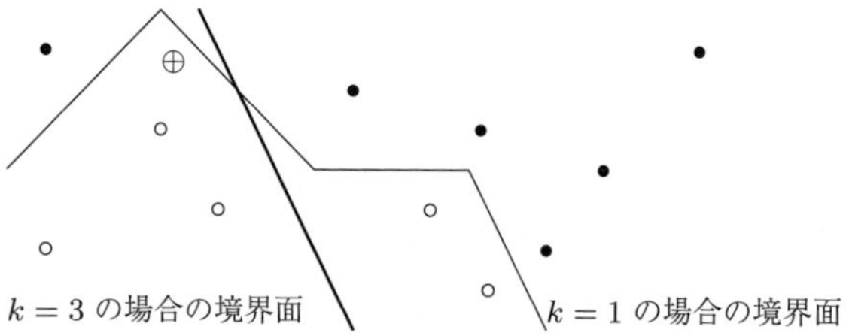

図 **4.3**　k-近傍法の境界面．

$k = 11$ の場合

新規データ $\boldsymbol{x}$ の位置にかかわらず，そのクラスは $\mathcal{D}$ 中で多数を占める ● と判断されるのでパラメタは 1 個（正確には 1 ビット）である．図 4.2 の λ が大きい，右方の簡単な分類器の場合になる．ラベル付きの訓練データも 11 個中 5 個が誤分類される．

この例でも示したように，2 乗バイアスとバリアンスへの分解とそれらのトレードオフは，分類器の設計の指針を与える．

5 サポートベクターマシン

この章では，全観測データを用いた線形モデルによる分類とは異なり，分類の境界近辺の観測データだけによって分類境界面を決めるサポートベクターマシンについて説明する．分類境界面を構成する複数の観測データをサポートベクターと呼ぶが，これを全観測データから抽出するところに数理モデルとしての特徴がある．これは最適化問題として定式化されるので，その定式化および解法のアルゴリズムについても説明する．最後に回帰問題への応用についても述べる．

5.1 線形分類の問題点

3.2 節で述べたように線形分類の分離境界面は数学的に閉じた式で以下のように与えられるので分かりやすい．

$$y(\boldsymbol{x}) = \langle \boldsymbol{x}, \hat{\boldsymbol{w}} \rangle. \tag{5.1}$$

ただし，$\hat{\boldsymbol{w}}$ は以下の正規方程式で与えられていた．

$$\hat{\boldsymbol{w}} = (X^\top X)^{-1} X^\top \boldsymbol{y}. \tag{5.2}$$

しかし，図 5.1 で説明するように問題点がある．この図では ∘ と • を分類する境界面を求めようとしている．式 (5.1) と式 (5.2) で与えられる境界面を求めるときには全観測データを利用した式になっている．

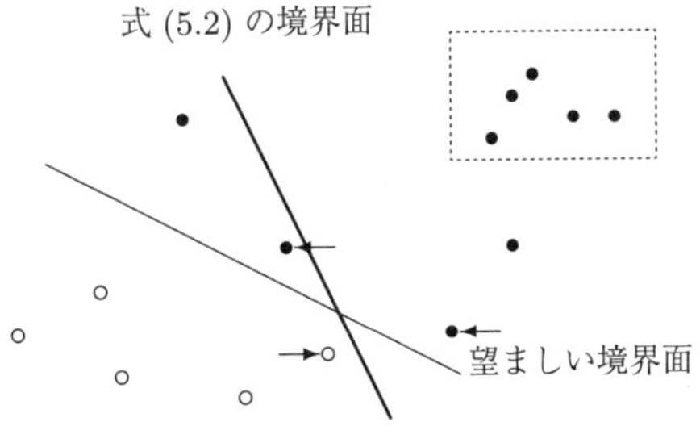

図 5.1　線形分類モデルの問題点とサポートベクター．

すると，図の右上の破線で囲まれた部分の観測データの影響により，分類境界面は太い実線で示すものになる．このため，左上のほうにある 2 個の $\bullet$ が誤分類されている．

$\circ$ と $\bullet$ を分離する望ましい境界面は細い実線であるが，最尤推定あるいは 2 乗誤差最小化によっては，この境界面は得られない．そこで，望ましい境界面の近くにある観測データに着目してみよう．図では $\rightarrow$ あるいは $\leftarrow$ で指示した 3 個のデータで $\circ$ が 1 個，$\bullet$ が 2 個が境界面に最近隣であり，この 3 個のデータがあると境界面を決めることができる．このようなデータの集合を**サポートベクター**と呼ぶ．サポートベクターを利用した分類器を**サポートベクターマシン**あるいは短縮して **SVM** と呼ぶ[*1]．SVM およびサポートベクターを求めるアルゴリズムについて以下の節で説明する．

5.1.1　SVM の定式化

a.　最適化問題としての定式化

ここでは，2 クラス分類を行うサポートベクターマシン（以下 SVM と略記する）の定式化を行う．学習に用いる訓練データは以下に示す正解ラベル付きの観測データ集合 $\mathcal{D}$ である．ただし，$y_i \in \{-1, 1\}$ である．記法は式 (3.1) とほぼ同じだが，$\boldsymbol{x}$ の定数項 1 を除いたものにしており，データの次元は K であり，観測データの個数は N である．

$$y \equiv \begin{bmatrix} y_1 \\ \vdots \\ y_N \end{bmatrix}, \quad \boldsymbol{w} \equiv \begin{bmatrix} w_1 \\ \vdots \\ w_K \end{bmatrix}, \quad X \equiv \begin{bmatrix} \boldsymbol{x}_1^\top \\ \vdots \\ \boldsymbol{x}_N^\top \end{bmatrix} = \begin{bmatrix} x_{11} & \dots & x_{1K} \\ \vdots & \ddots & \vdots \\ x_{N1} & \dots & x_{NK} \end{bmatrix}. \tag{5.3}$$

SVM では線形分類の場合と同じく，観測データ集合から，データ $\boldsymbol{x}$ およびその分類結果 y に対する式 (5.4) の分類器すなわち $\boldsymbol{w}, w_0$ を学習することを目的とする．

$$y(\boldsymbol{x}) = \langle \boldsymbol{w}, \boldsymbol{x} \rangle + w_0. \tag{5.4}$$

*1　サポートベクター分類器と呼ぶこともある[24]．

分類の正否の判断

- 式 (5.4) で正しい分類ができた場合は $y(\boldsymbol{x}_n)y_n > 0$ である．すなわち（$y(\boldsymbol{x}_n) > 0$ かつ $y_n = 1$）あるいは（$y(\boldsymbol{x}_n) < 0$ かつ $y_n = -1$）．
- 式 (5.4) で正しく分類できなかった場合は $y(\boldsymbol{x}_n)y_n < 0$ である．すなわち（$y(\boldsymbol{x}_n) > 0$ かつ $y_n = -1$）あるいは（$y(\boldsymbol{x}_n) < 0$ かつ $y_n = 1$）．

この分類の正否の判断は分類器の満たすべき制約である．一方，分類器の性能をよくするための条件を図 5.2 において考えてみる．図 5.2 で左下側は $y_n > 0$ のデータの領域，右上側は $y_n < 0$ のデータの領域であり，図中の太い実線の $y(\boldsymbol{x}) = 0$ で定義される境界面で $y_n > 0$ のデータの領域と $y_n < 0$ のデータの領域は完全に分離されるとする．このように分離できる場合を**線形分離可能**という．線形分離可能な場合，図から分かるように $y(\boldsymbol{x}) = 0$ で定義される境界面の両側には多くサポートベクターの候補がある．SVM ではその候補の中で，境界面に最も近いデータ（$\boldsymbol{x}_n$ とする）と境界面との距離（これをマージンと呼ぶ）を最大化する．$y_n = 1$, $y(\boldsymbol{x}_n) > 0$ の場合は，境界面の傾きは既に 3.2 節で述べたように式 (5.4) の $\boldsymbol{w}$ であり，境界面からデータ $\boldsymbol{x}_n$ までの距離（すなわちマージン）は図 3.2 で説明したように

$$\frac{y(\boldsymbol{x}_n)}{\|\boldsymbol{w}\|_2} = \frac{y_n y(\boldsymbol{x}_n)}{\|\boldsymbol{w}\|_2}$$

である．一方，$y_n = -1$, $y(\boldsymbol{x}_n) < 0$ の場合のマージンは，$y_n y(\boldsymbol{x}_n) > 0$ なので

$$\frac{y_n y(\boldsymbol{x}_n)}{\|\boldsymbol{w}\|_2}$$

となる．両方の場合を考慮すると，データ $\boldsymbol{x}_n$ のマージンはいずれも

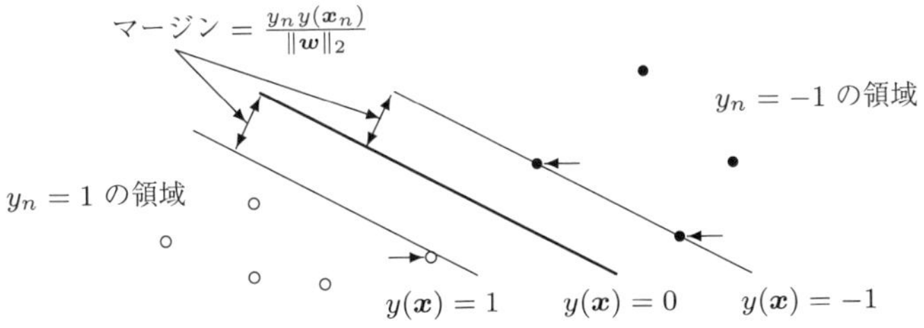

図 **5.2** サポートベクターと分類境界面の距離．

$$\frac{y_n y(\boldsymbol{x}_n)}{\|\boldsymbol{w}\|_2}$$

である．

このようにマージンは実際は $y=1$ の側と $y=-1$ の側に存在し，両者は平行線上に乗るわけではないが，境界面の傾きを決めれば両側のマージンの和が決まる．そこで，$y(\boldsymbol{x}_n)=0$ で定義される境界面は両側のマージンが等しいところに引く．

図 5.2 から明らかなように，2 次元のデータの場合，マージンを最大化するような境界面を決めるには，$y=1$ の側と $y=-1$ の側で合わせて 3 個以上の観測データが必要である．図 5.2 では，→ で示した 1 個のデータと ← で示した 2 個のデータがそれらに対応する．このような観測データの集合をサポートベクターと呼ぶ．換言すれば，サポートベクターとは $|y(\boldsymbol{x}_n)|$ が最小の値となる $\boldsymbol{x}_n$ の集合である．マージン最大化するという問題を解く過程でサポートベクターを求めることになる．

さて，$\boldsymbol{w}$ と w_0 を c 倍（c は定数）しても，マージンの分母，分子とも c 倍になるので，マージンの値は変わらない．そこで，適当な定数倍をしてサポートベクターを通る直線を $y_n>0$ の側では $y(\boldsymbol{x})=1$，$y_n<0$ の側では $y(\boldsymbol{x})=-1$ となるような $\boldsymbol{w}$ と w_0 にする．よって，$y_n y(\boldsymbol{x}_n)=1$ なので，最大化したいマージンの値は境界面に一番近いデータの

$$\frac{y_n y(\boldsymbol{x}_n)}{\|\boldsymbol{w}\|_2} \quad \text{すなわち} \quad \frac{1}{\|\boldsymbol{w}\|_2}$$

である．したがって，等価な問題として，$\|\boldsymbol{w}\|_2^2$ の最小化となる．一方，観測データ集合 $\mathcal{D}$ の全てのデータ $(\boldsymbol{x}_n, y_n)$ $(n=1,\ldots,N)$ に関して $y_n y(\boldsymbol{x}_n) \geq 1$ すなわち

$$y_n(\langle \boldsymbol{w}, \boldsymbol{x}_n \rangle + w_0) \geq 1$$

が制約条件となる．これらをまとめると SVM のパラメタの推定問題は次に示す最適化問題[*2]として定義できる．

$$\begin{aligned} &\min_{\boldsymbol{w}, w_0} \frac{1}{2}\|\boldsymbol{w}\|_2^2 \equiv \frac{1}{2}\langle \boldsymbol{w}, \boldsymbol{w} \rangle, \\ &\text{subject to} \quad 1 - y_n(\langle \boldsymbol{w}, \boldsymbol{x}_n \rangle + w_0) \leq 0 \quad (n=1,\ldots,N). \end{aligned} \tag{5.5}$$

*2　$\frac{1}{2}\|\boldsymbol{w}\|_2^2$ の $\frac{1}{2}$ は後の式をみやすくするためである．

最適化問題は上記のように

$$\min_{x} f(x), \quad \text{subject to} \quad g(x) \leq 0. \tag{5.6}$$

と書くが，これは $g(x) < 0$ という制約条件の下で，$f(x)$ を x を動かして最小化するという意味である．最大化の場合は max と書く．なお，minimize, maximize と書くこともあるが，ここでは簡単のため誤解がない場合は上記の記法を用いる．

ここまでの議論から明らかなように，式 (5.5) の最適化問題で制約条件の等式が成立するデータがサポートベクター*3である．式 (5.5) は目的関数が 2 次形式で，不等式制約を持つ制約付き最適化問題なので一般的解法はよく研究されているが，既に述べてきたように我々が得たいのはサポートベクターおよび，それによって決まる分類器なので，次に述べる双対化によって見通しのよい問題に変換する．

5.1.2 双対問題化

まず，制約付き最適化問題を Lagrange（ラグランジュ）関数を導入して Lagrange 双対問題を導出する流れを紹介する．詳細は Bertsekas[29]，寒野[30]，田村[4]等を参照されたい．

最適化の主問題

$$\min f(x), \quad \text{subject to} \quad \boldsymbol{g}(x) \leq \boldsymbol{0} \quad ただし，\boldsymbol{g}(x) = [g_1(x), \ldots, g_m(x)]^\top. \tag{5.7}$$

式 (5.7) の最適化の主問題の **Lagrange 関数**は次の式で表される．

$$L(x, \boldsymbol{a}) = f(x) + \langle \boldsymbol{a}, \boldsymbol{g}(x) \rangle, \quad \boldsymbol{a} \text{ は Lagrange 乗数のベクトルである．} \tag{5.8}$$

Lagrange 関数を用いると，式 (5.7) の主問題の**双対問題**が次式の形で定義される．

$$q(\boldsymbol{a}) = \min L(x, \boldsymbol{a}), \quad \max_{\boldsymbol{a}} q(\boldsymbol{a}), \quad \text{subject to} \quad \boldsymbol{a} \geq \boldsymbol{0}. \tag{5.9}$$

*3 $y_n(\langle \boldsymbol{w}, \boldsymbol{x}_n \rangle + w_0) = 1$ が成立するデータを有効 (active)，$y_n(\langle \boldsymbol{w}, \boldsymbol{x}_n \rangle + w_0) > 1$ であるデータを非有効 (inactive) と呼ぶ．

この流れに沿って式 (5.5) から双対問題を導く．まず，観測データ個数の要素を持つ Lagrange 乗数のベクトル $\boldsymbol{a} = [a_1, \ldots, a_N]^\top$ を導入して Lagrange 関数 $L(\boldsymbol{w}, w_0, \boldsymbol{a})$ を以下のように定義する．

$$L(\boldsymbol{w}, w_0, \boldsymbol{a}) = \frac{1}{2}\langle \boldsymbol{w}, \boldsymbol{w} \rangle + \sum_{n=1}^{N} a_n (1 - y_n(\langle \boldsymbol{w}, \boldsymbol{x}_n \rangle + w_0)). \tag{5.10}$$

$q(\boldsymbol{a}) = \tilde{L}(\boldsymbol{a}) \equiv \min L(x, \boldsymbol{a})$ を求めるために $L(\boldsymbol{w}, w_0, \boldsymbol{a})$ を $\boldsymbol{w}$ および w_0 で微分して 0 とおくと以下のように $\boldsymbol{w}, w_0$ が求まる．

$$\frac{\partial L(\boldsymbol{w}, w_0, \boldsymbol{a})}{\partial \boldsymbol{w}} = 0 \quad \text{により} \quad \boldsymbol{w} = \sum_{n=1}^{N} a_n y_n \boldsymbol{x}_n, \tag{5.11a}$$

$$\frac{\partial L(\boldsymbol{w}, w_0, \boldsymbol{a})}{\partial w_0} = 0 \quad \text{により} \quad 0 = \sum_{n=1}^{N} a_n y_n. \tag{5.11b}$$

式 (5.11b) は次のように直観的な解釈ができる．$y_n = +1$ に対応する a_n の総和と $y_n = -1$ に対応する a_n の総和が等しいことを要請している．これは，$y_n = 1$ と $y_n = -1$ に対応するデータ数に偏りがある場合，数の少ないほうの a_n の値を大きくして正負のバランスをとろうとしていると解釈できる．これは，直観的には理に適ったものといえよう．さて，式 (5.11) の結果を $L(\boldsymbol{w}, w_0, \boldsymbol{a})$ に代入し $\tilde{L}(\boldsymbol{a})$ を求めると以下の最適化問題になる．

$$\begin{aligned}
&\max_{\boldsymbol{a}} \tilde{L}(\boldsymbol{a}) \equiv \max_{\boldsymbol{a}} \left(\sum_{n=1}^{N} a_n - \frac{1}{2} \sum_{n=1}^{N} \sum_{m=1}^{N} a_n a_m y_n y_m \langle \boldsymbol{x}_n, \boldsymbol{x}_m \rangle \right), \\
&\text{subject to} \quad a_n \geq 0 \quad (n = 1, \ldots, N), \\
&\qquad \sum_{n=1}^{N} a_n y_n = 0.
\end{aligned} \tag{5.12}$$

式 (5.12) の双対問題の解 $\hat{a} = [\hat{a}_1, \ldots, \hat{a}_N]^\top$ を用いると式 (5.11a) により重みベクトル $\boldsymbol{w}$ の最適値 $\hat{\boldsymbol{w}}$ は次の式で表される．

$$\hat{\boldsymbol{w}} = \sum_{n=1}^{N} \hat{a}_n y_n \boldsymbol{x}_n. \tag{5.13}$$

まだ w_0 の最適値が求まっていないが，それを求めるにはもう少し準備が必要なので，次の節で述べる．

ここで，最適化の主問題と双対問題の関係について詳しくみておく．最適化の分野では以下のようなことが知られている[6, 30]．

定理 5.1 (弱双対定理) 主問題における目的関数 f の最小値 $\hat{f}$ と双対問題の目的関数 q の最大値 $\hat{q}$ の間には次の関係が成り立つ．$\hat{q} \leq \hat{f}$.

定理 5.2 (強双対定理) 主問題の目的関数 f が微分可能な凸関数で，制約条件が線形の場合は $\hat{q} = \hat{f}$ であり，それに対応する Lagrange 乗数 $\hat{\boldsymbol{a}}$ が存在する．

強双対定理により，式 (5.5) の最適化問題は 2 次形式の目的関数で線形制約を持つので，上で述べたように式 (5.12) の双対問題を解けば最適解が得られることが保証される．

5.1.3 KKT 条件とサポートベクター

最適化の問題

$$\begin{aligned} &\min f(\boldsymbol{x}), \\ &\text{subject to} \quad g_i(\boldsymbol{x}) \leq 0 \quad (i = 1, \ldots, M), \\ &\text{Lagrange 関数：} L(\boldsymbol{x}, \boldsymbol{a}) \equiv f(\boldsymbol{x}) + \sum_{i=1}^{M} a_i g_i(\boldsymbol{x}). \end{aligned} \tag{5.14}$$

を最適化する条件として **Karush–Kuhn–Tucker**（カルーシュ–キューン–タッカー）**条件**，略して **KKT 条件**が知られている[6, 30]．

$$\nabla f(\boldsymbol{x}) + \sum_{i=1}^{M} a_i \nabla g_i(\boldsymbol{x}) = 0, \tag{5.15a}$$

$$g_i(\boldsymbol{x}) \leq 0 \quad (i = 1, \ldots, M), \tag{5.15b}$$

$$a_i \geq 0 \quad (i = 1, \ldots, M), \tag{5.15c}$$

$$a_i g_i(\boldsymbol{x}) = 0 \quad (i = 1, \ldots, M). \tag{5.15d}$$

式 (5.5) で表された SVM の主問題に対する KKT 条件のうち，式 (5.15a) は Lagrange 関数を $\boldsymbol{w}$ および w_0 で微分して 0 とおいたときに使った．残りの KKT 条件すなわち式 (5.15b), (5.15c), (5.15d) に対応するのは以下の 3 条件になる．ただし，これらの式の M は N 個の観測データがあるので，以下では N と置き換えることになる．

$$1 - y_n y(\boldsymbol{x}_n) \leq 0 \quad (n = 1, \ldots, N), \tag{5.16}$$

$$a_n \geq 0 \quad (n = 1, \ldots, N), \tag{5.17}$$

$$a_n(1 - y_n y(\boldsymbol{x}_n)) = 0 \quad (n = 1, \ldots, N). \tag{5.18}$$

式 (5.18) によって，全ての n に対して，$a_n = 0$ か $y_n y(\boldsymbol{x}_n) = 1$ のいずれか一方になる．$a_n = 0$ の場合は，式 (5.13) から $\hat{\boldsymbol{w}}$ に無関係であり，したがって式 (5.4) で表される分類器 $y(\boldsymbol{x})$ に寄与しない．逆にいえば，$y(\boldsymbol{x})$ に寄与するのは $y_m y(\boldsymbol{x}_m) = 1$ のデータ $\boldsymbol{x}_m$ だけであるが，これは分類境界面に最も近いデータ，すなわちサポートベクターである．

このような準備の下に懸案であった w_0 の最適値を求めてみよう．サポートベクターに含まれるデータ $\boldsymbol{x}_n$ における条件 $y_n y(\boldsymbol{x}_n) = 1$ は式 (5.4) と式 (5.13) を代入して書き直せば

$$y_n \left(\sum_{m=1}^{N} a_m y_m \langle \boldsymbol{x}_n, \boldsymbol{x}_m \rangle + w_0 \right) = 1$$

である．両辺に y_n を乗じ，$y_n^2 = 1$ に注意すると以下の式に変形される．

$$\left(\sum_{m=1}^{N} a_m y_m \langle \boldsymbol{x}_n, \boldsymbol{x}_m \rangle + w_0 \right) = y_n.$$

ここで，サポートベクターに含まれるデータの添え字の集合を S とおくと，$m \in S$ 以外の場合には $a_m = 0$ となる（添え字 n の場合も同様）ので以上の式を $n \in S$ で総和をとると下式になる．

$$\sum_{n \in S} \left(\sum_{m \in S} a_m y_m \langle \boldsymbol{x}_n, \boldsymbol{x}_m \rangle + w_0 \right) = \sum_{n \in S} y_n.$$

この式を用いて w_0 の最適値 $\hat{w_0}$ は次式で求まる．ただし，$|S|$ はサポートベクターの個数である．

$$\hat{w_0} = \frac{1}{|S|} \sum_{n \in S} \left(y_n - \sum_{m \in S} a_m y_m \langle \boldsymbol{x}_m, \boldsymbol{x}_n \rangle \right). \tag{5.19}$$

以上の式 (5.13)，式 (5.19) および式 (5.12) の最適化問題の解を合わせると正解ラベル付きの観測データ集合から学習した SVM の分類器が得られる．

5.2 ソフトマージン

これまでは二つのクラスのデータが適切な $y(\boldsymbol{x}) = \langle \boldsymbol{w}, \boldsymbol{x} \rangle + w_0$ という線形な境界面を選べば，間違いなく分類できる線形分離可能な場合について分類器を学習する手法の説明をしてきた．しかし，線形分離可能でない場合も多い．線形分離できない理由としては，元来，線形分離可能だったが観測データの雑音によって線形分離できなくなる場合，分類の境界面が情報源の性質からして線形ではない場合が考えられる．

線形分離できない場合の対策には，以下の二つの方策がある．

(1) 境界面を越えてしまうデータを許容する方法．
(2) 3.1.2 節で説明した線形モデルにおいて非線形な基底関数を導入する．

この節では，(1) の方法である**ソフトマージン**について説明する．

線形分離可能であることは式 (5.5) の $1 - y_n(\langle \boldsymbol{w}, \boldsymbol{x}_n \rangle + w_0) \leq 0$ という制約で表されるので，線形分離可能でないことはこの制約を破ってもよいことを意味する．制約をある程度破ってもよいのでソフトマージンと呼ばれる．制約を $\xi_n > 0$ $(n = 1, \ldots, N)$ だけ破ってもよいとする．すなわち，$1 - y_n(\langle \boldsymbol{w}, \boldsymbol{x}_n \rangle + w_0) \leq \xi_n$ となる．この状況を図 5.3 に示す．$\rightarrow$ の先にある $\circ$ が 2 個，$\bullet$ が 2 個，サポートベクターが決める境界線を越境している．そのうち 2 個は中央の $y(\boldsymbol{x}) = 0$ も越えて反対側に入り込んでいる．制約を破る量 ξ は越境しているデータに対して正しい分類をする境界面からの距離であり，図中の $\rightarrow$ の長さに相当する．ξ は $y_n = 1$ の領域の側からみた ξ_+ では $y(\boldsymbol{x}) = 1$ の境界線上で 0，$y(\boldsymbol{x}) = 0$ の中央境界線で 1，それより $y_n = -1$ 側に入り込むと 1 より大きくなる．$y_n = -1$ の領域の側からみた ξ_- の値は ξ_+ と逆方向に変化する．すなわち，ξ_- では $y(\boldsymbol{x}) = -1$ の境界

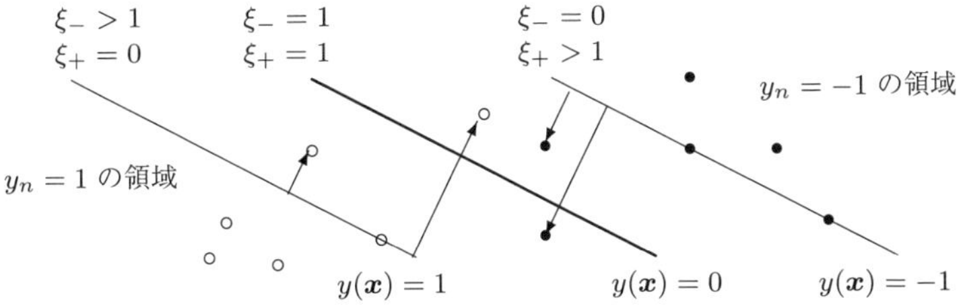

図 **5.3**　線形分離できない場合．

線上で 0，$y(\boldsymbol{x})=0$ の中央境界線で 1，それより $y_n=1$ 側に入り込むと 1 より大きくなる．この様子を図 5.3 に示した．図の上部に示した ξ_+, ξ_- の値を参考にしてほしい．なお，$y_n y(\boldsymbol{x})$ とすると $y_n=1$ でも $y_n=-1$ でも正しい分類は 1 以上，誤分類は 1 以下となるので，以後は ξ_+ と ξ_- を区別せずに ξ とする．

観測データ集合の各データに対して，ξ を許容しただけでは誤分類を認めるだけになってしまう．そこで，ξ の値をできるだけ小さく押さえることが最適化の目標となる．この方針を実現する最適化問題には複数の定式化があるが，ここでは，1 ノルムマージン・ボックス制約[31]を説明する．このソフトマージンの最適化問題は以下のように定義される．

$$
\begin{aligned}
&\min_{\boldsymbol{w}, w_0} \frac{1}{2}\langle \boldsymbol{w}, \boldsymbol{w} \rangle + C \sum_{n=1}^{N} \xi_n \quad \text{ただし，} C > 0, \\
&\text{subject to} \quad 1 - y_n(\langle \boldsymbol{w}, \boldsymbol{x}_n \rangle + w_0) - \xi_n \leq 0 \quad (n = 1, \ldots, N), \\
&\qquad\qquad\quad \xi_n \geq 0 \quad (n = 1, \ldots, N).
\end{aligned}
\tag{5.20}
$$

線形分離可能な場合の最適化問題の式 (5.5) における目的関数に $C\sum_{n=1}^{N}\xi_n$ という制約を破る度合いを表す項が追加されている．目的関数の最小化に対しては，制約の破り度合いの項はマージンに関与する $\frac{1}{2}\langle \boldsymbol{w}, \boldsymbol{w} \rangle$ に対して重み C で寄与する．よって，C は SVM を動かす場合に外部から与える主要なパラメタになる．

以上の状況を横軸に $y_n(\langle \boldsymbol{w}, \boldsymbol{x}_n \rangle + w_0)$ をとり，縦軸に損失を記したのが図 5.4 である．ξ_n に対応する部分は蝶番状の折れ曲がった直線からなるヒンジ損失 (hinge loss) である．

式 (5.20) の Lagrange 関数は以下になる．なお，最後の項は $\xi_n \geq 0$ すなわち $-\xi_n < 0$ という制約から派生したものである．

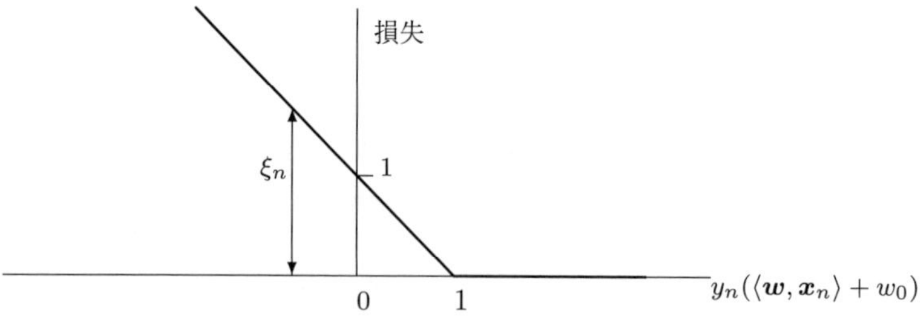

図 **5.4**　ヒンジ損失．

$$
\begin{aligned}
L(\boldsymbol{w}, w_0, \boldsymbol{a}, \boldsymbol{\xi}, \boldsymbol{\mu}) = \frac{1}{2}\langle \boldsymbol{w}, \boldsymbol{w}\rangle + C\sum_{n=1}^{N}\xi_n + \sum_{n=1}^{N} a_n(1 - y_n y(\boldsymbol{x}_n) - \xi_n) - \sum_{n=1}^{N}\mu_n\xi_n,\\
a_n \geq 0, \quad \mu_n \geq 0, \quad \xi_n \geq 0 \quad (n = 1, \ldots, N),\\
y(\boldsymbol{x}_n) = \langle \boldsymbol{w}, \boldsymbol{x}_n\rangle + w_0 \quad (n = 1, \ldots, N).
\end{aligned} \tag{5.21}
$$

次に Lagrange 関数を最小化する $\boldsymbol{w}$, w_0, ξ_n $(n = 1, \ldots, N)$ を求める.

$$
\frac{\partial L(\boldsymbol{w}, w_0, \boldsymbol{a}, \boldsymbol{\xi}, \boldsymbol{\mu})}{\partial \boldsymbol{w}} = 0 \quad \text{により} \quad \boldsymbol{w} = \sum_{n=1}^{N} a_n y_n \boldsymbol{x}_n, \tag{5.22a}
$$

$$
\frac{\partial L(\boldsymbol{w}, w_0, \boldsymbol{a}, \boldsymbol{\xi}, \boldsymbol{\mu})}{\partial w_0} = 0 \quad \text{により} \quad \sum_{n=1}^{N} a_n y_n = 0, \tag{5.22b}
$$

$$
\frac{\partial L(\boldsymbol{w}, w_0, \boldsymbol{a}, \boldsymbol{\xi}, \boldsymbol{\mu})}{\partial \xi_n} = 0 \quad \text{により} \quad \mu_n = C - a_n \quad (n = 1, \ldots, N). \tag{5.22c}
$$

式 (5.22a) の結果を式 (5.21) の Lagrange 関数に代入した結果が以下の $\tilde{L}(\boldsymbol{a})$ である.

$$
\tilde{L}(\boldsymbol{a}) = \left(\sum_{n=1}^{N} a_n - \frac{1}{2}\sum_{n=1}^{N}\sum_{m=1}^{N} a_n a_m y_n y_m \langle \boldsymbol{x}_n, \boldsymbol{x}_m\rangle \right). \tag{5.23}
$$

この結果は，線形分離可能な場合の式 (5.12) と同一である．そこで，以下では線形分離可能な場合との差異を調べる．

式 (5.21) に対する KKT 条件のうちの式 (5.15b), (5.15c), (5.15d) に対応するものは以下のようになる．

$$
1 - y_n y(\boldsymbol{x}_n) - \xi_n \leq 0 \quad (n = 1, \ldots, N), \tag{5.24a}
$$

$$
a_n \geq 0, \quad \mu_n \geq 0, \quad \xi_n \geq 0, \quad y(\boldsymbol{x}_n) = \langle \boldsymbol{w}, \boldsymbol{x}_n\rangle + w_0 \quad (n = 1, \ldots, N), \tag{5.24b}
$$

$$
a_n(1 - y_n y(\boldsymbol{x}_n) - \xi_n) = 0 \quad (n = 1, \ldots, N), \tag{5.24c}
$$

$$
\mu_n \xi_n = 0 \quad (n = 1, \ldots, N). \tag{5.24d}
$$

式 (5.22c) と $\mu_n \geq 0$ と $a_n \geq 0$ より $0 \leq a_n \leq C$ という条件が得られる．これをボックス制約*4という．

---

*4　N 次元空間において，この式で示される箱（ボックス）の中に a_n が入らなければいけないのでこの名称になったのであろう．

上記の KKT 条件と合わせると結局，線形分離可能でない場合のソフトマージン SVM は次式の最適化問題として定式化できる．

$$
\begin{aligned}
&\max_{\boldsymbol{a}} \tilde{L}(\boldsymbol{a}) \equiv \max_{\boldsymbol{a}} \left(\sum_{n=1}^{N} a_n - \frac{1}{2} \sum_{n=1}^{N} \sum_{m=1}^{N} a_n a_m y_n y_m \langle \boldsymbol{x}_n, \boldsymbol{x}_m \rangle \right), \\
&\qquad 0 \le a_n \le C \quad (n = 1, \ldots, N), \\
&\qquad \sum_{n=1}^{N} a_n y_n = 0. \qquad (5.25)
\end{aligned}
$$

a_n $(n = 1, \ldots, N)$ は式 (5.25) の最適化問題を解けば得られる．最後に分類器 $y(\boldsymbol{x}) = \langle \boldsymbol{w}, \boldsymbol{x} \rangle + w_0$ を決める $\boldsymbol{w}$ と w_0 を求める．$\boldsymbol{w}$ は既に Lagrange 関数を微分した結果の式 (5.22a) で与えられている．式 (5.24d) で得られた $\mu_n \xi_n = 0$ は Lagrange 関数の最小化で得られた式 (5.22c) の結果を代入すると $(C - a_n)\xi_n = 0$ となる．これは，$C = a_n$ すなわちボックス制約の上限 C に a_n が一致するときに制約を破って $\xi_n > 0$ となりえることを示している．つまり，$C = a_n$ の場合に対応する観測データ $\boldsymbol{x}_n$ は制約を破っているかもしれないが，ソフトマージンなので，それは許容しようということである．サポートベクターになる観測データは $0 < a_n < C$ の場合に対応する $\boldsymbol{x}_n$ であり，中央の境界面から $1/\|\boldsymbol{w}\|_2$ の距離に位置している．ここでサポートベクターである $\boldsymbol{x}_m$ の添え字の集合を S とすると，$\xi_m = 0$ のとき $m \in S$ なので，

$$
\boldsymbol{w} = \sum_{n \in S} a_n y_n \boldsymbol{x}_n \quad \text{あるいは} \quad \boldsymbol{w} = \sum_{0 < a_n < C} a_n y_n \boldsymbol{x}_n \qquad (5.26)
$$

となる．

w_0 も線形分離可能な場合と同様にして求める．すなわち $y_m y(\boldsymbol{x}_m) = 1$ の両辺に y_m をかけて書き直すと

$$
\left(\sum_{n \in S} a_n y_n \langle \boldsymbol{x}_n, \boldsymbol{x}_m \rangle + w_0 \right) = y_m
$$

となる．これを $m \in S$ である添え字 m に対して総和をとると

$$
\sum_{m \in S} \left(\sum_{n \in S} a_n y_n \langle \boldsymbol{x}_n, \boldsymbol{x}_m \rangle + w_0 \right) = \sum_{m \in S} y_m
$$

となる．よって，以下の結果を得る．

$$w_0 = \frac{1}{|S|} \sum_{m \in S} \left(y_m - \sum_{n \in S} a_n y_n \langle \boldsymbol{x}_n, \boldsymbol{x}_m \rangle \right). \tag{5.27}$$

5.3 カーネル法

線形な境界面から観測データが逸脱する度合いが大きくなければ，線形な分類器を元にしたソフトマージンは分類器として良好な性能を発揮する．しかし，図 5.5 の左側のように境界面が高次の曲面である場合や，同図の右側のように球面である場合には，そもそもが線形な境界面で近似できないのだからソフトマージンを使うにしても線形な分類器では無理がある．そこで，3.1.2 節で説明した非線形な基底関数を導入することを考えてみる．

非線形な基底関数 $\boldsymbol{\phi}(\boldsymbol{x})$（ただし，$\boldsymbol{\phi}(\cdot) = [\phi_1(\cdot), \ldots, \phi_{\bar{K}}(\cdot)]^\top$ というベクトル）を導入すると，$\langle \boldsymbol{\phi}(\boldsymbol{x}_n), \boldsymbol{\phi}(\boldsymbol{x}_m) \rangle$ という形の内積が定義できる．$\boldsymbol{x}$ の次元が $\boldsymbol{\phi}(\boldsymbol{x})$ では $\bar{K}$ に変化していることに注意されたい．$\bar{K}$ が $\boldsymbol{x}$ の次元より大きくなると，観測データから直接分かる情報以外の情報，例えば観測データの高次の項 x^p $(p = 2, 3, \ldots)$ の持つ情報が考慮できるようになるので，データ空間の性質をよりよく捉えることが期待できる．このように拡張された内積は**カーネル**と呼ばれ，$K(\boldsymbol{x}_n, \boldsymbol{x}_m)$ と書く．$K(\boldsymbol{x}_n, \boldsymbol{x}_m)$ を第 nm 成分とする行列 $[K(\boldsymbol{x}_n, \boldsymbol{x}_m)]$ を**カーネル行列**という．データ処理において用いるカーネル行列はもっぱら正定値対称行列である[32]．

前節までで述べてきた線形な SVM において，式 (5.12), (5.23) の双対問題，そして $\boldsymbol{w}, w_0$ の定義で現れた $\langle \boldsymbol{x}_n, \boldsymbol{x}_m \rangle$ という項を $\langle \boldsymbol{\phi}(\boldsymbol{x}_n), \boldsymbol{\phi}(\boldsymbol{x}_m) \rangle$ すなわち $K(\boldsymbol{x}_n, \boldsymbol{x}_m)$

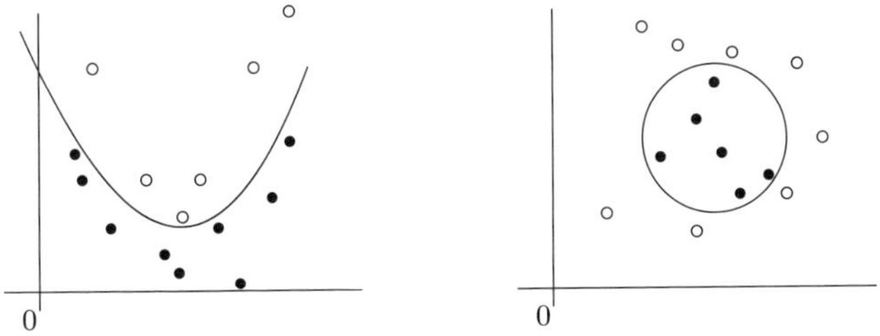

図 5.5 非線形な境界面を持つ観測データ集合．

で置き換えれば非線形な SVM となる．例えば，分類器を与える決定関数 $y(\boldsymbol{x})$ はカーネルを用いると次のように書ける．

$$y(\boldsymbol{x}) = \sum_{n=1}^{N} a_n y_n K(\boldsymbol{x}_n, \boldsymbol{x}).$$

さらに，線形分離可能でない場合の対策として導入したソフトマージン SVM にもカーネルによる非線形な SVM を組み合わせて用いることができる．これによって，SVM の柔軟性は大きく向上した．

ところで $\boldsymbol{\phi}(\boldsymbol{x})$ は次元が大きくなっているので，内積の計算量が増える．この計算量の増加を抑えられるカーネルが発見できるかどうかがカーネル法の成功のための重要なポイントである．そこで，まず単純なカーネルから複雑なカーネルを構成する方法を列挙[31]する．K, K_1, K_2 はカーネル関数を表す．また，$\boldsymbol{x}$, $\boldsymbol{z}$ の定義される空間を X とする．

(1) $K(\boldsymbol{x}, \boldsymbol{z}) = K_1(\boldsymbol{x}, \boldsymbol{z}) + K_2(\boldsymbol{x}, \boldsymbol{z})$.
(2) $K(\boldsymbol{x}, \boldsymbol{z}) = cK_1(\boldsymbol{x}, \boldsymbol{z})$（$c$ は正の実数）．
(3) $K(\boldsymbol{x}, \boldsymbol{z}) = K_1(\boldsymbol{x}, \boldsymbol{z})K_2(\boldsymbol{x}, \boldsymbol{z})$.
(4) $K(\boldsymbol{x}, \boldsymbol{z}) = f(\boldsymbol{x})f(\boldsymbol{z})$（$f$ は X 上の実数値をとる関数）．
(5) $K(\boldsymbol{x}, \boldsymbol{z}) = K_1(\boldsymbol{\phi}(\boldsymbol{x}), \boldsymbol{\phi}(\boldsymbol{z}))$.
(6) $K(\boldsymbol{x}, \boldsymbol{z}) = \boldsymbol{x}^\top A\boldsymbol{z}$（$A$ は半正定値対称行列）．

よく使われるカーネルを上記の構成規則から導いてみよう．

- Euclid 空間における内積は (6) の構成規則において A が単位行列の場合である．
- $(\langle \boldsymbol{x}, \boldsymbol{z}\rangle + c)^d$ は構成規則 (1), (2), (3) を使えば導ける．これらは d 次の多項式カーネルと呼ばれる．一例として $d = 2$ の場合の具体的式を示す．ただし，$\boldsymbol{x} = [x_1, \ldots, x_K]^\top$, $\boldsymbol{z} = [z_1, \ldots, z_K]^\top$ とする．

$$\begin{aligned}(\langle \boldsymbol{x}, \boldsymbol{z}\rangle + c)^2 &= \left(\sum_{i=1}^{K} x_i \cdot z_i + c\right)\left(\sum_{j=1}^{K} x_j \cdot z_j + c\right) \\ &= \sum_{i=1}^{K}\sum_{j=1}^{K} x_i \cdot x_j \cdot z_i \cdot z_j + 2c\sum_{i=1}^{K} x_i \cdot z_i + c^2. \end{aligned} \tag{5.28}$$

一度，内積 $\langle \boldsymbol{x}, \boldsymbol{z}\rangle$ が計算できてしまえば，その後の計算量は d に依存するが，$\boldsymbol{x}$ の次元には依存しないので，次元の高いデータにも十分適用できる．

- $$\exp\left(-\frac{\|\boldsymbol{x}-\boldsymbol{z}\|_2^2}{\sigma^2}\right)=\exp\left(-\frac{\|\boldsymbol{x}\|_2^2}{\sigma^2}\right)\exp\left(-\frac{\|\boldsymbol{z}\|_2^2}{\sigma^2}\right)\exp\left(\frac{2\langle\boldsymbol{x},\boldsymbol{z}\rangle}{\sigma^2}\right).$$

  第 1 項と第 2 項の積の部分は構成規則 (4) によってカーネルである．第 3 項は exp が正係数の多項式であり，高次の項までとれば任意の精度で近似でき，極限をとればやはりカーネルになる[32]．そこで，第 1 項，第 2 項の積からなるカーネルと第 3 項のカーネルの積は，構成規則 (3) によってカーネルとなる．このカーネルを **Gaussian カーネル**と呼ぶ．Gaussian カーネルは，$\boldsymbol{x}$ と $\boldsymbol{z}$ の距離が近いほど大きい値をとるので，図 5.5 の右側のような状況に対応しやすい．

5.4 学習アルゴリズム

SVM の $\boldsymbol{w}$ を求める最適化の式 (5.25) を再掲する．

$$\max_{\boldsymbol{a}}\tilde{L}(\boldsymbol{a})\equiv\max_{\boldsymbol{a}}\left(\sum_{n=1}^{N}a_n-\frac{1}{2}\sum_{n=1}^{N}\sum_{m=1}^{N}a_na_my_ny_m\langle\boldsymbol{x}_n,\boldsymbol{x}_m\rangle\right), \quad (5.29a)$$

$$0\leq a_n\leq C\quad(n=1,\ldots,N), \quad (5.29b)$$

$$\sum_{n=1}^{N}a_ny_n=0. \quad (5.29c)$$

SVM における分類境界面を学習するアルゴリズムの中心にあるこの問題の解法を以下に示す．線形な制約式を持つ 2 次形式を目的関数とする最適化問題なので，いろいろな解法が知られているが，ここでは SVM の実装として効率がよいといわれている **SMO アルゴリズム**[*5]を説明する．

このアルゴリズムの特徴は正解ラベル付きの観測データ集合を適当に分割して，部分的に解くことを繰り返す点である．このアルゴリズムの骨格は以下の通りである．

アルゴリズムの骨格

step 1 ラベル付き観測データ集合 $\mathcal{D}$ を適当な部分集合 $\mathcal{D}_1,\ldots,\mathcal{D}_J$ に分割する．

step 2 $a_n=0\ (n=1,\ldots,N)$ に初期化．

step 3 適当な $\mathcal{D}_j\ (1\geq j\geq J)$ を選び $\mathcal{D}_{\mathrm{now}}$ とする．

---

*5 Sequential Minimal Optimization algorithm の略称である．

step 4 repeat

step 4-1 $\mathcal{D}_{\mathrm{now}}$ に対する最適化問題を解く.

step 4-2 KKT 条件を満たさない観測データを含む新たな部分集合を選び, これを $\mathcal{D}_{\mathrm{now}}$ とする.

step 5 until 停止条件を満たす.

step 6 $\{a_n\}$ $(n = 1, \ldots, N)$ を結果として出力して終了.

このアルゴリズムの骨格を具体化するに際して解決すべき問題は,

(1) 観測データの部分集合 $\mathcal{D}_j$ の作り方.
(2) step 4-1 の最適化問題の解.
(3) step 4-2 の KKT 条件を満たさないデータの選び方.

(1) では, 最適化は探索問題であり計算量は $\mathcal{D}_j$ が大きくなると多項式オーダで計算量が増すことを考慮すると, できるだけ小さなデータ集合がよさそうであるというヒューリスティックがある.

加えて, $N \times N$（N は観測データ数）の大きさを持つカーネル行列全部をメモリに乗せなくてもよいことも, 効率向上に寄与する. この考えを極限まで進めると, 一番小さなデータ集合として, データを 2 個しか含まない $\mathcal{D}_j$ を使う方法がある. データが 2 個の場合は, 次に述べるように, 最適化の解が閉じた形の解析解として求まり, 最適化問題を解くための探索を避けることができる. このアイデアにより効率の高い SMO アルゴリズムが得られる. 以下で (2) の問題である 2 データ間での最適化の解析解を求める.

以下では選んだ 2 データを a_1, a_2 とする. これら 2 データ以外の a_n は a_1, a_2 の更新によっては動かない. 式 (5.29c) の制約があるので, a_1, a_2 を更新前の値, a_1^{new}, a_2^{new} を各々の更新後の値とすると, これらの間には次の関係が成り立っている必要がある.

$$a_1 y_1 + a_2 y_2 = a_1^{\mathrm{new}} y_1 + a_2^{\mathrm{new}} y_2 = \mathrm{const}\ \text{（定数）}. \tag{5.30}$$

まず a_2 を更新する. 式 (5.29b)：$0 \leq a_2 \leq C$ より y_1, y_2 の値によって以下の制約が得られる.

$y_1 = y_2$ **の場合**：式 (5.30) より，$a_2^{\rm new} = a_1 + a_2 - a_1^{\rm new}$.

$-C \leq -a_1^{\rm new} \leq 0$ なので，$a_1 + a_2 - C \leq a_2^{\rm new} \leq a_1 + a_2$. したがって，以下の条件が得られる.

$$\max(0, a_1 + a_2 - C) \leq a_2^{\rm new} \leq \min(C, a_1 + a_2). \tag{5.31}$$

$y_1 \neq y_2$ **の場合**：式 (5.30) より，$a_2^{\rm new} = -a_1 + a_2 + a_1^{\rm new}$.

$0 \leq a_1^{\rm new} \leq C$. よって，$-a_1 + a_2 \leq a_2^{\rm new} \leq -a_1 + a_2 + C$. したがって，以下の条件が得られる.

$$\max(0, -a_1 + a_2) \leq a_2^{\rm new} \leq \min(C, C - a_1 + a_2). \tag{5.32}$$

次に $a_2^{\rm new}$ が $y_1 = y_2$ で式 (5.31) を満たす，あるいは $y_1 \neq y_2$ で (5.32) を満たす場合に使う更新式を求める．ただし，ここではカーネルを使う場合も含めて考えることにするので，$\langle \boldsymbol{x}_n, \boldsymbol{x}_m \rangle$ をより一般的に $K(\boldsymbol{x}_n, \boldsymbol{x}_m)$ と書き換えて，以下の説明を進める.

$$f(\boldsymbol{x}_i) = \sum_{j=1}^{N} y_j a_j K(\boldsymbol{x}_i, \boldsymbol{x}_j) \quad (i = 1, 2)$$

とおき，以下のように v_i を定義する.

$$v_i = \sum_{j=3}^{N} y_j a_j K(\boldsymbol{x}_i, \boldsymbol{x}_j) = f(\boldsymbol{x}_i) - \sum_{j=1}^{2} y_j a_j K(\boldsymbol{x}_i, \boldsymbol{x}_j) \quad (i = 1, 2). \tag{5.33}$$

すると，式 (5.29a) の $\tilde{L}(\boldsymbol{a})$ の a_1, a_2 に関連する部分 $W(a_1, a_2)$ は，$K_{12} = K_{21}$ を使うと，次のように書ける．ただし，$K(\boldsymbol{x}_i, \boldsymbol{x}_j)$ を K_{ij} と略記する.

$$W(a_1, a_2) = a_1 + a_2 - \frac{1}{2} K_{11} a_1^2 - \frac{1}{2} K_{22} a_2^2 - y_1 y_2 a_1 a_2 K_{12} - y_1 a_1 v_1 - y_2 a_2 v_2 + \text{const.}$$

ここで $a_1 y_1 + a_2 y_2 = a_1^{\rm new} y_1 + a_2^{\rm new} y_2 = \text{const}$ の全辺に y_1 をかけ，$y_1^2 = 1$ に注意して $s = y_1 y_2$, $\gamma = y_1 \cdot \text{const}$ とおくと，この式は

$$a_1 + s a_2 = a_1^{\rm new} + s a_2^{\rm new} = \gamma$$

と書け，$W(a_1, a_2)$ は次の式となる.

$$\begin{aligned} W(a_2) = {} & \gamma - s a_2 + a_2 - \frac{1}{2} K_{11} (\gamma - s a_2)^2 - \frac{1}{2} K_{22} a_2^2 \\ & - s(\gamma - s a_2) a_2 K_{12} - y_1 (\gamma - s a_2) v_1 - y_2 a_2 v_2 + \text{const.} \end{aligned} \tag{5.34}$$

$W(a_2)$ を最大化するために a_2 で微分して 0 とおくと以下の結果が得られる．

$$
\begin{aligned}
&\frac{\partial W(a_2)}{\partial a_2} = 0 \\
&\Rightarrow \\
&1 - s + sK_{11}(\gamma - sa_2) - K_{22}a_2 - sK_{12}(\gamma - 2sa_2) + sy_1v_1 - y_2v_2 \\
&= 0. \qquad (5.35)
\end{aligned}
$$

これを解くと

$$
\begin{aligned}
a_2^{\text{new}}(K_{11} + K_{22} - 2K_{12}) &= 1 - s + \gamma s(K_{11} - K_{12}) + y_2(v_1 - v_2) \\
&= y_2(y_2 - y_1 + \gamma y_1(K_{11} - K_{12}) + v_1 - v_2).
\end{aligned}
$$

両辺に y_2 をかけると

$$
a_2^{\text{new}} y_2(K_{11} + K_{22} - 2K_{12}) = y_2 - y_1 + \gamma y_1(K_{11} - K_{12}) + v_1 - v_2. \qquad (5.36)
$$

v_1, v_2 は式 (5.33) のように更新前の a_1, a_2 を使って定義されているので，これを代入すると

$$
\begin{aligned}
&a_2^{\text{new}} y_2(K_{11} + K_{22} - 2K_{12}) \\
&\quad = y_2 - y_1 + \gamma y_1(K_{11} - K_{12}) + f(\boldsymbol{x}_1) - \sum_{j=1}^{2} y_j a_j K_{1j} - f(\boldsymbol{x}_2) + \sum_{j=1}^{2} y_j a_j K_{2j}.
\end{aligned} \qquad (5.37)
$$

$\gamma = a_1 + sa_2$, $\gamma y_1 = y_1a_1 + sy_1a_2 = y_1a_1 + y_2a_2$, $K_{12} = K_{21}$ に注意して式 (5.37) の右辺を書き直すと

$$
\begin{aligned}
&y_2 - y_1 + f(\boldsymbol{x}_1) - f(\boldsymbol{x}_2) \\
&\quad + (y_1a_1 + y_2a_2)(K_{11} - K_{12}) - y_1a_1K_{11} - y_2a_2K_{12} + y_1a_1K_{21} + y_2a_2K_{22} \\
&\quad\quad = y_2 - y_1 + f(\boldsymbol{x}_1) - f(\boldsymbol{x}_2) + y_2a_2(K_{11} + K_{22} - 2K_{12}).
\end{aligned} \qquad (5.38)
$$

したがって，式 (5.37) の両辺に y_2 をかけて，$(K_{11} + K_{22} - 2K_{12})$ で割れば，a_2^{new} の更新式の定義を次式として得る．

$$
a_2^{\text{new}} = a_2 + \frac{y_2((f(\boldsymbol{x}_1) - y_1) - (f(\boldsymbol{x}_2) - y_2))}{K_{11} + K_{22} - 2K_{12}}. \qquad (5.39)
$$

この結果を用いれば $y_1 a_1^{\mathrm{new}} + y_2 a_2^{\mathrm{new}} = y_1 a_1 + y_2 a_2$ の両辺に y_1 をかけて整理すると，a_1^{new} の更新式を次式として得る．

$$a_1^{\mathrm{new}} = a_1 + y_1 y_2 (a_2 - a_2^{\mathrm{new}}). \tag{5.40}$$

式 (5.31), (5.32) の a_2^{new} の制約と式 (5.39), (5.40) の更新式をまとめると，最終的な更新結果 a_1^{NEW}, a_2^{NEW} は以下のように与えられる．

SMO における a_1, a_2 の更新アルゴリズム

$$a_2^{\mathrm{new}} = a_2 + \frac{y_2((\sum_{j=1}^N y_j a_j K(\boldsymbol{x}_1, \boldsymbol{x}_j) - y_1) - (\sum_{j=1}^N y_j a_j K(\boldsymbol{x}_2, \boldsymbol{x}_j) - y_2))}{K_{11} + K_{22} - 2K_{12}}.$$

if $y_1 = y_2$ and $\min(C, a_1 + a_2) < a_2^{\mathrm{new}}$
then $a_2^{\mathrm{NEW}} = \min(C, a_1 + a_2)$.

if $y_1 = y_2$ and $\max(0, a_1 + a_2 - C) \leq a_2^{\mathrm{new}} \leq \min(C, a_1 + a_2)$
then $a_2^{\mathrm{NEW}} = a_2^{\mathrm{new}}$.

if $y_1 = y_2$ and $a_2^{\mathrm{new}} < \max(0, a_1 + a_2 - C)$
then $a_2^{\mathrm{NEW}} = \max(0, a_1 + a_2 - C)$.

if $y_1 \neq y_2$ and $\min(C, C - a_1 + a_2) < a_2^{\mathrm{new}}$
then $a_2^{\mathrm{NEW}} = \min(C, C - a_1 + a_2)$.

if $y_1 \neq y_2$ and $\max(0, -a_1 + a_2) \leq a_2^{\mathrm{new}} \leq \min(C, C - a_1 + a_2)$
then $a_2^{\mathrm{NEW}} = a_2^{\mathrm{new}}$.

if $y_1 \neq y_2$ and $a_2^{\mathrm{new}} < \max(0, -a_1 + a_2)$
then $a_2^{\mathrm{NEW}} = \max(0, -a_1 + a_2)$.

$a_1^{\mathrm{NEW}} = a_1 + y_1 y_2 (a_2 - a_2^{\mathrm{NEW}})$.

ただし，上の最初の行は式 (5.39)，最後の行は式 (5.40) と同じ内容である．

アルゴリズムの骨格の詳細化 (3) すなわち「step 4-2 の KKT 条件を満たさないデータの選び方」は，アルゴリズムの収束速度に影響が大きい．ヒューリスティックな方法であるが，以下の方法が考えられる．

(1) 上記の SMO の更新アルゴリズムにおける a_1 は全データをみて，KKT 条件の不等式を満たさない度合いが大きいデータを選ぶ．

(2) a_2 は，SMO の更新アルゴリズムの step 1 の更新式の

$$\left|\left(\sum_{j=1}^{N} y_j a_j K(\boldsymbol{x}_1, \boldsymbol{x}_j) - y_1\right) - \left(\sum_{j=1}^{N} y_j a_j K(\boldsymbol{x}_2, \boldsymbol{x}_j) - y_2\right)\right|$$

が大きい $\boldsymbol{x}_n$ とそれに対応する a_n を選ぶ．これは，更新によって大きな改善が期待できるという予測[*6]による．

5.5　回　　帰

5.5.1　ε-インセンシティブ損失

ここまで述べてきたサポートベクターマシンは分類器の学習を目的としていたが，同様の考え方を回帰に適用してみる．3.3 節で正則化項付きの線形モデルについて述べた．L2 正則化項 $R(\boldsymbol{w})$ 付きの線形回帰は次の式で定式化できる．

$$\hat{\boldsymbol{w}} = \operatorname*{arg\,min}_{\boldsymbol{w}} \mathcal{L}(\boldsymbol{w}, \mathcal{D}) + \lambda R(\boldsymbol{w}) = \operatorname*{arg\,min}_{\boldsymbol{w}} \left(\sum_{n=1}^{N} (y_n - \langle \boldsymbol{x}_n, \boldsymbol{w} \rangle)^2 + \lambda \|\boldsymbol{w}\|_2^2\right). \tag{5.41}$$

一方，サポートベクターマシンにおける回帰の場合は正則化項は $\|\boldsymbol{w}\|_2^2$ で L2 正則化の線形回帰と同じだが，損失 $\mathcal{L}(\boldsymbol{w}, w_0, \boldsymbol{x}_n, y_n, \varepsilon)$ は誤差 $\langle \boldsymbol{w}, \boldsymbol{x}_n \rangle + w_0 - y_n$ の 2 乗損失ではなく以下の誤差の ε-インセンシティブ損失の絶対値とする．

$$\mathcal{L}(\boldsymbol{w}, w_0, \boldsymbol{x}_n, y_n, \varepsilon) = \begin{cases} 0 & \text{if } |t| < \varepsilon \\ |t| - \epsilon & \text{otherwise} \end{cases},$$

$$\text{ただし，} t = y_n - y(\boldsymbol{x}_n) = y_n - (\langle \boldsymbol{w}, \boldsymbol{x}_n \rangle + w_0). \tag{5.42}$$

誤差に対する ε-インセンシティブ損失と 2 乗損失を図 5.6 に示した．

ε-インセンシティブ損失では誤差が $[-\varepsilon, \varepsilon]$ の範囲では回帰式を決める $\boldsymbol{w}$, w_0 には全く影響がない．誤差がこの範囲を超えると $\boldsymbol{w}$ に対して線形な損失となる．一方，2 乗損失では，予測値 $y(\boldsymbol{x}_n) = y_n$ でないと損失が発生する．しかも，損失は誤差の 2 乗なので，予測が大きく外れた場合は ε-インセンシティブ損失に比べてはるかに大きな損失となり，回帰曲面から離れたところにある観測データの影響が大きい．2 乗誤差において誤差が大きいデータの影響が効きすぎることは 5.1 節

*6　あくまでヒューリスティックである．

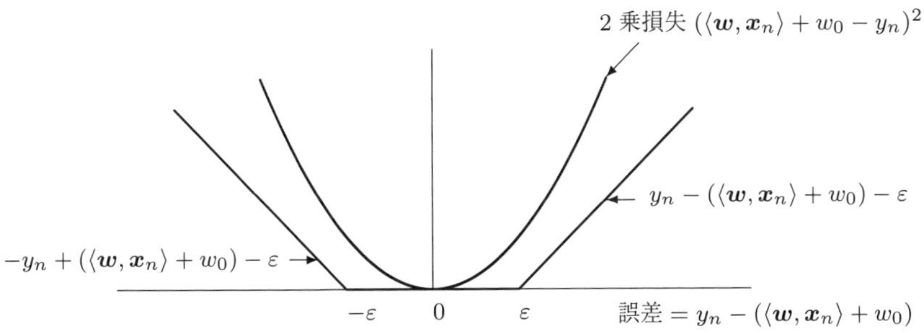

図 5.6　ε-インセンシティブ損失と 2 乗損失.

で述べた．この問題点が，ε-インセンシティブ損失では大きく緩和されているといえよう．

5.5.2 最適化問題としての定式化

式 (5.42) の ε-インセンシティブ損失 $\mathcal{L}(\boldsymbol{w}, w_0, \boldsymbol{x}_n, y_n, \varepsilon)$ を用いて最適化問題として定式化する．次の (1), (2) の目的を設定する．

(1) 実際の観測データ $(\boldsymbol{x}_n, y_n)$ から得られる正の誤差に関する不等式 $y_n - y(\boldsymbol{x}_n) - \varepsilon \leq \xi_n$ および負の誤差の不等式 $y(\boldsymbol{x}_n) - y_n - \varepsilon \leq \hat{\xi}_n$ における ξ_n [*7]の総和を最小化することで，$(-\varepsilon, \varepsilon)$ の外側に出てしまう観測データを減らすようにする．
(2) 分類のときと同様に，両側のサポートベクターの間の距離すなわちマージンを大きくしたい．これは，前の議論と同様に考えれば $\|\boldsymbol{w}\|_2^2$ を最小化することになる．
(3) 上記 (1), (2) の最小化の目的関数の重み配分を $\xi_n, \hat{\xi}_n$ の総和への C という重み付けで行う．

以上より最適化の主問題は次のように記述される．

*7　スラック変数と呼ぶ．ソフトマージンの SVM における式 (5.20) の ξ_n と同じ意味の変数である．

$$
\begin{aligned}
&\min_{\boldsymbol{w},\xi_n,\hat{\xi}_n} \ \frac{1}{2}\|\boldsymbol{w}\|_2^2 + C\sum_{n=1}^{N}(\xi_n + \hat{\xi}_n),\\
&\text{subject to} \quad y_n - (\langle \boldsymbol{w}, \boldsymbol{x}_n\rangle + w_0) - \varepsilon \le \xi_n \quad (n = 1, \ldots, N),\\
&\qquad\qquad\quad (\langle \boldsymbol{w}, \boldsymbol{x}_n\rangle + w_0) - y_n - \epsilon \le \hat{\xi}_n \quad (n = 1, \ldots, N),\\
&\qquad\qquad\quad \xi_n \ge 0 \quad (n = 1, \ldots, N),\\
&\qquad\qquad\quad \hat{\xi}_n \ge 0 \quad (n = 1, \ldots, N).
\end{aligned}
\tag{5.43}
$$

式 (5.43) の Lagrange 関数は以下となる．

$$
\begin{aligned}
L = &\frac{1}{2}\|\boldsymbol{w}\|_2^2 + C\sum_{n=1}^{N}(\xi_n + \hat{\xi}_n) - \sum_{n=1}^{N}(\mu_n\xi_n + \hat{\mu}_n\hat{\xi}_n)\\
&+ \sum_{n=1}^{N} a_n(y_n - (\langle \boldsymbol{w}, \boldsymbol{x}_n\rangle + w_0) - \varepsilon - \xi_n)\\
&+ \sum_{n=1}^{N} \hat{a}_n((\langle \boldsymbol{w}, \boldsymbol{x}_n\rangle + w_0) - y_n - \varepsilon - \hat{\xi}_n).
\end{aligned}
\tag{5.44}
$$

a_n, $\hat{a}_n$, μ_n, $\hat{\mu}_n$ は Lagrange 乗数である．式 (5.44) を使って以下のように双対問題を導く．

$$
\frac{\partial L}{\partial \boldsymbol{w}} = 0 \quad \text{により} \quad \boldsymbol{w} = \sum_{n=1}^{N}(a_n - \hat{a}_n)\boldsymbol{x}_n, \tag{5.45a}
$$

$$
\frac{\partial L}{\partial w_0} = 0 \quad \text{により} \quad \sum_{n=1}^{N}(a_n - \hat{a}_n) = 0, \tag{5.45b}
$$

$$
\frac{\partial L}{\partial \xi_n} = 0 \quad \text{により} \quad a_n + \mu_n = C, \tag{5.45c}
$$

$$
\frac{\partial L}{\partial \hat{\xi}_n} = 0 \quad \text{により} \quad \hat{a}_n + \hat{\mu}_n = C. \tag{5.45d}
$$

まず，a_n, $\hat{a}_n$ の範囲に関する制約を求める．Lagrange 乗数であることの要請により，$0 \le a_n$, $0 \le \hat{a}_n$, $0 \le \mu_n$, $0 \le \hat{\mu}_n$ である．これと上の式 (5.45c), (5.45d) を組み合わせると以下のボックス制約が得られる．

$$
0 \le a_n \le C, \quad 0 \le \hat{a}_n \le C \quad (n = 1, \ldots, N). \tag{5.46}
$$

式 (5.43) の最適化の主問題に対する KKT 条件のうち (5.15d) に対応するのは以下の 4 条件になる．ただし，式 (5.49)，式 (5.50) の導出では，上の式 (5.45c) の

$a_n + \mu_n = C$ および式 (5.45d) の $\hat{a}_n + \hat{\mu}_n = C$ を使っている.

$$a_n(y_n - (\langle \boldsymbol{w}, \boldsymbol{x}_n \rangle + w_0) - \varepsilon - \xi_n) = 0 \quad (n = 1, \ldots, N), \tag{5.47}$$

$$\hat{a}_n(\langle \boldsymbol{w}, \boldsymbol{x}_n \rangle + w_0 - y_n - \epsilon - \hat{\xi}_n) = 0 \quad (n = 1, \ldots, N), \tag{5.48}$$

$$\mu_n \xi_n = (C - a_n)\xi_n = 0 \quad (n = 1, \ldots, N), \tag{5.49}$$

$$\hat{\mu}_n \hat{\xi}_n = (C - \hat{a}_n)\hat{\xi}_n = 0 \quad (n = 1, \ldots, N). \tag{5.50}$$

式 (5.47), (5.48) が $a_n \neq 0$ および $\hat{a}_n \neq 0$ である有効 (active) な観測データとなるサポートベクターを求めるための条件を与える. さらに 1 個の観測データの誤差が同時に $-\varepsilon$ と ε に等しくなることはない. すなわち, $y_n - (\langle \boldsymbol{w}, \boldsymbol{x}_n \rangle + w_0) - \varepsilon - \xi_n = 0$ かつ $\langle \boldsymbol{w}, \boldsymbol{x}_n \rangle + w_0 - y_n - \varepsilon - \hat{\xi}_n = 0$ にはならない. また, 誤差の大きさを上から押さえる $\xi_n, \hat{\xi}_n$ についても同様に考えると, 次の制約条件も得られる.

$$a_n \hat{a}_n = 0, \quad \xi_n \hat{\xi}_n = 0 \quad (n = 1, \ldots, N). \tag{5.51}$$

以上で得られた結果を用いて $\hat{L}(\boldsymbol{a}, \hat{\boldsymbol{a}})$ を求めてみよう.

$$\begin{aligned}
L = & \frac{1}{2}\|\boldsymbol{w}\|_2^2 + C\sum_{n=1}^{N}(\xi_n + \hat{\xi}_n) - \sum_{n=1}^{N}(\mu_n \xi_n + \hat{\mu}_n \hat{\xi}_n) \\
& + \sum_{n=1}^{N} a_n(y_n - (\langle \boldsymbol{w}, \boldsymbol{x}_n \rangle + w_0) - \varepsilon - \xi_n) \\
& + \sum_{n=1}^{N} \hat{a}_n(\langle \boldsymbol{w}, \boldsymbol{x}_n \rangle + w_0 - y_n - \varepsilon - \hat{\xi}_n)
\end{aligned} \tag{5.52}$$

$$\begin{aligned}
= & \sum_{n=1}^{N}((C - a_n)\xi_n + (C - \hat{a}_n)\hat{\xi}_n) - \sum_{n=1}^{N}((C - a_n)\xi_n + (C - \hat{a}_n)\hat{\xi}_n) \\
& + \frac{1}{2}\|\boldsymbol{w}\|_2^2 + \sum_{n=1}^{N} a_n(y_n - (\langle \boldsymbol{w}, \boldsymbol{x}_n \rangle + w_0) - \varepsilon) \\
& + \sum_{n=1}^{N} \hat{a}_n(\langle \boldsymbol{w}, \boldsymbol{x}_n \rangle + w_0 - y_n - \varepsilon).
\end{aligned} \tag{5.53}$$

式 (5.53) の第 1 項, 第 2 項は打ち消しあう. 式 (5.45a) の $\boldsymbol{w} = \sum_{n=1}^{N}(a_n - \hat{a}_n)\boldsymbol{x}_n$ と式 (5.45b) の $\sum_{n=1}^{N}(a_n - \hat{a}_n) = 0$ を用いると $\hat{L}(\boldsymbol{a}, \hat{\boldsymbol{a}})$ は以下の式として求まる.

$$\hat{L}(\boldsymbol{a},\hat{\boldsymbol{a}}) = -\frac{1}{2}\sum_{n=1}^{N}\sum_{m=1}^{N}(a_n-\hat{a}_n)(a_m-\hat{a}_m)\langle \boldsymbol{x}_n,\boldsymbol{x}_m\rangle \\ -\sum_{n=1}^{N}(\varepsilon(a_n+\hat{a}_n)+y_n(a_n-\hat{a}_n)). \tag{5.54}$$

以上の結果をまとめると，一部再掲になるが，双対問題と KKT 条件は以下のようになる．

$$\max \sum_{n=1}^{N}(y_n(a_n-\hat{a}_n)-\varepsilon(a_n+\hat{a}_n)) - \frac{1}{2}\sum_{n=1}^{N}\sum_{m=1}^{N}(a_n-\hat{a}_n)(a_m-\hat{a}_m)\langle \boldsymbol{x}_n,\boldsymbol{x}_m\rangle,$$

$$\text{subject to}\quad 0 \le a_n \le C,\ 0 \le \hat{a}_n \le C \quad (n=1,\ldots,N),$$

$$\sum_{n=1}^{N}(a_n-\hat{a}_n)=0.$$

KKT 条件

$$\begin{aligned} a_n(y_n-(\langle \boldsymbol{w},\boldsymbol{x}_n\rangle+w_0)-\varepsilon-\xi_n)&=0 \quad (n=1,\ldots,N),\\ \hat{a}_n(\langle \boldsymbol{w},\boldsymbol{x}_n\rangle+w_0)-y_n-\varepsilon-\hat{\xi}_n)&=0 \quad (n=1,\ldots,N),\\ \mu_n\xi_n=(C-a_n)\xi_n&=0 \quad (n=1,\ldots,N),\\ \hat{\mu}_n\hat{\xi}_n=(C-\hat{a}_n)\hat{\xi}_n&=0 \quad (n=1,\ldots,N),\\ a_n\hat{a}_n=0, \quad \xi_n\hat{\xi}_n&=0 \quad (n=1,\ldots,N). \end{aligned} \tag{5.55}$$

この問題の計算による解法は，分類器の学習と同様に SMO などを利用することになる．

回帰モデルは SVM の分類の場合と同様にして求めると以下の式になる．

$$y(\boldsymbol{x}) = \sum_{n=1}^{N}(a_n-\hat{a}_n)\langle \boldsymbol{x},\boldsymbol{x}_n\rangle + w_0, \tag{5.56}$$

$$\begin{aligned} w_0 &= y_n-\varepsilon-\langle \boldsymbol{w},\boldsymbol{x}_n\rangle \\ &= y_n-\varepsilon-\sum_{m=1}^{N}(a_m-\hat{a}_m)\langle \boldsymbol{x}_n,\boldsymbol{x}_m\rangle. \end{aligned} \tag{5.57}$$

カーネルを用いる場合は，上記の結果における $\langle \boldsymbol{x},\boldsymbol{x}_n\rangle$ を $K(\boldsymbol{x},\boldsymbol{x}_n)$ で，$\langle \boldsymbol{x}_m,\boldsymbol{x}_n\rangle$ を $K(\boldsymbol{x}_m,\boldsymbol{x}_n)$ で置き換えればよい．

6 オンライン学習

オンライン学習は観測データが 1 個読み込むたびに予測と学習をする方法である，分類問題の場合は，観測データが 1 個ごとに分類器の重みベクトル $\boldsymbol{w}$ を更新する学習法である．種々のオンライン学習アルゴリズムを統一的観点から記述できる Follow The Leader という枠組み，および正則化も加味した Follow The Regularized Leader という枠組みを説明する．この枠組みから導出されるパーセプトロンをはじめとするいくつかの有力なオンライン学習アルゴリズム，および評価方法を説明する．

6.1 概　　要

6.1.1 概念と定式化

前章までは，学習に使う観測データは全て計算サーバのメモリ[*1]上にロードされ，原則的にはデータは学習においては平等であり，処理する順番に制約はなかった．このような機械学習を**バッチ学習**[*2]という．これに対して，観測データ集合から 1 データずつ順番に取り出して学習を行う方法を**オンライン学習**[*3]という．オンライン学習では，1 データ読み込むごとに，それまでに得られていた学習結果を更新する．なお，以下では観測データを**訓練データ**とも呼ぶ．

以下に 1 データごとの学習であることの利害得失を概観する．

1 データごとの学習なので同時に全訓練データをメモリ上に常駐させなくても学習は可能である．したがって，メモリ容量より大きな訓練データからの学習を行うことが原理的には可能である．しかし，一般的には全データを 1 回処理すれば学習が終了するわけではなく，学習結果が収束するまで処理を繰り返す．このため，ディスクなど低速の記憶から何回もデータをメモリに読み込むことになる．したがって，全訓練データをメモリに常駐できない場合は，ディスクからのデー

*1　メモリは**主記憶**ということも多い．
*2　一括学習ともいう．
*3　逐次学習ともいう．

タ読み込みにかかる時間が長いため，収束するまでの速度は極端に低下する．

1 データ処理するごとに学習結果が得られるので，大雑把な学習結果は早い時期に得られる．ただし，早期に得られた学習結果が高い精度を持つためには，訓練データからデータの性質が偏らないような順番で取り出して学習していなければならない．

訓練データが全て揃った状態ではなく，時系列として到着する場合[*4]は，1 データごとの処理を行うオンライン学習が適している[*5]．

以下，本章では，オンライン学習の対象として最も基本的な 2 値分類器の学習に焦点をあてて話を進める．図 6.1 にオンライン学習の処理の流れを示す．

図 6.1 において与えられているデータの性質は次の通りである．

t 番目のデータ $\boldsymbol{x}_t$ に対する分類結果の正解を y_t とする．データ $\boldsymbol{x}_t$ に適用する分類器を $h^{(t)}$[*6]とする．正解ラベル付き観測データ $(\boldsymbol{x}_t, y_t)$ を分類器 $h^{(t)}$ で分類した結果を $h^{(t)}(\boldsymbol{x}_t)$ とする．この場合の損失を $\mathcal{L}(h^{(t)}(\boldsymbol{x}_t), y_t)$ と書く．これまでは，観測データのインデクスは n でデータ数は N としていたが，オンライン学習では逐次的に処理するため，t 番目のデータ処理するときを時刻 t と呼ぶため，データのインデクスは t にする．また，訓練データとして使う正解ラベル付き観測データの総数は T とする．

図 6.1 では，以下に示すオンライン学習アルゴリズムの骨格における step 1-1,

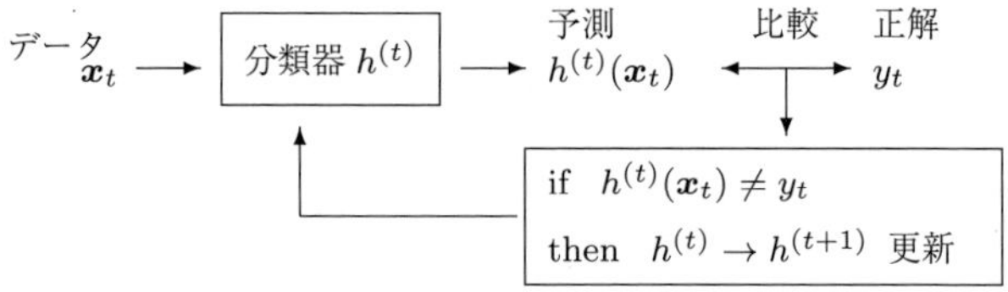

図 6.1　オンライン学習の処理の流れ．

---

*4　ストリームデータという．

*5　本章ではバッチ学習の代わりに，観測データを 1 データずつ取り出して学習するモデルすなわち簡略版バッチ学習としてオンライン学習を捉えている．しかし，取り出し方はランダムなので，換言すれば次に取り出すデータは予測できない．よって，時系列的に到着するデータの処理と同様の構造をしているとみなせる．以下で説明する評価基準である Regret は時系列データの学習の評価基準とみなせるが，この「みなし」によって簡略版バッチ学習の評価基準としても使って差し支えないといえる．

*6　この分類器は，t 番目のデータを分類するときに用いる仮説 (hypothesis) としての分類器なので，頭文字を使って $h^{(t)}$ と記す．

step 1-2 を $t=1,2,\ldots,T$ で繰り返す.

オンライン学習アルゴリズムの骨格

step 0　以下の step 1 を $h^{(t)}$ が収束するまで繰り返す.

step 1　$t=1,2,\ldots,T$ まで以下の step 1-1, step 1-2 を繰り返す.

　step 1-1　データ $\boldsymbol{x}_t$ に対する $h^{(t)}(\boldsymbol{x}_t)$ を計算.

　step 1-2　if $h^{(t)}(\boldsymbol{x}_t) \neq y_t$ then $h^{(t)}$ を $h^{(t+1)}$ に更新.

step 1 の収束とは，$h^{(t)}$ が step 1 によって変化しない，ないし変化があらかじめ定めた小さな範囲に収まることを意味する．step 1-1, step 1-2 の 1 データの処理の単位を**ラウンド**という．つまり，$\boldsymbol{x}_t$ はラウンド t で処理される．step 1-1, step 1-2 の $t=1,\ldots,T$ の繰り返し全体を**エポック**という．つまり，全訓練データを 1 周りの処理が 1 エポックである.

6.1.2 評価指標

この節ではオンライン学習特有の評価指標について述べる.

a. 記　　法

まず，記法について説明しておく.

$$\mathrm{sgn}(f) = \begin{cases} 1 & \text{if } f \geq 0 \\ -1 & \text{otherwise} \end{cases}$$

とするとき，2 値分類の分類器が

$$h(\boldsymbol{x}) = \mathrm{sgn}(\langle \boldsymbol{w}, \boldsymbol{x} \rangle) \tag{6.1}$$

である場合には $h^{(t)}$ で使う重み $\boldsymbol{w}$ を $\boldsymbol{w}_t$ と書き，損失 $\mathcal{L}(h^{(t)}(\boldsymbol{x}_t), y_t)$ を以下では $\mathcal{L}_t(\boldsymbol{w}_t)$ と略記する.

可能な $h^{(t)}$ からなる空間を仮説空間 $\mathcal{H}$ と書く．式 (6.1) のように $h^{(t)}$ が重みベクトル $\boldsymbol{w}_t$ と入力データの内積によって計算される場合は可能な $\boldsymbol{w}_t$ からなる空間

が仮説空間 $\mathcal{H}$ とする．特に条件が与えられなければ，この仮説空間 $\mathcal{H} = \mathbb{R}^K$ である[*7]．

b. 累　積　損　失

オンライン学習アルゴリズムの評価指標の一つである**累積損失**は次式で定義される．

$$\text{累積損失} = \sum_{t=1}^{T} \mathcal{L}(h^{(t)}(\boldsymbol{x}_t), y_t). \tag{6.2}$$

式 (6.1) の線形な分類器の場合は

$$\text{累積損失} = \sum_{t=1}^{T} \mathcal{L}_t(\boldsymbol{w}_t) \tag{6.3}$$

である．

c. Regret

$h^{(t)}$ 更新の目的は累積損失 $\sum_{t=1}^{T} \mathcal{L}(h^{(t)}, (\boldsymbol{x}_t, y_t))$ を最小化することだが，問題は処理が 1 データごとであり，かつどのような順番でデータが処理されるか分からない点である．したがって，データの処理順序に依存しない累積損失の**上界**を求めたい．

しかし，2 値分類器を学習する場合，一般的な損失を評価することは難しい．そこで，オンライン学習においては，まず仮説空間内の仮想的な分類器 $h \in \mathcal{H}$ を想定する．対象となる学習アルゴリズムで学習された分類器 $h^{(t)}$ が生ずる累積損失と h が生ずる累積損失の差を **Regret** と呼ぶ．Regret を最大化する h が h^* である．つまり，h^* は最も理想的な h といえる．すなわち，ここで，あるオンライン学習アルゴリズムにおいてラウンド t で生成された分類器を $h^{(t)}$ とすると，特定の h に対して T 個の訓練データを処理したときの Regret は式 (6.4) で与えられる．

$$\mathrm{Regret}_T(h) = \sum_{t=1}^{T} \mathcal{L}(h^{(t)}(\boldsymbol{x}_t), y_t) - \sum_{t=1}^{T} \mathcal{L}(h(\boldsymbol{x}_t), y_t). \tag{6.4}$$

これを仮説空間 $\mathcal{H}$ 全域に拡張して最大化した $\mathrm{Regret}_T(\mathcal{H})$ は式 (6.5) のように定式化される．

---

*7　K は観測データ $\boldsymbol{x}_t$ の次元，すなわち $\boldsymbol{w}$ の次元である．

$$\begin{aligned}\mathrm{Regret}_T(\mathcal{H}) &= \max_{h^*\in\mathcal{H}} \mathrm{Regret}_T(h) \\ &= \sum_{t=1}^{T} \mathcal{L}(h^{(t)}(\boldsymbol{x}_t), y_t) - \min_{h\in\mathcal{H}} \sum_{t=1}^{T} \mathcal{L}(h(\boldsymbol{x}_t), y_t) \\ &= \sum_{t=1}^{T} \mathcal{L}(h^{(t)}(\boldsymbol{x}_t), y_t) - \sum_{t=1}^{T} \mathcal{L}(h^*(\boldsymbol{x}_t), y_t). \end{aligned} \tag{6.5}$$

ただし，h^* は次式で定義されている．

$$h^* = \mathop{\arg\min}_{h^{(t)}\in\mathcal{H}} \sum_{t=1}^{T} \mathcal{L}(h^{(t)}(\boldsymbol{x}_t), y_t). \tag{6.6}$$

式 (6.5) に記されている，与えられた $h^{(t)}$ の累積損失と h によって生ずる累積損失の差を最大化することは，言い換えれば式 (6.5) の 2 行目のように h が生ずる累積損失を最小化することである．つまり，この式の

$$\min_{h\in\mathcal{H}} \sum_{t=1}^{T} \mathcal{L}(h(\boldsymbol{x}_t), y_t)$$

は全訓練データをみて処理した場合の理想的な h^* を用いた場合の累積損失である．その理想的な場合に比べて，検討対象の学習アルゴリズムで生成された $h^{(t)}$ の $(t = 1, \ldots, T)$ までの系列に対する累積損失をどのくらい悪化させるかを表すのが $\mathrm{Regret}_T(\mathcal{H})$ である．

上記の Regret を巡る議論がだいぶ複雑になったので，論理展開の道筋をまとめておこう．

(1) $h^{(t)}$ の損失から h の損失を差し引いた $\mathrm{Regret}_T(h)$ を最大化する h を h^* とする．
(2) h^* を用いた $\mathrm{Regret}_T(\mathcal{H})$ を最小化する $h^{(t)}$ を求めるオンライン学習のアルゴリズムを作る．

つまり，

$$\min \mathrm{Regret}_T(\mathcal{H}) = \min \max \mathrm{Regret}_T(h) \tag{6.7}$$

のような流れになっている．

d. 失敗回数の上界

2 値分類で二つのクラスを完全に分離できる場合*8を考えてみよう．適切な境界面を使えば，完全に二つのクラスを分類できるはずだから，オンライン学習で 1 データごとの学習を繰り返すと，あるラウンドから後は図 6.1 において予測と正解が常に一致する，あるいはオンライン学習アルゴリズムの骨格の step 1-2 の if 文の条件が常に成立しない状態になりえる．失敗回数の上界とは，そのラウンド以降は予測が失敗しなくなるまでの失敗したラウンドの数の総和である．

以上，オンライン学習アルゴリズムの評価法として累積損失，Regret と失敗ラウンド数の上界を定義した．以下では，このような評価指標を最小化するアルゴリズムの導出，具体的なアルゴリズムの評価指標の計算などを行う．

6.2 正則化項付き累積損失最小化法

6.2.1 累積損失最小化法

前節までで導入してきた概念を用いて，2 値分類器を求めるオンライン学習アルゴリズムを導出する．ただし，最初は具体的な 2 値分類器の個別アルゴリズムではなく，そこからいくつかの個別アルゴリズムが派生する枠組みを求める[34]．

オンライン学習では，現在のラウンドを τ とすると，$t=1$ から $\tau-1$ までの個々のラウンドでの損失の総和，すなわち累積損失 $\sum_{t=1}^{\tau-1}\mathcal{L}(\boldsymbol{w}_t)$ を最小化するように $\boldsymbol{w}_\tau$ を選ぶ方法が考えられる．この方法はこれまでの情報を活用するという観点で自然である．定式化は以下のようになる．ただし，$\mathcal{S}$ は $\boldsymbol{w}$ の取りえる空間であり，凸集合*9であるとする．

$$\boldsymbol{w}_\tau = \mathop{\arg\min}_{\boldsymbol{w}\in\mathcal{S}} \sum_{t=1}^{\tau-1} \mathcal{L}_t(\boldsymbol{w}) \quad (\tau = 2,\ldots,T). \tag{6.8}$$

式 (6.8) の方法は **Follow-The-Leader (FTL)** と呼ばれる．FTL によって得られた $\boldsymbol{w}_\tau$ を用いた場合の Regret に関して以下の補題が成り立つ．

---

*8　式 (6.1) の設定では境界面が線形なので線形分離可能となる．

*9　$\mathcal{S}$ 中の任意の 2 個の要素 $\boldsymbol{x}$, $\boldsymbol{y}$ に対して，$\eta\in[0,1]$ である任意の η に対して $\eta\boldsymbol{x}+(1-\eta)\boldsymbol{y}$ が $\mathcal{S}$ の要素であるとき $\mathcal{S}$ が凸集合であるという．

補題 6.1 FTL で学習された 2 値分類器の重みベクトル $\boldsymbol{w}_t$ $(t = 1, 2, \ldots, T)$ および任意の $\boldsymbol{u} \in \mathcal{S}$ に対して次の不等式が成り立つ．

$$\mathrm{Regret}_T(\boldsymbol{u}) = \sum_{t=1}^{T}(\mathcal{L}_t(\boldsymbol{w}_t) - \mathcal{L}_t(\boldsymbol{u})) \leq \sum_{t=1}^{T}(\mathcal{L}_t(\boldsymbol{w}_t) - \mathcal{L}_t(\boldsymbol{w}_{t+1})).$$

(証明) $\sum_{t=1}^{T} \mathcal{L}_t(\boldsymbol{w}_t)$ を補題 6.1 の不等式の両辺から引き算して左辺と右辺を移項すると

$$\sum_{t=1}^{T} \mathcal{L}_t(\boldsymbol{w}_{t+1}) \leq \sum_{t=1}^{T} \mathcal{L}_t(\boldsymbol{u}).$$

この不等式を帰納法で証明する．

$T = 1$ の場合は，$\boldsymbol{w}_{t+1}$ の定義により $\boldsymbol{w}_2 = \arg\min_{\boldsymbol{w}} \mathcal{L}_1(\boldsymbol{w})$ なので，任意の $\boldsymbol{u}$ に対して不等式が成立する．

$t = T - 1$ で不等式が成立すると仮定すると，

$$\text{任意の } \boldsymbol{u} \in \mathcal{S} \text{ について } \sum_{t=1}^{T-1} \mathcal{L}_t(\boldsymbol{w}_{t+1}) \leq \sum_{t=1}^{T-1} \mathcal{L}_t(\boldsymbol{u}).$$

両辺に $\mathcal{L}_T(\boldsymbol{w}_{T+1})$ を加えると

$$\sum_{t=1}^{T} \mathcal{L}_t(\boldsymbol{w}_{t+1}) \leq \mathcal{L}_T(\boldsymbol{w}_{T+1}) + \sum_{t=1}^{T-1} \mathcal{L}_t(\boldsymbol{u}).$$

この不等式は任意の $\boldsymbol{u} \in \mathcal{S}$ で成立するので $\boldsymbol{u} = \boldsymbol{w}_{T+1}$ でも成り立つ．よって

$$\sum_{t=1}^{T} \mathcal{L}_t(\boldsymbol{w}_{t+1}) \leq \sum_{t=1}^{T} \mathcal{L}_t(\boldsymbol{w}_{T+1}) = \min_{\boldsymbol{u} \in \mathcal{S}} \sum_{t=1}^{T} \mathcal{L}_t(\boldsymbol{u}).$$

最後の等式は $\boldsymbol{w}_{T+1}$ の定義

$$\boldsymbol{w}_{T+1} = \arg\min_{\boldsymbol{w} \in \mathcal{S}} \sum_{t=1}^{T} \mathcal{L}_t(\boldsymbol{w})$$

よりいえる． ■

上の場合は仮説空間が重みベクトル $\boldsymbol{w}$ からなるので $\mathcal{H} = \mathcal{S}$ であるから，式 (6.5) における Regret は以下のような上界を持つことが分かる．

系 6.1

$$\mathrm{Regret}_T(\mathcal{S}) = \sum_{t=1}^{T}\left(\mathcal{L}_t(\boldsymbol{w}_t) - \min_{\boldsymbol{u} \in \mathcal{S}} \mathcal{L}_t(\boldsymbol{u})\right) \leq \sum_{t=1}^{T}(\mathcal{L}_t(\boldsymbol{w}_t) - \mathcal{L}_t(\boldsymbol{w}_{t+1})).$$

6.2.2 正則化項付き方法

FTL では $\boldsymbol{w}$ に制約がないので，$\boldsymbol{w}$ の値はラウンドごとに大きく変動する可能性があり，不安定である．これは学習が訓練データに過剰に適応する過学習にもつながる．そこで，損失に第 3 章の線形モデルで導入した正則化項を付加して学習結果の安定化を図る．この正則化項付き FTL を **Follow-The-Regularized-Leader** (**FoReL**) と呼び，次のように定式化される．ただし，$\mathcal{S}$ は $\boldsymbol{w}$ の取りえる空間であり，凸集合であるとする．

$$\boldsymbol{w}_{\tau+1} = \mathop{\arg\min}_{\boldsymbol{w}\in\mathcal{S}} \left(\sum_{t=1}^{\tau} \mathcal{L}_t(\boldsymbol{w}) + R(\boldsymbol{w}) \right) \quad (\tau = 1, 2, \ldots, T). \tag{6.9}$$

Regret に関して FTL の場合と類似した次の補題が成り立つ．

補題 6.2 FoReL で学習された 2 値分類器の重みベクトル $\boldsymbol{w}_t$ $(t = 1, 2, \ldots, T)$ および任意の $\boldsymbol{u} \in \mathcal{S}$ に対して次の不等式が成り立つ．

$$\mathrm{Regret}_T(\boldsymbol{u}) = \sum_{t=1}^{T}(\mathcal{L}_t(\boldsymbol{w}_t) - \mathcal{L}_t(\boldsymbol{u})) \leq R(\boldsymbol{u}) - R(\boldsymbol{w}_1) + \sum_{t=1}^{T}(\mathcal{L}_t(\boldsymbol{w}_t) - \mathcal{L}_t(\boldsymbol{w}_{t+1})).$$

(証明) FTL において $t = 0, 1, 2, \ldots, T$ と拡張したうえで $\mathcal{L}_0 = R$ とおくと，$\boldsymbol{w}_t$ $(t = 1, 2, \ldots, T)$ が FTL の場合として同様に求まる．補題 6.1 で $\mathcal{L}_0 = R$ を用いればよい． ■

上の場合は仮説空間が重みベクトル $\boldsymbol{w} \in \mathcal{S}$ からなるので，式 (6.5) における Regret は，系 6.1 と同様に考えると以下のような上界を持つことが分かる．

系 6.2

$$\begin{aligned}\mathrm{Regret}_T(\mathcal{S}) &= \sum_{t=1}^{T}\left(\mathcal{L}_t(\boldsymbol{w}_t) - \min_{\boldsymbol{u}\in\mathcal{S}} \mathcal{L}_t(\boldsymbol{u})\right) \\ &\leq \min R(\boldsymbol{u}) - R(\boldsymbol{w}_1) + \sum_{t=1}^{T}(\mathcal{L}_t(\boldsymbol{w}_t) - \mathcal{L}_t(\boldsymbol{w}_{t+1})).\end{aligned} \tag{6.10}$$

a.　FoReL の具体例：オンライン勾配降下法

損失 $\mathcal{L}$ と正則化項 R を具体的に与えた FoReL の例を示そう．まず，

$$\boldsymbol{z}_t = \nabla \mathcal{L}_t(\boldsymbol{w}_t) \tag{6.11}$$

とする．勾配 $\nabla \mathcal{L}_t(\boldsymbol{w}_t)$ とは損失 $\mathcal{L}_t(\boldsymbol{w}_t)$ に対する引数のベクトル $\boldsymbol{w}_t$ の各次元方向の微分を要素とするベクトルである．損失が簡単な構造の $\mathcal{L}_t(\boldsymbol{w}) = \langle \boldsymbol{w}, \boldsymbol{z}_t \rangle$ であるとすると，$\boldsymbol{z}_t$ の値は式 (6.11) にあてはまる*10．また，正則化項が $R(\boldsymbol{w}) = \frac{1}{2\eta}\|\boldsymbol{w}\|_2^2$ とする．ただし，$\eta > 0$ とする．この場合に対応する FoReL の式 (6.9) は以下のようになる．

$$\boldsymbol{w}_{\tau+1} = \arg\min_{\boldsymbol{w}} \left(\sum_{t=1}^{\tau} \langle \boldsymbol{w}, \boldsymbol{z}_t \rangle + \frac{1}{2\eta}\|\boldsymbol{w}\|_2^2 \right). \tag{6.12}$$

$\boldsymbol{w}_{\tau+1}$ を求めるには

$$0 = \frac{\partial}{\partial \boldsymbol{w}} \left\{ \sum_{t=1}^{\tau} \langle \boldsymbol{w}, \boldsymbol{z}_t \rangle + \frac{1}{2\eta}\|\boldsymbol{w}\|_2^2 \right\} = \sum_{t=1}^{\tau} \boldsymbol{z}_t + \frac{\boldsymbol{w}}{\eta}$$

を $\boldsymbol{w}$ について解けばよく，その結果は以下の通りである．

$$\boldsymbol{w}_{\tau+1} = -\eta \sum_{t=1}^{\tau} \boldsymbol{z}_t. \tag{6.13}$$

同様にして

$$\boldsymbol{w}_{\tau} = -\eta \sum_{t=1}^{\tau-1} \boldsymbol{z}_t.$$

したがって次の $\boldsymbol{w}$ に関する次の更新式が得られる．

$$\boldsymbol{w}_{\tau+1} = \boldsymbol{w}_{\tau} - \eta \boldsymbol{z}_{\tau}.$$

これはすなわち損失の勾配を使った次の式である．

$$\boldsymbol{w}_{\tau+1} = \boldsymbol{w}_{\tau} - \eta \nabla \mathcal{L}_{\tau}(\boldsymbol{w}_{\tau}). \tag{6.14}$$

よって，この $\boldsymbol{w}$ の更新の方法は**オンライン勾配降下法**と呼ばれる．この場合のように勾配 $\nabla \mathcal{L}_t(\boldsymbol{w}_t)$ が $\boldsymbol{w}_{t+1}$ 以外の既知の項で表現されるならオンライン勾配降下法が使える．

---

*10　当然，$\boldsymbol{z}_t$ が入力データ $\boldsymbol{x}_t$ である場合もある．

b. オンライン勾配降下法の Regret

オンライン勾配降下法では，$\mathcal{L}(\boldsymbol{w}) = \langle \boldsymbol{w}, \boldsymbol{z}_t \rangle$, $R(\boldsymbol{w}) = \frac{1}{2\eta}\|\boldsymbol{w}\|_2^2$ なので，これらを補題 6.2 の式の右辺の Regret の上界に適用してみる．

重みの初期値を $\boldsymbol{w}_1 = 0$ とすると，$R(\boldsymbol{w}_1) = (1/2\eta)\|\boldsymbol{w}_1\|_2^2 = 0$ である．これを使うと，正則化項としては $R(\boldsymbol{u}) = (1/2\eta)\|\boldsymbol{u}\|_2^2$ が残る．これを用いると，任意の $\boldsymbol{u} \in \mathcal{S}$ に対して $\mathrm{Regret}_T(\boldsymbol{u})$ の上界は

$$\mathrm{Regret}_T(\boldsymbol{u}) \leq R(\boldsymbol{u}) - R(\boldsymbol{w}_1) + \sum_{t=1}^{T}(\mathcal{L}_t(\boldsymbol{w}_t) - \mathcal{L}_t(\boldsymbol{w}_{t+1}))$$

$\mathcal{L}_t(\boldsymbol{w}_{t+1}) = \langle \boldsymbol{w}_{t+1}, \boldsymbol{z}_t \rangle$ により

$$= \frac{1}{2\eta}\|\boldsymbol{u}\|_2^2 + \sum_{t=1}^{T}(\langle \boldsymbol{w}_t - \boldsymbol{w}_{t+1}, \boldsymbol{z}_t \rangle)$$

式 (6.13) により $\boldsymbol{w}_{\tau+1} = -\eta\sum_{t=1}^{\tau}\boldsymbol{z}_t$ なので

$$= \frac{1}{2\eta}\|\boldsymbol{u}\|_2^2 + \eta\sum_{t=1}^{T}\|\boldsymbol{z}_t\|_2^2 \tag{6.15}$$

となる．

ここで，適当な正の B, L に対して，$\boldsymbol{u}$ の範囲に関して $\mathcal{U} = \{\boldsymbol{u} \mid \|\boldsymbol{u}\|_2 \leq B\}$ という制約があり，$\boldsymbol{z}_t$ $(t = 1, \ldots, T)$ に関して

$$\frac{1}{T}\sum_{t=1}^{T}\|\boldsymbol{z}_t\|_2^2 \leq L^2$$

という制約が成り立つとする*11．すると，

$$\eta = \frac{B}{L\sqrt{2T}}$$

とおけば Regret に関して以下の具体的な上界が求まる．

$$\mathrm{Regret}_T(\mathcal{U}) = \max_{\boldsymbol{u}\in\mathcal{U}} \mathrm{Regret}_T(\boldsymbol{u}) \leq BL\sqrt{2T}. \tag{6.16}$$

ここで注目すべきことは Regret の上界が $\sqrt{T}$ に比例していることである．このことは Regret の 1 データあたりの平均値は

$$\frac{1}{T}\mathrm{Regret}_T(\mathcal{U}) \leq \frac{\sqrt{2}BL}{\sqrt{T}}$$

*11　この制約は成立することが保証されているわけではない．したがって，実際にオンライン勾配降下法を使うときには，この制約が対象のデータで成立するかどうかを調べる必要がある．

で抑えられ，訓練データ数が増加するにしたがって，減少することを示している．つまり，訓練データとして使える観測データの数が増加すると，オンライン勾配降下法で得られた分類器の性能は向上することが保証されていることが分かる．

6.2.3 劣 勾 配

図 6.2 の太線のように損失を表す関数の微分が連続でない場合もある．この場合は図に矢印で示したように損失の下側に微係数のベクトルが収まる劣勾配を使う．この直観的な劣勾配を関数の凸性を使って定義する．

$\mathcal{S}$ が凸集合のときには，f が $\mathcal{S}$ 上の凸関数であることと以下の論理式は同値である．

$$\forall \boldsymbol{v} \in \mathcal{S},\ \exists \boldsymbol{z},\ \forall \boldsymbol{u} \in \mathcal{S}, \quad f(\boldsymbol{u}) \geq f(\boldsymbol{v}) + \langle \boldsymbol{u} - \boldsymbol{v}, \boldsymbol{z} \rangle. \tag{6.17}$$

定義 6.1 式 (6.17) を満たす $\boldsymbol{z}$ を $\boldsymbol{v}$ における f の**劣勾配**と呼ぶ．f の劣勾配の集合を**劣微分**と呼び，$\partial f(\boldsymbol{v})$ と書く．

f の微分が連続なら $f(\boldsymbol{v})$ の劣勾配は一意に決まり $\nabla f(\boldsymbol{v})$ に等しい．

以上の準備の下に，損失が必ずしも微分可能ではない凸関数のときに劣勾配を使ってオンライン勾配降下法を定義すると以下の $\boldsymbol{w}$ の更新式になる．

$$\begin{aligned} &\boldsymbol{w}_{t+1} = \boldsymbol{w}_t - \eta \boldsymbol{z}_t, \\ &\text{ただし，} \eta > 0, \quad \boldsymbol{w}_1 = 0, \quad \boldsymbol{z}_t \in \partial \mathcal{L}_t(\boldsymbol{w}_t). \end{aligned} \tag{6.18}$$

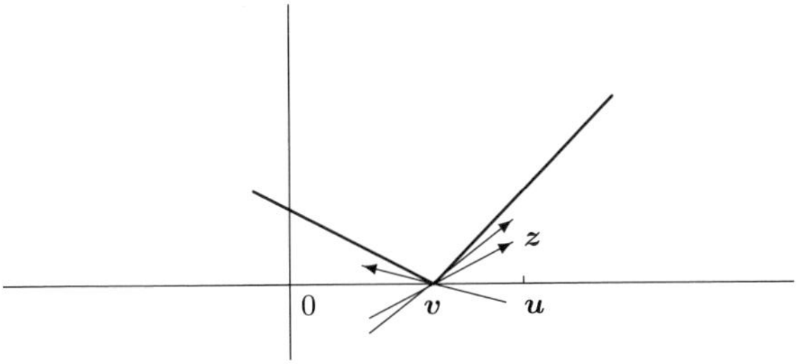

図 6.2 微分可能でない損失の劣微分．

次に上の式 (6.18) の場合の FoReL の Regret の上界を求める．式 (6.17) において，$\boldsymbol{u}$ を $\boldsymbol{w}_{t+1}$ で，$\boldsymbol{v}$ を $\boldsymbol{w}_t$ で置き換え，さらに $\boldsymbol{z}$ を $\boldsymbol{w}_t$ における劣勾配として $\boldsymbol{z}_t$ とする．そして，f を損失 $\mathcal{L}_t(\boldsymbol{w}_t)$ とおくと，以下の式になる．

$$\forall \boldsymbol{w}_t \in \mathcal{S},\ \exists \boldsymbol{z}_t,\ \forall \boldsymbol{w}_{t+1} \in \mathcal{S},\quad \mathcal{L}_t(\boldsymbol{w}_{t+1}) \geq \mathcal{L}_t(\boldsymbol{w}_t) + \langle \boldsymbol{w}_{t+1} - \boldsymbol{w}_t, \boldsymbol{z}_t \rangle. \tag{6.19}$$

不等式の部分で移項操作をすると次式が得られる．

$$\mathcal{L}_t(\boldsymbol{w}_t) - \mathcal{L}_t(\boldsymbol{w}_{t+1}) \leq \langle \boldsymbol{w}_t - \boldsymbol{w}_{t+1}, \boldsymbol{z}_t \rangle. \tag{6.20}$$

この結果を，損失関数が微分可能な場合の Regert の式 (6.15) に代入すると以下が得られる．

$$\begin{aligned}
\text{Regret}_T(\boldsymbol{u}) &\leq R(\boldsymbol{u}) - R(\boldsymbol{w}_1) + \sum_{t=1}^{T}(\mathcal{L}_t(\boldsymbol{w}_t) - \mathcal{L}_t(\boldsymbol{w}_{t+1})) \\
&\leq \frac{1}{2\eta}\|\boldsymbol{u}\|_2^2 + \sum_{t=1}^{T}\langle \boldsymbol{w}_t - \boldsymbol{w}_{t+1}, \boldsymbol{z}_t \rangle \\
&= \frac{1}{2\eta}\|\boldsymbol{u}\|_2^2 + \eta\sum_{t=1}^{T}\|\boldsymbol{z}_t\|_2^2.
\end{aligned} \tag{6.21}$$

この式を評価するにあたっての問題は $\sum_{t=1}^{T}\|\boldsymbol{z}_t\|_2^2$ の部分である．つまり，劣勾配 $\|\boldsymbol{z}_t\|_2^2$ を押さえる上界が必要である．ここで登場するのが **L-Lipschitz**（リプシッツ）という概念であり，この例では次式で表される．

$$L\|\boldsymbol{w}_t - \boldsymbol{w}_{t+1}\|_2 \geq \mathcal{L}_t(\boldsymbol{w}_t) - \mathcal{L}_t(\boldsymbol{w}_{t+1}) \quad \text{ただし，}\ 0 < L < \infty. \tag{6.22}$$

この式と劣勾配の定義 $\mathcal{L}_t(\boldsymbol{w}_t) - \mathcal{L}_t(\boldsymbol{w}_{t+1}) \geq \langle \boldsymbol{w}_t - \boldsymbol{w}_{t+1}, \boldsymbol{z}_t \rangle$ を合わせると

$$L\|\boldsymbol{w}_t - \boldsymbol{w}_{t+1}\|_2 \geq \langle \boldsymbol{w}_t - \boldsymbol{w}_{t+1}, \boldsymbol{z}_t \rangle.$$

式 (6.18) より $\eta\boldsymbol{z}_t = \boldsymbol{w}_t - \boldsymbol{w}_{t+1}$ だったので，これに上の式の代入すると，

$$L\|\eta\boldsymbol{z}_t\|_2 \geq \eta\|\boldsymbol{z}_t\|_2^2.$$

これによって $\infty > L \geq \|\boldsymbol{z}_t\|_2$ が得られる．この結果を式 (6.21) に組み合わせると Regret に関する次の不等式が得られる．

$$\text{Regret}_T(\boldsymbol{u}) \leq \frac{1}{2\eta}\|\boldsymbol{u}\|_2^2 + \eta\sum_{t=1}^{T}\|\boldsymbol{z}_t\|_2^2 \leq \frac{1}{2\eta}\|\boldsymbol{u}\|_2^2 + \eta T L^2. \tag{6.23}$$

ここで損失が微分可能な関数だった場合と同様に $\boldsymbol{u}$ をその定義域 $\mathcal{U} = \{\boldsymbol{u} \mid \|\boldsymbol{u}\|_2 \leq B\}$ で動かした場合，式 (6.23) の最右辺の最小値は $\eta = B/(L\sqrt{2T})$ の場合であり，次式で与えられる．

$$\mathrm{Regret}_T(\mathcal{U}) \leq BL\sqrt{2T} \tag{6.24}$$

つまり，損失が微分可能でなく劣微分を用いた場合でも L-Lipschitz の条件で L を設定すれば，$\sqrt{T}$ を含む上界になり，微分可能な場合と類似の結果を得る．

6.2.4　オンライン勾配降下法の Regret 上界

正則化項 $R(\boldsymbol{w})$ が 2 乗ノルム $\frac{1}{2\eta}\|\boldsymbol{w}\|_2^2$ であり，損失が $\mathcal{L}(\boldsymbol{w}) = \langle \boldsymbol{w}, \boldsymbol{z}_t \rangle$ であるオンライン勾配降下法においては，以下のような数学的工夫で，より厳しい Regret の上界を求めることができる．この場合に対応する FoReL の式 (6.9) は以下のように書き換える．

$$\begin{aligned}\boldsymbol{w}_{\tau+1} &= \operatorname*{arg\,min}_{\boldsymbol{w}} \left(\sum_{t=1}^{\tau} \langle \boldsymbol{w}, \boldsymbol{z}_t \rangle + R(\boldsymbol{w}) \right) \\ &= \operatorname*{arg\,max}_{\boldsymbol{w}} \left(\left\langle \boldsymbol{w}, -\sum_{t=1}^{\tau} \boldsymbol{z}_t \right\rangle - R(\boldsymbol{w}) \right).\end{aligned} \tag{6.25}$$

式 (6.25) より，FoReL は次のような $\boldsymbol{w}_t$ の更新アルゴリズムで表される．

更新アルゴリズム

$$\begin{aligned}&\boldsymbol{w}_0 = 0 \\ &\text{for} \quad t = 1, 2, \ldots, T \\ &\qquad \boldsymbol{w}_{t+1} = \operatorname*{arg\,max}_{\boldsymbol{w}} \left(\left\langle \boldsymbol{w}, -\sum_{i=1}^{t} \boldsymbol{z}_i \right\rangle - R(\boldsymbol{w}) \right), \\ &\qquad \boldsymbol{z}_{t+1} \in \partial \mathcal{L}_t(\boldsymbol{w}).\end{aligned} \tag{6.26}$$

ここで更新アルゴリズム (6.26) の Regret の上界を求めるための二つの数学的概念を導入する．

a.　Fenchel–Young 不等式

$R(\boldsymbol{u})$ が微分可能な凸関数，例えば $\frac{1}{2}\|\boldsymbol{u}\|_2^2$ としよう．このとき，変数 $\boldsymbol{\theta}$ に対して $f(\boldsymbol{\theta}) = \langle \boldsymbol{u}, \boldsymbol{\theta} \rangle - R(\boldsymbol{u})$ という関数を考える．この関数の最大値

$$R^*(\boldsymbol{\theta}) = \max_{\boldsymbol{u}} \left(\langle \boldsymbol{u}, \boldsymbol{\theta} \rangle - R(\boldsymbol{u}) \right) \tag{6.27}$$

を与える $\boldsymbol{u}$ の値はこの関数が $-R(\boldsymbol{u})$ と 1 次式の和なので $\nabla_{\boldsymbol{u}} f(\boldsymbol{\theta}) = 0$ によって与えられる．これを解くと，

$$\boldsymbol{\theta} = \nabla_{\boldsymbol{u}} R(\boldsymbol{u}).$$

つまり，このときの $\boldsymbol{\theta}$ は $R(\boldsymbol{u})$ の勾配である．これを式 (6.27) に代入すると

$$R^*(\boldsymbol{\theta}) = \langle \boldsymbol{u}, \nabla_{\boldsymbol{u}} R(\boldsymbol{u}) \rangle - R(\boldsymbol{u})$$

なので，書き換えれば

$$R(\boldsymbol{u}) = \langle \boldsymbol{u}, \nabla_{\boldsymbol{u}} R(\boldsymbol{u}) \rangle - R^*(\boldsymbol{\theta})$$

となるから，$-R^*(\boldsymbol{\theta})$ は $\boldsymbol{u}$ における $R(\boldsymbol{u})$ の接線の f 軸の切片であることが分かる．この状況を $\boldsymbol{\theta}, \boldsymbol{u}$ が 1 次元の場合を図 6.3 に示す．

式 (6.27) で定義される $R^*(\boldsymbol{\theta})$ を $R(\boldsymbol{u})$ の **Fenchel 共役**と呼ぶ．R^* の定義から直接に以下の **Fenchel–Young 不等式**が成り立つことが分かる．

$$\text{任意の } \boldsymbol{u} \text{ に対して，}\quad R^*(\boldsymbol{\theta}) \geq \langle \boldsymbol{u}, \boldsymbol{\theta} \rangle - R(\boldsymbol{u}). \tag{6.28}$$

特に $\boldsymbol{u} \in \partial R^*(\boldsymbol{\theta})$ あるいは $\boldsymbol{u} = \boldsymbol{\theta}$ で微分可能なら $\boldsymbol{u} = \nabla R^*(\boldsymbol{\theta})$ とすると

$$R^*(\boldsymbol{\theta}) = \langle \boldsymbol{u}, \boldsymbol{\theta} \rangle - R(\boldsymbol{u}).$$

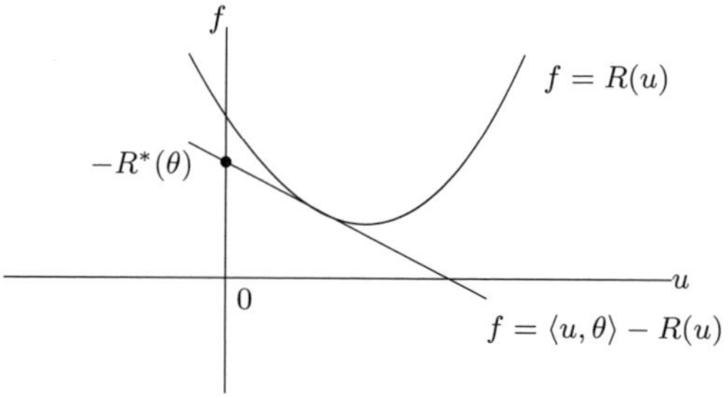

図 **6.3**　Fenchel 共役．

さらに

$$R(\boldsymbol{w}) = \frac{1}{2\eta}\|\boldsymbol{w}\|_2^2$$

であると，R の Fenchel 共役 R^* が次式のように導ける．

$$\begin{aligned} R^*(\boldsymbol{\theta}) &= \max_{\boldsymbol{u}}\left(\langle \boldsymbol{u}, \boldsymbol{\theta}\rangle - \frac{1}{2\eta}\|\boldsymbol{u}\|_2^2\right) \\ &= \frac{\eta}{2}\|\boldsymbol{\theta}\|_2^2. \end{aligned} \tag{6.29}$$

b.　Bregman ダイバージェンス

凸関数 $R(\boldsymbol{v})$ の **Bregman ダイバージェンス**とは図 6.4 に示すように，$\boldsymbol{u}$ における接線を右方向に $\boldsymbol{w}$ まで伸ばした点と $R(\boldsymbol{w})$ の差である．つまり $R(\boldsymbol{v})$ の凸の度合いを示しているものであり，次式で定義される．

$$D_R(\boldsymbol{w}\|\boldsymbol{u}) = R(\boldsymbol{w}) - (R(\boldsymbol{u}) + \langle \nabla R(\boldsymbol{u}), \boldsymbol{w} - \boldsymbol{u}\rangle). \tag{6.30}$$

ここで式 (6.29) の R^* の Bregman ダイバージェンスを求めてみよう．

$$R^*(\boldsymbol{u}) = \frac{\eta}{2}\|\boldsymbol{u}\|_2^2$$

から

$$\nabla R^*(\boldsymbol{u}) = \eta \boldsymbol{u}$$

が導けるので Bregman ダイバージェンスは以下のように求まる．

$$\begin{aligned} D_{R^*}(\boldsymbol{w}\|\boldsymbol{u}) &= \frac{\eta}{2}\|\boldsymbol{w}\|_2^2 - \frac{\eta}{2}\|\boldsymbol{u}\|_2^2 - \langle \eta\boldsymbol{u}, \boldsymbol{w} - \boldsymbol{u}\rangle \\ &= \frac{\eta}{2}\|\boldsymbol{w} - \boldsymbol{u}\|_2^2. \end{aligned} \tag{6.31}$$

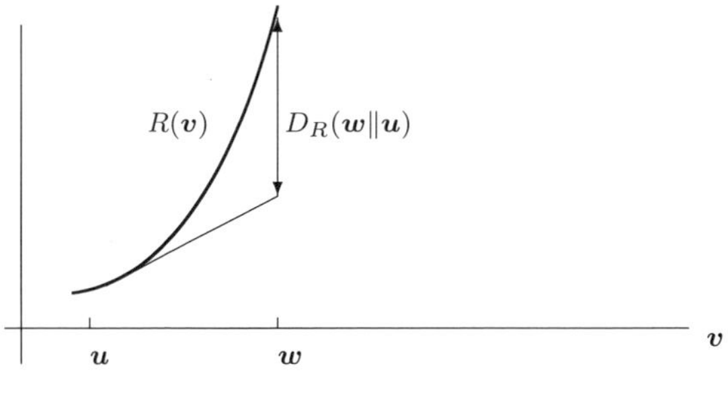

図 **6.4**　Bregman ダイバージェンス．

c. Regret の上界

以上の準備を用いて更新アルゴリズム (6.26) の上界を求めるために次の補題を導く.

補題 6.3 更新アルゴリズム (6.26) を用いた場合, 対象領域 S 内に $\boldsymbol{w}_t$, $\boldsymbol{u}$ が入っているとき, 次の不等式が成り立つ.

$$\sum_{t=1}^{T}\langle \boldsymbol{w}_t - \boldsymbol{u}, \boldsymbol{z}_t\rangle \le R(\boldsymbol{u}) - R(\boldsymbol{w}_1) + \sum_{t=1}^{T} D_{R^*}\left(-\sum_{i=1}^{t}\boldsymbol{z}_i \,\middle\|\, -\sum_{i=1}^{t-1}\boldsymbol{z}_i\right). \tag{6.32}$$

(証明) Fenchel–Young 不等式から

$$R(\boldsymbol{u}) + \sum_{t=1}^{T}\langle \boldsymbol{u}, \boldsymbol{z}_t\rangle = R(\boldsymbol{u}) - \sum_{t=1}^{T}\langle \boldsymbol{u}, -\boldsymbol{z}_t\rangle \ge -R^*\left(-\sum_{t=1}^{T}\boldsymbol{z}_t\right), \tag{6.33}$$

$$\boldsymbol{w}_t = \operatorname*{arg\,max}_{\boldsymbol{w}}\left(\left\langle \boldsymbol{w}, -\sum_{i=1}^{t-1}\boldsymbol{z}_i\right\rangle - R(\boldsymbol{w})\right) = \nabla R^*\left(-\sum_{i=1}^{t-1}\boldsymbol{z}_i\right). \tag{6.34}$$

Bregman ダイバージェンスの定義より

$$\begin{aligned} -R^*\left(-\sum_{t=1}^{T}\boldsymbol{z}_t\right) &= -R^*(0) - \sum_{t=1}^{T}\left(R^*\left(-\sum_{i=1}^{t}\boldsymbol{z}_i\right) - R^*\left(-\sum_{i=1}^{t-1}\boldsymbol{z}_i\right)\right) \\ &= -R^*(0) + \sum_{t=1}^{T}\left(\langle \boldsymbol{w}_t, \boldsymbol{z}_t\rangle - D_{R^*}\left(-\sum_{i=1}^{t}\boldsymbol{z}_i \,\middle\|\, -\sum_{i=1}^{t-1}\boldsymbol{z}_i\right)\right). \end{aligned} \tag{6.35}$$

なお, Fenchel 共役の定義から以下のような等式が成り立つ.

$$R^*(0) = \max_{\boldsymbol{w}}\left(\langle 0, \boldsymbol{w}\rangle - R(\boldsymbol{w})\right) \tag{†}$$

上の式の右辺は $\boldsymbol{z}$ を 1 個も読んでいないときの $\boldsymbol{w}$ であり, すなわち $\boldsymbol{w}_1$ によって計算されるものなので

$$(\dagger) = -R(\boldsymbol{w}_1). \tag{6.36}$$

以上を合わせると

$$R(\boldsymbol{u})+\sum_{t=1}^{T}\langle \boldsymbol{u},\boldsymbol{z}_t\rangle = R(\boldsymbol{u})-\sum_{t=1}^{T}\langle \boldsymbol{u},-\boldsymbol{z}_t\rangle \geq -R^*\left(-\sum_{t=1}^{T}\boldsymbol{z}_t\right)$$
$$= -R^*(0)+\sum_{t=1}^{T}\langle \boldsymbol{w}_t,\boldsymbol{z}_t\rangle - D_{R^*}\left(-\sum_{i=1}^{t}\boldsymbol{z}_i \,\middle\|\, -\sum_{i=1}^{t-1}\boldsymbol{z}_i\right). \tag{6.37}$$

式 (6.37) に式 (†) を適用して書き換えると以下が得られる．

$$R(\boldsymbol{u})-R(\boldsymbol{w}_1)+\sum_{t=1}^{T}\left(D_{R^*}\left(-\sum_{i=1}^{t}\boldsymbol{z}_i \,\middle\|\, -\sum_{i=1}^{t-1}\boldsymbol{z}_i\right)\right) \geq \sum_{t=1}^{T}(\langle \boldsymbol{w}_t-\boldsymbol{u},\boldsymbol{z}_t\rangle). \tag{6.38}$$

■

定理 6.1 更新アルゴリズム (6.26) を用いた場合，

$$R(\boldsymbol{w})=\frac{1}{2\eta}\|\boldsymbol{w}\|_2^2$$

であれば次の不等式が成り立つ．

$$\sum_{t=1}^{T}\langle \boldsymbol{w}_t-\boldsymbol{u},\boldsymbol{z}_t\rangle \leq \frac{1}{2\eta}\|\boldsymbol{u}\|_2^2+\frac{\eta}{2}\sum_{t=1}^{T}\|\boldsymbol{z}_t\|_2^2. \tag{6.39}$$

(証明)　$R(\boldsymbol{w}_1)=\frac{1}{2\eta}\|\boldsymbol{w}_1\|_2^2 \geq 0$ に注意すれば，補題 6.3 と式 (6.31) より明らか． ■

定理 6.1 において

$$L^2=\frac{1}{T}\sum_{t=1}^{T}\|\boldsymbol{z}_t\|_2^2$$

かつ

$$\|\boldsymbol{u}\|_2 \leq B$$

とおくと，式 (6.39) の右辺は

$$\eta=\frac{B}{L\sqrt{T}}$$

のとき最小となり，Regret の上界を与える次の不等式が得られる．

$$\sum_{t=1}^{T} \langle \boldsymbol{w}_t - \boldsymbol{u}, \boldsymbol{z}_t \rangle \leq BL\sqrt{T}. \tag{6.40}$$

式 (6.40) の上界は以前に求めた式 (6.16) の $1/\sqrt{2}$ になっているので，より厳しい上界を与えている．

以上で，FTL, FoReL を用いたオンライン学習アルゴリズムの枠組みの紹介，一例として損失が連続でない場合も含む学習アルゴリズムであるオンライン勾配降下法の導出，さらに Regret の上界を求める方法を述べた．以下では FoReL から歴史的にも実用的にも重要なパーセプトロンが導けることを述べ，さらにアリゴリズム解析の典型的手法を学ぶ．

6.3 パーセプトロン

ここでは，FoReL から導出されたオンライン勾配降下法の例として**パーセプトロン**を導き，さらに分類対象である二つのクラスが線形分離可能な場合の失敗回数上界を求める．

パーセプトロンは 1956 年に Rosenblatt によって提案された学習アルゴリズムで，簡単だが強力で今でもよく使われている．オンライン学習の理論の上でも，役立つ知見を与えてくれるので，この節で詳述する．

線形モデルの場合と同じく，観測データ $\boldsymbol{x}_t$ が目的のクラスに属すなら $y_t = 1$，属さないなら $y_t = -1$ とする．すると，識別に成功したときは $y_t\langle \boldsymbol{w}, \boldsymbol{x}_t \rangle \geq 0$ であり，失敗したときは $y_t\langle \boldsymbol{w}, \boldsymbol{x}_t \rangle < 0$ である．成功したときの損失 $= 0$，失敗したときの損失 $= -y_t\langle \boldsymbol{w}, \boldsymbol{x}_t \rangle$，という式 (6.41) で表される損失関数で考える．

$$\mathcal{L}_t(\boldsymbol{w}) = [-y_t\langle \boldsymbol{w}, \boldsymbol{x}_t \rangle]_+. \tag{6.41}$$

$[x]_+$ は式 (3.35) で述べたが以下に再掲する．

$$[x]_+ = \begin{cases} x & \text{if } x \geq 0 \\ 0 & \text{otherwise} \end{cases}. \tag{6.42}$$

この損失の形は図 6.5 で表される．

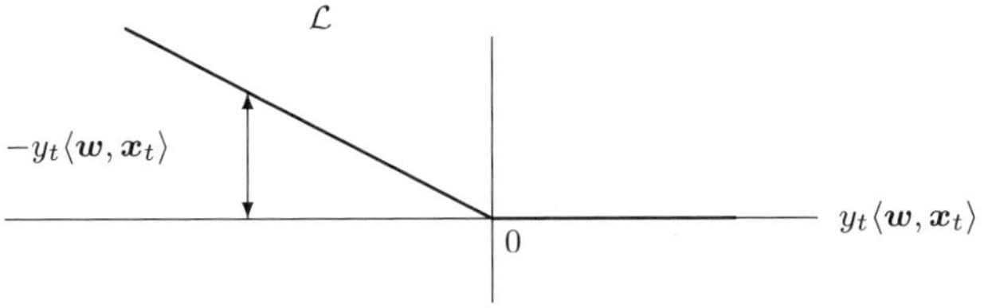

図 6.5 式 (6.41) の損失の概形.

式 (6.41) の損失は $\boldsymbol{w}=0$ で連続ではあるが微分可能ではないので，式 (6.41) の劣微分 $\boldsymbol{z}_t$（式 (6.43)）を用いる.

$$\begin{aligned}&\text{if}\ \ y_t\langle \boldsymbol{w}, \boldsymbol{x}_t\rangle > 0\ \ \text{then}\ \ \boldsymbol{z}_t = \nabla\mathcal{L}_t(\boldsymbol{w}) = 0\\ &\qquad\qquad\qquad\quad \text{otherwise}\ \ \boldsymbol{z}_t = \nabla\mathcal{L}_t(\boldsymbol{w}) = -y_t\boldsymbol{x}_t \in \partial\mathcal{L}_t(\boldsymbol{w}).\end{aligned} \tag{6.43}$$

この結果をオンライン勾配降下法の更新式 $\boldsymbol{w}_{t+1}=\boldsymbol{w}_t-\eta\boldsymbol{z}_t$ にあてはめると，よく知られたパーセプトロンにおける重みベクトル $\boldsymbol{w}_t$ の更新アルゴリズムが得られる．ただし，$\eta>0$ である[*12].

パーセプトロンの更新アルゴリズム

$$\begin{aligned}&\boldsymbol{w}_1 = 0\\ &\text{for}\ \ t=1,2,\ldots,T\\ &\qquad \text{if}\ \ y_t\langle \boldsymbol{w}_t, \boldsymbol{x}_t\rangle \le 0\\ &\qquad\quad \text{then}\ \ \boldsymbol{w}_{t+1} = \boldsymbol{w}_t + \eta y_t\boldsymbol{x}_t\\ &\qquad\quad \text{otherwise}\ \ \boldsymbol{w}_{t+1} = \boldsymbol{w}_t\end{aligned} \tag{6.44}$$

if 文の条件が成立するときは，$\boldsymbol{x}_t$ と y_t の正負符合が一致しないので，分類に失敗したことを意味する．そのときには η という重みをかけて分類失敗データ $\boldsymbol{x}_t$ を重みベクトル $\boldsymbol{w}$ にたし込むという極めて簡単な学習アルゴリズムである．失敗例の方向に分類平面を近づけることによって正しい分類平面を獲得するという直観的に納得できる学習アルゴリズムになっている．この直観を数式で記述するため

*12 パーセプトロンの初期の定義では $\eta=1$ である.

に，if 文が成立した場合の更新後の $\boldsymbol{w}_{t+1}$ を使って $\boldsymbol{x}_t$, y_t に対する if 文の条件を調べてみよう．

$$\begin{aligned} y_t\langle \boldsymbol{w}_{t+1}, \boldsymbol{x}_t\rangle &= y_t\langle(\boldsymbol{w}_t + \eta y_t \boldsymbol{x}_t), \boldsymbol{x}_t\rangle \\ &= y_t\langle \boldsymbol{w}_t, \boldsymbol{x}_t\rangle + \eta y_t^2 \|\boldsymbol{x}_t\|_2^2 \end{aligned}$$

右辺の第 2 項 ≥ 0 なので

$$\geq y_t\langle \boldsymbol{w}_t, \boldsymbol{x}_t\rangle. \tag{6.45}$$

つまり，分類の失敗をしない方向に分類平面が移動していることが分かる．

二つのクラスが線形分離できる場合は，あるラウンドより後には失敗がなくなることが期待できる．そこで，オンライン学習における分類の失敗回数の上界を求めてみよう．パーセプトロンはオンライン勾配降下法に属するので，その Regret のタイトな上界を示すのに必要な定理 6.1 において左辺を Regret と書き直して再掲する．

$$\mathrm{Regret}_T(\boldsymbol{u}) \leq \frac{1}{2\eta}\|\boldsymbol{u}\|_2^2 + \frac{\eta}{2}\sum_{t=1}^{T}\|\boldsymbol{z}_t\|_2^2. \tag{6.46}$$

この式を基点にして分類の失敗回数の上界を求める．まず，損失関数の近似として，図 6.5 を正の方向に 1 だけずらした**ヒンジ損失**を考える．このことは，$y_t\langle \boldsymbol{w}_t, \boldsymbol{x}_t\rangle$ の正の最小値が 1 になるように $\boldsymbol{w}_t$ がスケール変換されており，それより小さい部分では損失 $1 - y_t\langle \boldsymbol{w}_t, \boldsymbol{x}_t\rangle$ という損失だと考えることもできる．

分類に失敗した場合は $y_t\langle \boldsymbol{w}_t, \boldsymbol{x}_t\rangle < 0$ だから，その場合は正の方向に 1 だけずらしたヒンジ損失は

$$\mathcal{L}_t(\boldsymbol{w}) = 1 - y_t\langle \boldsymbol{w}_t, \boldsymbol{x}_t\rangle > 1 \tag{6.47}$$

である．さらに $\mathcal{L}_t(\boldsymbol{w})$ の劣微分 $\boldsymbol{z}_t$ は分類に失敗したときは $-y_t\boldsymbol{x}_t$ であり，$\|\boldsymbol{z}_t\|_2^2 = \|\boldsymbol{x}_t\|_2^2$ であることにも留意しておこう．分類に失敗した $\boldsymbol{x}_t$ の集合を $\mathcal{M}$ とすると，失敗回数は $\mathcal{M}$ に含まれる要素数 $|\mathcal{M}|$ である．式 (6.47) より，明らかに次式が成り立つ．

$$|\mathcal{M}| \leq \sum_{t=1}^{T}\mathcal{L}_t(\boldsymbol{w}). \tag{6.48}$$

よって，Regret の定義より次式が成り立つ．

$$|\mathcal{M}| - \sum_{t=0}^{T}\mathcal{L}_t(\boldsymbol{u}) \leq \mathrm{Regret}_T(\boldsymbol{u}) = \sum_{t=0}^{T}\mathcal{L}_t(\boldsymbol{w}) - \sum_{t=0}^{T}\mathcal{L}_t(\boldsymbol{u}). \tag{6.49}$$

ここで，観測データのノルムには上限 R があるとする．すなわち，$R = \max \|\boldsymbol{x}_t\|_2$ とする．すると，式 (6.46) より

$$
\begin{aligned}
\mathrm{Regret}_T(\boldsymbol{u}) &= \sum_{t=1}^{T} \mathcal{L}_t(\boldsymbol{w}) - \sum_{t=1}^{T} \mathcal{L}_t(\boldsymbol{u}) \\
&\leq \frac{1}{2\eta}\|\boldsymbol{u}\|_2^2 + \frac{\eta}{2}\sum_{t=1}^{T}\|\boldsymbol{z}_t\|_2^2 \\
&= \frac{1}{2\eta}\|\boldsymbol{u}\|_2^2 + \frac{\eta}{2}\sum_{y_t\langle \boldsymbol{w}_t, \boldsymbol{x}_t\rangle < 0}\|\boldsymbol{x}_t\|_2^2 \\
&\leq \frac{1}{2\eta}\|\boldsymbol{u}\|_2^2 + \frac{\eta}{2}|\mathcal{M}|R^2.
\end{aligned} \tag{6.50}
$$

式 (6.49) と式 (6.50) を合わせると次の不等式が得られる．

$$
|\mathcal{M}| - \sum_{t=1}^{T} \mathcal{L}_t(\boldsymbol{u}) \leq \frac{1}{2\eta}\|\boldsymbol{u}\|_2^2 + \frac{\eta}{2}|\mathcal{M}|R^2. \tag{6.51}
$$

式 (6.51) の不等式の右辺は $\eta = \|\boldsymbol{u}\|_2/(\sqrt{|\mathcal{M}|}R)$ で最小値 $\sqrt{|\mathcal{M}|}R\|\boldsymbol{u}\|_2$ をとるので次の不等式が得られる．

$$
|\mathcal{M}| - \sum_{t=1}^{T} \mathcal{L}_t(\boldsymbol{u}) \leq \sqrt{|\mathcal{M}|}R\|\boldsymbol{u}\|_2. \tag{6.52}
$$

ところで，ここでは線形分離可能である場合なので，適切な $\boldsymbol{u}$ を選べば損失 $\sum_{t=0}^{T} \mathcal{L}_t(\boldsymbol{u}) = 0$ とできるので，そのような $\boldsymbol{u}$ を選んだとしよう．すると，式 (6.52) は

$$
|\mathcal{M}| \leq \sqrt{|\mathcal{M}|}R\|\boldsymbol{u}\|_2 \tag{6.53}
$$

と書き直せるので，これを $|\mathcal{M}|$ について解けば以下のように分類失敗回数の上界が得られる．

$$
|\mathcal{M}| \leq R^2\|\boldsymbol{u}\|_2^2. \tag{6.54}
$$

上記の線形分離できる場合，後で説明するように，分離境界面を決める重みベクトル $\boldsymbol{u}$ の長さの逆数 $1/\|\boldsymbol{u}\|_2$ は分離境界面から最も近い観測データまでの距離 γ である．したがって，式 (6.54) の右辺における $\|\boldsymbol{u}\|_2^2$ を書き直せば，以下の分類失敗回数の上界の式となる．

$$
|\mathcal{M}| \leq \frac{R^2}{\gamma^2}. \tag{6.55}
$$

$\boldsymbol{x}_t$ のノルムの最大値である R が大きければ，観測データの散らばり方が大きいと考えられるので，失敗回数が増加するであろう．また，観測データと分離境界面の距離 γ が小さいと，学習で更新していく分類境界面の調整が微妙であり，失敗回数が増加するであろう．したがって，式 (6.55) の結果は，直観に適合するものだといえる．

先送りにしてあった $1/\|\boldsymbol{u}\|_2 = \gamma$ という関係を以下に説明する．分離境界面に最も近い観測データを $\boldsymbol{x}_c$ とする．既に述べたように $y_t\langle \boldsymbol{w}_t, \boldsymbol{x}_t\rangle$ の正である場合の最小値が 1 であるので，線形分離する重みベクトル $\boldsymbol{u}$ に対する $\boldsymbol{x}_c$ の損失は 1 である．すなわち $y_t\langle \boldsymbol{u}, \boldsymbol{x}_c\rangle = |\langle \boldsymbol{u}, \boldsymbol{x}_c\rangle| = 1$ である．ここで，3.2.2 節の図 3.2 および r を求める式 (3.18) において，

$$\hat{\boldsymbol{w}} \to \boldsymbol{u}, \quad \hat{\boldsymbol{x}} \to \boldsymbol{x}_c, \quad r \to \gamma$$

と対応させると，

$$\gamma = \frac{|\langle \boldsymbol{u}, \boldsymbol{x}_c\rangle|}{\|\boldsymbol{u}\|_2} = \frac{1}{\|\boldsymbol{u}\|_2}$$

という所望の結果が得られる．

6.4　Passive-Aggressive アルゴリズム

Crammer らによって提案された **Passive-Aggressive アルゴリズム**（以下では **PA アルゴリズム**[*13]と呼ぶ）[36]は FoReL から派生したアルゴリズムとみなせる．損失はヒンジ損失である．一方，正則化項は $R(\boldsymbol{w}) = \|\boldsymbol{w} - \boldsymbol{w}_t\|_2^2/2$ である．すなわち，現在の重みベクトル $\boldsymbol{w}_t$ からできるだけ離れないように重みベクトルを更新していく．したがって，FoReL としては以下のように定義される．なお，損失の重みを η としておく．また，$\boldsymbol{w}$ の取りえる範囲は $\mathbb{R}^K$ 内の凸集合であり $\mathcal{S}$ と書く．

$$\boldsymbol{w}_{t+1} = \mathop{\arg\min}_{\boldsymbol{w}\in\mathcal{S}} \eta\mathcal{L}(\boldsymbol{w}, (y_t, \boldsymbol{x}_t)) + \frac{1}{2}\|\boldsymbol{w} - \boldsymbol{w}_t\|_2^2. \tag{6.56}$$

---

*13　PA アルゴリズムは最高の性能を持つわけではない．しかし，簡単だが基本的なオンライン学習アルゴリズムであり，アルゴリズムの導出技法は他のオンライン学習を理解する際，および自ら新規のオンライン学習アルゴリズム研究開発しようというときに役立つ知識を与えてくれる．よって，本書では紙数を割いて説明する．

6.4.1 線形分離可能な場合

PA アルゴリズムの原理となる式 (6.56) は最適化問題として以下のように定式化できる.

$$\boldsymbol{w}_{t+1} = \mathop{\arg\min}_{\boldsymbol{w} \in \mathcal{S}} \frac{1}{2}\|\boldsymbol{w} - \boldsymbol{w}_t\|_2^2,$$
$$\text{subject to} \quad \mathcal{L}(\boldsymbol{w}, (y_t, \boldsymbol{x}_t)) = 0. \tag{6.57}$$

ヒンジ損失 $\mathcal{L}_t(\boldsymbol{w}_t, (y_t, \boldsymbol{x}_t))$ は微分可能でないので, この最適化問題は場合分けして解く.

$\mathcal{L}_t(\boldsymbol{w}_t, (y_t, \boldsymbol{x}_t)) = 0$ の場合.

式 (6.56), (6.57) の定式化から $\frac{1}{2}\|\boldsymbol{w} - \boldsymbol{w}_t\|_2^2$ を最小化する $\boldsymbol{w}$ が選ばれるので, 明らかに

$$\boldsymbol{w}_{t+1} = \boldsymbol{w}_t. \tag{6.58}$$

この場合は $\boldsymbol{w}$ に変化がない Passive な状態である.

$\mathcal{L}_t(\boldsymbol{w}_t, (y_t, \boldsymbol{x}_t)) = 1 - y_t\langle \boldsymbol{w}, \boldsymbol{x}_t \rangle > 0$ の場合.

この場合は式 (6.57) の制約条件を無視できないので, Lagrange 未定乗数法で最適値を求めることにする. Lagrange 関数は以下である. なお, この式の η は式 (6.57) 中の η と同じものである.

$$L(\boldsymbol{w}, \eta) = \frac{1}{2}\|\boldsymbol{w} - \boldsymbol{w}_t\|_2^2 + \eta(1 - y_t\langle \boldsymbol{w}, \boldsymbol{x}_t \rangle).$$

Lagrange 未定乗数法を順次解いていくと以下のようになる.

$$\frac{\partial L(\boldsymbol{w}, \eta)}{\partial \boldsymbol{w}} = \boldsymbol{w} - \boldsymbol{w}_t - \eta y_t \boldsymbol{x}_t = 0$$
$$\Rightarrow \quad \boldsymbol{w} = \boldsymbol{w}_t + \eta y_t \boldsymbol{x}_t$$

この $\boldsymbol{w}$ を $L(\boldsymbol{w}, \eta)$ に代入すると

$$\Rightarrow \quad L(\eta) = -\frac{1}{2}\eta^2\|\boldsymbol{x}_t\|_2^2 + \eta(1 - y_t\langle \boldsymbol{w}_t, \boldsymbol{x}_t \rangle)$$
$$\Rightarrow \quad \frac{\partial L(\eta)}{\partial \eta} = -\eta\|\boldsymbol{x}_t\|_2^2 + 1 - y_t\langle \boldsymbol{w}_t, \boldsymbol{x}_t \rangle = 0$$
$$\Rightarrow \quad \eta_t = \frac{1 - y_t\langle \boldsymbol{w}_t, \boldsymbol{x}_t \rangle}{\|\boldsymbol{x}_t\|_2^2} = \frac{\mathcal{L}_t(\boldsymbol{w}_t)}{\|\boldsymbol{x}_t\|_2^2}. \tag{6.59}$$

以上をまとめると，次の更新式が得られる．

PA アルゴリズムにおける $\boldsymbol{w}$, η の更新式

$$\eta_t = \frac{\mathcal{L}_t(\boldsymbol{w}_t)}{\|\boldsymbol{x}_t\|_2^2}, \quad \boldsymbol{w}_{t+1} = \boldsymbol{w}_t + \eta_t y_t \boldsymbol{x}_t. \tag{6.60}$$

この場合は，y_t, $\boldsymbol{x}_t$ によって $\boldsymbol{w}$ が変化する Aggressive な状態である．

6.4.2　ソフトマージン PA アルゴリズム

サポートベクターマシンでは線形分離できない場合に，誤分類をある程度許容するが，誤分類の程度を最小化するという手法を 5.2 節で導入した．この手法をソフトマージンと呼んでいる．線形分離できない場合に対して，PA アルゴリズムでもサポートベクターマシンの場合と類似の手法を用いる．以下に 2 種類の PA アルゴリズムのソフトマージン化アルゴリズムである **PA-I** と **PA-II** を導入する．

a.　PA-I アルゴリズム

損失 > 0 の場合の許容値に対応する変数 ξ[*14]を導入し，以下のように最適化問題として定義する．ただし，損失関数は PA アルゴリズムのときと同じであり，C は適当な正の定数である．

$$\boldsymbol{w}_{t+1} = \mathop{\arg\min}_{\boldsymbol{w} \in \mathcal{S}} \frac{1}{2}\|\boldsymbol{w} - \boldsymbol{w}_t\|_2^2 + C\xi,$$

$$\text{subject to} \quad \mathcal{L}_t(\boldsymbol{w}) \leq \xi,\ \xi \geq 0. \tag{6.61}$$

この最適化問題に対する $\mathcal{L}_t(\boldsymbol{w}_t) > 0$ である Aggressive な場合の更新式は以下のようになる．

PA-I における $\boldsymbol{w}$, η の更新式

$$\eta_t = \min\left\{C, \frac{\mathcal{L}_t(\boldsymbol{w}_t)}{\|\boldsymbol{x}_t\|_2^2}\right\}, \quad \boldsymbol{w}_{t+1} = \boldsymbol{w}_t + \eta_t y_t \boldsymbol{x}_t. \tag{6.62}$$

以下でこの更新式を導く．

---

*14　これをスラック変数と呼ぶ．

Lagrange 関数は以下のようになる.

$$L(\boldsymbol{w},\xi,\eta,\lambda) = \frac{1}{2}\|\boldsymbol{w}-\boldsymbol{w}_t\|_2^2 + C\xi + \eta(1-\xi-y_t\langle \boldsymbol{w},\boldsymbol{x}_t\rangle) - \lambda\xi$$
$$= \frac{1}{2}\|\boldsymbol{w}-\boldsymbol{w}_t\|_2^2 + \xi(C-\eta-\lambda) + \eta(1-y_t\langle \boldsymbol{w},\boldsymbol{x}_t\rangle) \quad (\eta \geq 0,\ \lambda \geq 0), \tag{6.63}$$

$$\frac{\partial L}{\partial \boldsymbol{w}} = 0 \quad \Rightarrow \quad \boldsymbol{w} = \boldsymbol{w}_t + \eta y_t \boldsymbol{x}_t. \tag{6.64}$$

$C-\eta-\lambda<0$ とすると, $\xi \geq 0$ なので, $\xi(C-\eta-\lambda)$ はいくらでも小さくなれる. よって Lagrange 関数を最小化できない. よって, $C-\eta-\lambda \geq 0$ である. KKT 条件により $\lambda \geq 0$ なので, $C-\eta \geq \lambda \geq 0$. よって $C \geq \eta$.

以下では,（場合 1）と（場合 2）に分けて考える.

場合 1：$C \geq \mathcal{L}_t(\boldsymbol{w}_t)/\|\boldsymbol{x}_t\|_2^2$

Lagrange 関数の第 2 項の最小値は $\xi(C-\eta-\lambda)=0$ であるが, $\xi=0$ は誤分類を全く許容しないから, 一般的には $\xi>0$ とすべきなので, $C-\eta-\lambda=0$ となる. これによって

$$L(\boldsymbol{w},\xi,\eta,\lambda) = \frac{1}{2}\|\boldsymbol{w}-\boldsymbol{w}_t\|_2^2 + \eta(1-y_t\langle \boldsymbol{w},\boldsymbol{x}_t\rangle)$$

となる. $L(\boldsymbol{w},\xi,\eta,\lambda)$ を $\boldsymbol{w}$ に対して最小化すると, PA アルゴリズムの場合と同じく

$$\eta_t = \frac{\mathcal{L}_t(\boldsymbol{w}_t)}{\|\boldsymbol{x}_t\|_2^2}$$

となる.

場合 2：$C < \mathcal{L}_t(\boldsymbol{w}_t)/\|\boldsymbol{x}_t\|_2^2$

(a) 場合分けの条件を書き換えれば $C\|\boldsymbol{x}_t\|_2^2 < \mathcal{L}_t(\boldsymbol{w}_t)$.

(b) 式 (6.61) の制約条件 $\mathcal{L}_t(\boldsymbol{w}) = 1-y_t\langle \boldsymbol{w},\boldsymbol{x}_t\rangle \leq \xi$ に更新式 $\boldsymbol{w}=\boldsymbol{w}_t+\eta_t y_t \boldsymbol{x}_t$ を代入すると

$$1-y_t\langle \boldsymbol{w}_t,\boldsymbol{x}_t\rangle - \eta\|\boldsymbol{x}_t\|_2^2 \leq \xi.$$

(a), (b) を組み合わせると $\|\boldsymbol{x}_t\|_2^2(C-\eta)<\xi$. 一方, KKT 条件により $\lambda \geq 0$ なので, $C-\eta \geq \lambda \geq 0$. よって $C \geq \eta$ だから $0<\xi$ である. KKT 条件より $\lambda\xi=0$ だから, $\lambda=0$. 場合 1 で求めていたように $C-\eta-\lambda=0$ なので, 結局, $C=\eta$ となる.

以上の場合 1, 2 を合わせると，式 (6.62) の η_t の更新式が得られる．

b.　PA-II アルゴリズム

PA-II アルゴリズムの最適化問題は以下のように定義される．PA-I の場合は $\xi \geq 0$ という条件を付けていたが，PA-II では，その代わりに最小化される項は $C\xi^2$ として 0 以上であることを担保している．

$$\boldsymbol{w}_{t+1} = \underset{\boldsymbol{w} \in \mathcal{S}}{\arg\min} \frac{1}{2}\|\boldsymbol{w} - \boldsymbol{w}_t\|_2^2 + C\xi^2,$$
$$\text{subject to} \quad \mathcal{L}_t(\boldsymbol{w}) \leq \xi. \tag{6.65}$$

この最適化問題に対する $\mathcal{L}_t(\boldsymbol{w}_t) > 0$ である Aggressive な場合の更新式は以下のようになる．

PA-II における $\boldsymbol{w}$, η の更新式

$$\eta_t = \frac{\mathcal{L}_t(\boldsymbol{w}_t)}{\|\boldsymbol{x}_t\|_2^2 + \frac{1}{2C}}, \quad \boldsymbol{w}_{t+1} = \boldsymbol{w}_t + \eta_t y_t \boldsymbol{x}_t. \tag{6.66}$$

以下でこの更新式を導く．$\mathcal{L}_t(\boldsymbol{w}_t) = 0$ の場合は Passive なので，PA アルゴリズムの場合と同じ更新式である．したがって，$\mathcal{L}_t(\boldsymbol{w}_t) > 0$ の場合について考える．Lagrange 関数は以下の通りである．

$$L(\boldsymbol{w}, \xi, \eta, \lambda) = \frac{1}{2}\|\boldsymbol{w} - \boldsymbol{w}_t\|_2^2 + C\xi^2 + \eta(1 - \xi - y_t\langle \boldsymbol{w}, \boldsymbol{x}_t \rangle),$$
$$\frac{\partial L}{\partial \boldsymbol{w}} = 0 \quad \Rightarrow \quad \boldsymbol{w} = \boldsymbol{w}_t + \eta y_t \boldsymbol{x}_t,$$
$$\frac{\partial L}{\partial \xi} = 0 \quad \Rightarrow \quad 2C\xi - \eta = 0 \quad \Rightarrow \quad \xi = \eta/2C.$$

この ξ と $\boldsymbol{w}$ を L に代入すると

$$L(\boldsymbol{w}, \eta) = -\frac{\eta^2}{2}\left(\|\boldsymbol{x}_t\|_2^2 + \frac{1}{2C}\right) + \eta(1 - y_t\langle \boldsymbol{w}_t, \boldsymbol{x}_t \rangle),$$
$$\frac{\partial L}{\partial \eta} = 0 \quad \Rightarrow \quad \eta = \frac{1 - y_t\langle \boldsymbol{w}_t, \boldsymbol{x}_t \rangle}{\|\boldsymbol{x}_t\|_2^2 + \frac{1}{2C}} = \frac{\mathcal{L}_t(\boldsymbol{w}_t)}{\|\boldsymbol{x}_t\|_2^2 + \frac{1}{2C}}.$$

以上により式 (6.66) における η の更新式を得ることができた．

なお，実験的には PA-I, PA-II の性能には大きな差がないことが知られている．

6.5 ラウンド数の対数オーダの収束

ここでは，強凸という性質とラウンド数に反比例する勾配への係数を導入することで，ラウンド数 T に対して Regret が $\log(T)$ に比例することが達成できる収束の速いオンライン学習アルゴリズムについて説明する．

まず，

$$f_t(\boldsymbol{w}_t) = \frac{\lambda t}{2}\|\boldsymbol{w}_t\|_2^2 + \mathcal{L}_t(\boldsymbol{w}_t) \tag{6.67}$$

という損失と正則化項を加算した目的関数を導入する．ただし，$\lambda > 0$ である．正則化項の係数が $\lambda t/2$ であり，ラウンドが進むにつれて損失よりも正則化を t に比例して優先するようになることに留意してほしい．

さて，ここでオンライン学習における識別のための重みベクトル $\boldsymbol{w}_t$ の更新式は次のように与えてみよう．

$$\boldsymbol{w}_{t+1} = \boldsymbol{w}_t - \frac{1}{\lambda t}\nabla f_t(\boldsymbol{w}_t). \tag{6.68}$$

式 (6.67) でラウンドが進むにつれて正則化項を重視するが，この更新式ではそれに対応してラウンドが進むにつれて損失を含む f の勾配を t に反比例して軽くみるようになっている．

この更新式 (6.68) によるオンライン学習アルゴリズムにおいて，f が下記の強凸という条件を満たしたときの f の Regret の上界を求めてみる．

定義 6.2 (λ-強凸)

$$f(\boldsymbol{w}) - \frac{\lambda}{2}\|\boldsymbol{w}\|_2^2$$

が凸であるとき，$f(\boldsymbol{w})$ は λ-強凸であるという．

この定義から f はテーラー展開の 1 次の項と係数が $\lambda/2$ の 2 次の項の和よりも急激に増加することが分かるので

$$f(\boldsymbol{u}) \geq f(\boldsymbol{w}) + \langle \boldsymbol{u} - \boldsymbol{w}, \nabla f(\boldsymbol{w})\rangle + \frac{\lambda}{2}\|\boldsymbol{w} - \boldsymbol{u}\|_2^2$$

である．移項すると次式が得られる．

$$\langle \boldsymbol{w} - \boldsymbol{u}, \nabla f(\boldsymbol{w})\rangle \geq f(\boldsymbol{w}) - f(\boldsymbol{u}) + \frac{\lambda}{2}\|\boldsymbol{w} - \boldsymbol{u}\|_2^2. \tag{6.69}$$

このとき次の定理が成り立つ．

定理 6.2 $f_1, \ldots, f_T$ を λ-強凸とする．$\boldsymbol{w}_1, \ldots, \boldsymbol{w}_{T+1}$ は更新式 (6.68) によって得られる重みベクトルの列とする．

$\|\nabla f_t(\boldsymbol{w}_t)\|_2 \leq G$ が成り立つ正の定数 G が存在するとき，任意の $\boldsymbol{u}$ に対して次式が成り立つ．

$$\frac{1}{T}\left(\sum_{t=1}^{T} f_t(\boldsymbol{w}_t) - \sum_{t=1}^{T} f_t(\boldsymbol{u})\right) < \frac{G^2(1+\log(T))}{2\lambda T}. \tag{6.70}$$

(証明) 式 (6.70) の左辺は f に対する Regret のラウンドごとの平均値である．さて，f_t が λ-強凸なので，式 (6.69) より次の式が得られる．

$$\langle \boldsymbol{w}_t - \boldsymbol{u}, \nabla f_t(\boldsymbol{w}_t)\rangle \geq f_t(\boldsymbol{w}_t) - f_t(\boldsymbol{u}) + \frac{\lambda}{2}\|\boldsymbol{w}_t - \boldsymbol{u}\|_2^2. \tag{6.71}$$

更新式 (6.68) より

$$\begin{aligned}\|\boldsymbol{w}_t - \boldsymbol{u}\|_2^2 - \|\boldsymbol{w}_{t+1} - \boldsymbol{u}\|_2^2 &= \|\boldsymbol{w}_t - \boldsymbol{u}\|_2^2 - \left\|\boldsymbol{w}_t - \frac{1}{\lambda t}\nabla f_t(\boldsymbol{w}_t) - \boldsymbol{u}\right\|_2^2 \\ &= \frac{2}{\lambda t}\langle \boldsymbol{w}_t - \boldsymbol{u}, \nabla f_t(\boldsymbol{w}_t)\rangle - \frac{1}{(\lambda t)^2}\|\nabla f_t(\boldsymbol{w}_t)\|_2^2. \end{aligned} \tag{6.72}$$

$\|\nabla f_t(\boldsymbol{w}_t)\|_2 \leq G$ なので式 (6.72) は次のように書き換えられる．

$$\langle \boldsymbol{w}_t - \boldsymbol{u}, \nabla f_t(\boldsymbol{w}_t)\rangle \leq \frac{\lambda t(\|\boldsymbol{w}_t - \boldsymbol{u}\|_2^2 - \|\boldsymbol{w}_{t+1} - \boldsymbol{u}\|_2^2)}{2} + \frac{G^2}{2\lambda t}. \tag{6.73}$$

式 (6.71) と式 (6.73) を組み合わせると以下の式が得られる．

$$f_t(\boldsymbol{w}_t) - f_t(\boldsymbol{u}) \leq \frac{\lambda t(\|\boldsymbol{w}_t - \boldsymbol{u}\|_2^2 - \|\boldsymbol{w}_{t+1} - \boldsymbol{u}\|_2^2)}{2} + \frac{G^2}{2\lambda t} - \frac{\lambda}{2}\|\boldsymbol{w}_t - \boldsymbol{u}\|_2^2. \tag{6.74}$$

式 (6.74) を $t = 1, \ldots, T$ まで総和をとると

$$\begin{aligned}&\sum_{t=1}^{T}(f_t(\boldsymbol{w}_t) - f_t(\boldsymbol{u})) \\ &\leq \sum_{t=1}^{T}\left(\frac{\lambda t(\|\boldsymbol{w}_t - \boldsymbol{u}\|_2^2 - \|\boldsymbol{w}_{t+1} - \boldsymbol{u}\|_2^2)}{2} - \frac{\lambda}{2}\|\boldsymbol{w}_t - \boldsymbol{u}\|_2^2\right) + \frac{G^2}{2\lambda}\sum_{t=1}^{T}\frac{1}{t}. \end{aligned} \tag{6.75}$$

式 (6.75) の右辺をさらに書き換えると

$$
\begin{aligned}
\text{式 (6.75)} &= \frac{\lambda}{2}\sum_{t=1}^{T}\Big((t-1)\|\boldsymbol{w}_t-\boldsymbol{u}\|_2^2 - t\|\boldsymbol{w}_{t+1}-\boldsymbol{u}\|_2^2\Big) + \frac{G^2}{2\lambda}\sum_{t=1}^{T}\frac{1}{t} \\
&= -\frac{\lambda T}{2}\|\boldsymbol{w}_{T+1}-\boldsymbol{u}\|_2^2 + \frac{G^2}{2\lambda}\sum_{t=1}^{T}\frac{1}{t} \\
&< \frac{G^2(1+\log(T))}{2\lambda}. \qquad (6.76)
\end{aligned}
$$

式 (6.76) の両辺を T でわれば式 (6.70) を得る[*15]. ■

この結果を考察すると，最小化の目的関数 f が強凸なので，この性質を使えば当然収束は速くなりそうである．それを実現するのが，$\boldsymbol{w}_t$ の更新式において勾配 $\nabla f_t(\boldsymbol{w}_t)$ をラウンド数 t に反比例する重みを乗していることである．したがって，ラウンドが進むと更新の度合いが減少して収束速度が速くなると理解できる．既に述べてきたオンライン学習アルゴリズムは Regret が $\sqrt{T}$ に比例していたのに対し，この方法は $\log(T)$ に比例するので収束速度オーダの差は大きい．

なお，他の実例としては以下の損失を使うものがある．

$$
\mathcal{L}_t(\boldsymbol{w}_t) = \frac{1}{t}\sum_{i=1}^{t}\max(0, 1-y_i\langle \boldsymbol{w}_t, \boldsymbol{x}_i\rangle).
$$

ただし，$\boldsymbol{x}_t$ は t 番目に処理する観測データである．これは，正則化項が $\boldsymbol{w}$ の L2 ノルム，損失が SVM の制約条件と同じなので，SVM のオンライン学習版に類似した学習アルゴリズムである．

---

*15 式 (6.76) の 2 行目から 3 行目との不等号は，以下の計算を用いている．$1/x$ は単調減少関数なので

$$
\frac{1}{t} < \int_{t-1}^{t}\frac{\mathrm{d}x}{x} = \log(t) - \log(t-1).
$$

この式を $t=2$ から T までたし込むと

$$
\sum_{t=2}^{T}\frac{1}{t} < \sum_{t=2}^{T}\log(t) - \log(t-1) = \log(T).
$$

両辺に 1 をたすと

$$
\sum_{t=1}^{T}\frac{1}{t} < 1 + \log(T)
$$

として $1/t$ と $1+\log(T)$ に関係する部分の不等式が得られる．

6.6 双対化座標降下法

この節では，双対化を活用した**座標降下法**によるサポートベクターマシンを紹介する．この方法はここまで述べてきたオンライン学習の枠からは外れるが，1データごとに学習して分類器を更新していく点が類似しており，実用上重要なアルゴリズムなので，ここで説明する．

最適化問題は，第5章の式(5.20)に記載されたソフトマージン・サポートベクターマシンと類似の以下の主問題を双対化する．ただし，ここでは訓練データ数は T 個とする．$\boldsymbol{w}=[w_0,w_1,\ldots,w_K]^\top$, $\boldsymbol{x}=[1,x_1,\ldots,x_K]^\top$ とし，バイアスを表した w_0 は $\boldsymbol{w}$ に，1は $\boldsymbol{x}$ に含ませたデータの定義[*16]を使う．最適化の主問題は以下の式となる．

$$
\begin{aligned}
&\min_{\boldsymbol{w}} \frac{1}{2}\|\boldsymbol{w}\|_2^2 + C\sum_{t=1}^{T}\xi_t \quad \text{ただし，} \quad C>0,\\
&\text{subject to} \quad 1-y_t\langle \boldsymbol{w},\boldsymbol{x}_t\rangle-\xi_t\le 0 \quad (t=1,\ldots,T),\\
&\qquad\qquad \xi_n\ge 0 \quad (t=1,\ldots,T).
\end{aligned}
\tag{6.77}
$$

この式(6.77)で定式化された最適化問題の主問題を，第5章でLagrange関数を用いて双対化した場合と同様にして双対化すると式(6.78)になる．ただし，ベクトル $\boldsymbol{a}$ の要素 a_t は第 t 番目のデータに対応する重みである．

$$
\max_{\boldsymbol{a}} f(\boldsymbol{a}) \equiv \left(\sum_{t=1}^{T}a_t - \frac{1}{2}\sum_{t=1}^{T}\sum_{s=1}^{T}a_t a_s y_t y_s\langle \boldsymbol{x}_t,\boldsymbol{x}_s\rangle\right), \tag{6.78a}
$$

$$
0\le a_t\le C \quad (t=1,\ldots,T). \tag{6.78b}
$$

これを $Q=[Q_{ij}]$ ただし，$Q_{ij}=y_iy_j\langle \boldsymbol{x}_i,\boldsymbol{x}_j\rangle$ を用いて書き直すと以下になる．

$$
\min_{\boldsymbol{a}} f(\boldsymbol{a}) \equiv \left(\frac{1}{2}\boldsymbol{a}^\top Q\boldsymbol{a} - \boldsymbol{e}^\top\boldsymbol{a}\right), \tag{6.79a}
$$

$$
0\le a_t\le C \quad (t=1,\ldots,T), \tag{6.79b}
$$

$$
\boldsymbol{e}=[1,1,\ldots,1]^\top \quad \text{（全要素が1であるT次元ベクトル）}. \tag{6.79c}
$$

*16 このデータの定義により，L を Lagrange 関数としたとき，

$$
\frac{\partial L}{\partial w_0}=0
$$

から導かれる $\sum_{t=1}^{T}a_ty_t=0$ という制約は表に現れない．

座標降下法では，$\boldsymbol{a}$ の 1 要素ごとに最適化する．つまり，T 次元ベクトル $\boldsymbol{a}$ を 1 次元すなわち 1 本の座標軸ごとに最適化していくので，このように命名されている．ここで，一つの次元は 1 個の訓練データに対応するので，行列 $Q = [Q_{ij}]$ があらかじめ計算してあれば，第 t 番目のデータを 1 データ読み込むと，他の変数 $(a_i\ (i \neq t))$ は固定したうえで，そのデータに対応する重み a_t を最適化することになる．つまり，1 データごとの最適化を繰り返すアルゴリズムとなる．

1 データごとに重みベクトルを更新する学習アルゴリズムを以下に説明する．まず，1 番目から $t-1$ 番目まで重みの更新が行われているとする．この状態の $\boldsymbol{a}$ を $\boldsymbol{a}^t$ と書く．すなわち，更新された重みを $\hat{a}_1, \ldots, \hat{a}_{t-1}$，まだ更新されていない重みを $a_t, \ldots, a_T$ と書くと $\boldsymbol{a}^t = [\hat{a}_1, \ldots, \hat{a}_{t-1}, a_t, \ldots, a_T]^\top$ となる．ここで a_t の更新を行う．a_t の更新による変化量を d と書くと，a_t の最適化問題は以下のようになる．

$$\begin{aligned}&\min_d f(\boldsymbol{a}^t + d\boldsymbol{e}_t),\\ &\text{subject to} \quad 0 \leq a_t + d \leq C,\\ &\text{ただし，} \boldsymbol{e}_t = [0, \ldots, 0, 1, 0, \ldots, 0] \quad i \text{ 番目のみ } 1\text{，他は } 0.\end{aligned} \tag{6.80}$$

式 (6.79a) の $f(\boldsymbol{a}^t + d\boldsymbol{e}_t)$ を d でテーラー展開して書き直すと以下になる．

$$\begin{aligned}&f(\boldsymbol{a}^t + d\boldsymbol{e}_t) = \frac{1}{2}Q_{tt}d^2 + \nabla_t f(\boldsymbol{a}^t)d + \text{const},\\ &\text{ただし，} \nabla_t f \text{ は } \nabla f \text{ の第 } t \text{ 成分であり，const は } d \text{ に関係しない定数.}\end{aligned} \tag{6.81}$$

次に式 (6.78b) の $0 \leq a_t \leq C$ という制約を満たすように，この a_t の範囲に制約した制約付き勾配 ∇_t^P を以下のように定義する．

$$\nabla_t^P f(\boldsymbol{a}) = \begin{cases} \nabla_t f(\boldsymbol{a}) & \text{if} \quad 0 < a_t < C \\ \min(0, \nabla_t f(\boldsymbol{a})) & \text{if} \quad a_t = 0 \\ \max(0, \nabla_t f(\boldsymbol{a})) & \text{if} \quad a_t = C \end{cases}. \tag{6.82}$$

$\nabla_t^P f(\boldsymbol{a}^t) = 0$ だと $d = 0$ で $f(\boldsymbol{a}^t)$ は最適化されており，a_t は現在の値が最適値であるので，更新する必要はない．そうでない場合は，式 (6.81) を最適化すればよいが，d の最適値は容易に $-\nabla_t f(\boldsymbol{a}^t)/Q_{tt}$ だと分かるので，a_t の更新式は以下になる．

$$\hat{a}_t = \min\left\{\max\left\{0, a_t - \frac{\nabla_t f(\boldsymbol{a}^t)}{Q_{tt}}\right\}, C\right\}. \tag{6.83}$$

この更新式を計算するにあたって，$Q_{tt} = \langle \boldsymbol{x}_t, \boldsymbol{x}_t \rangle$ は 1 回計算して，メモリに記憶しておけば，以後の計算時間は不要である．一方，式 (6.79a) の $f(\boldsymbol{a}^t)$ の a_t の範囲に制約した制約付き勾配

$$\nabla_t f(\boldsymbol{a}^t) = \sum_{s=1}^{T} Q_{ts} a_s - 1$$

の計算にあたっては，$[Q_{ts}]$ は訓練データ数 T が大きくなると，その 2 乗の量のメモリを必要とする．さらに計算量も $O(TK)$（K はデータの次元数）であり，大きい．以上の記憶および計算時間の負荷を軽減するために，以下のようなアルゴリズムの工夫をする．

まず，$\boldsymbol{w}$ を次式で定義する．

$$\boldsymbol{w} = \sum_{s=1}^{T} y_s a_s \boldsymbol{x}_s. \tag{6.84}$$

すると

$$\nabla_t f(\boldsymbol{a}) = y_t \langle \boldsymbol{w}, \boldsymbol{x}_t \rangle - 1. \tag{6.85}$$

この計算量は $\boldsymbol{w}$ の次元に比例するだけであり，T より十分に小さい．問題は $\boldsymbol{w}$ の計算であるが，これは初期値を設定しておけば，a_t の繰り返しのたびに以下のように更新していけばよく，そのための計算量は一定である．

$$\boldsymbol{w}_{\mathrm{new}} = \boldsymbol{w} + y_t (a_t - \hat{a}_t) \boldsymbol{x}_t. \tag{6.86}$$

アルゴリズムとしては $\boldsymbol{a}, \boldsymbol{w}$ の初期値が必要だが，これは両方とも 0 にしておけばよい．なお，以上の更新は T 個の全訓練データに対して行うので，T ラウンド回行われる．この T ラウンド，すなわち 1 エポックを $\boldsymbol{a}$ が収束するまで繰り返し行う．ここで，データの処理順番を各エポックで同一とせずに，ランダムに入れ替えて行うほうが収束性能がよいことが経験的に知られている．サポートベクターマシンの他の実装に比べて，一定の誤差まで収束する時間は数桁速いという実験結果が報告されている．

以上で説明したアルゴリズムの概略を図 6.6 にまとめた．

また，以上で説明した繰り返しの更新によって，$\boldsymbol{a}$ が収束することも証明されているが，詳細は省略する．

step 0 $\boldsymbol{a} = 0$, $\boldsymbol{w} = 0$.

step 1 $\boldsymbol{a}$ が収束するまで step 2 から step 6 を繰り返す.

step 2 for $t = 1, \ldots, T$

step 3 $\quad \hat{a}_t \leftarrow a_t$

step 4 $\quad G = y_t \langle \boldsymbol{w}, \boldsymbol{x}_t \rangle - 1$

step 5

$$PG = \begin{cases} \min(G, 0) & \text{if} \quad a_t = 0 \\ \max(G, 0) & \text{if} \quad a_t = C \\ G & \text{if} \quad 0 < a_t < C \end{cases}$$

step 6 if $PG \neq 0$ then

$$a_t \leftarrow \min(\max(a_t - G/Q_{tt}, 0), C)$$
$$\boldsymbol{w} \leftarrow \boldsymbol{w} + (a_t - \hat{a}_t) y_t \boldsymbol{x}_t$$

図 6.6 双対化座標降下法のアルゴリズムの概略.

メモリより大きなデータに対応した SVM

メモリより大きなデータを利用する機械学習手法の開発は，ビッグデータの時代には避けて通れない課題である．双対化座標降下法は，その課題に対して有力な手法である．概略，次のような方法を用いる．全訓練データをメモリの容量より小さなブロック B_n $(n = 1, \ldots, N)$ にランダムに分割する．ブロック内のデータ数を T とする．

ブロック B_n のデータをメモリに読み込み，双対化座標降下法で $\boldsymbol{a}$ が収束するまで更新を行う．収束したら，$\boldsymbol{a}, \boldsymbol{w}$ を初期値として用いて，次のブロックをメモリに読み込み，同じく双対化座標降下法を行う．これをアルゴリズムとして図 6.7 にまとめた．

図 6.7 のアルゴリズムの特徴を以下に説明する．

Q_{tt} の計算

式 (6.83) の更新式で Q_{tt} が使われるが，これは 1 個のデータ $\boldsymbol{x}_t$ だけで計算できるので，全データをメモリに乗せる必要はないことを図 6.7 のアルゴリズムでは利用している．

step 0	$\boldsymbol{a} = 0$, $\boldsymbol{w} = 0$.
step 1	全訓練データを N 個のブロック B_n $(n = 1, \ldots, N)$ にランダム分割.
step 2	step 3 から step 7 を $\bar{N}$ 回繰り返す.
step 3	for $n = 1, \ldots, N$
step 4	B_n をディスクなどの大容量外部記憶からメモリに読み込む.
step 5	B_n に対して step 6 から step 7 を $\bar{M}$ 回繰り返す.
step 6	for $t = 1, \ldots, T$
step 7	図 6.6 の step 3 から step 6 を実行.

図 6.7 メモリ容量より大きな訓練データに対する双対化座標降下法のアルゴリズムの概略.

$\nabla_t f(\boldsymbol{a}^t)$ の計算

この計算は既に式 (6.86) で説明したように，1 個のデータ $\boldsymbol{x}_t$ とそれと同じ大きさの $\boldsymbol{w}$ および a_t だけで計算できる．ただし，a_t の更新では，これだけのデータしか必要としないにしても，T ラウンドすなわち 1 エポックを収束するまで繰り返すとなると，全訓練データを何回もディスクから読み込むことになり，大きな時間がかかってしまう．これをブロック B_n 単位での処理とすることにより，ディスクからの読み込み回数を低減している.

内外の for ループの繰り返しの按配

図 6.7 のアルゴリズムでは外側の for ループを $\bar{N}$ 回行って，解の精度の向上を図っている．しかし，これは結局，全データを $\bar{N}$ 回，ディスクからメモリに読み込む長大な時間[*17]を必要としている．一方，内側の for ループを $\bar{M}$ 回繰り返している．内側のループではブロックのディスクからの読み込みは行わないので，そのための時間は不要である．内側の for ループの繰り返し回数を増やすと，高い精度の解が得られ，外側のループの回数を減らせる可能性がある．ただし，データがその性質が偏らないように各ブロックに分散されていなくてはならない.

*17 メモリへのデータアクセスに比べて，ディスクからのデータ読み込みは 10 の 4 乗倍以上の時間がかかる.

精度

ブロック分割によって処理がブロックごとに分断されることの影響に関しては，実験的に十分な精度が得られることが知られている．

7 クラスタリング

観測データ $\boldsymbol{x}$ に正しい分類ラベル y が付いている教師あり学習と違って，教師なし学習では y が与えられていない．この章では，教師なし学習の一つであるクラスタリングについて説明する．クラスタリングとは，観測データ集合を類似したデータの集まり，すなわちクラスタに分類する学習である．まず，類似性を定義する基礎となるデータ空間における距離あるいは類似度のいくつかの定義を紹介する．次に代表的なクラスタリング手法である階層的凝集型クラスタリングとK-平均法を説明する．最後にクラスタリング結果の評価尺度である純度と逆純度について説明する．

7.1 距 離 の 定 義

7.1.1 クラスタリングと距離

観測データ集合を性質が類似したもの，換言すれば，図 7.1 に示すように距離の近いものをまとめてグループ化する作業は教師なし学習の主要な目的である．このグループのことを**クラスタ**と呼び，観測データ集合からクラスタを形成する操作を**クラスタリング**という．

クラスタリングを行うにはまずデータ間の性質の類似性をよく反映する距離を

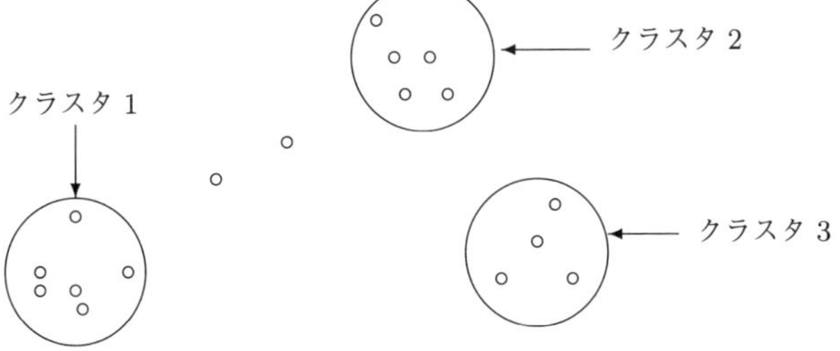

図 7.1　距離の定義された空間におけるクラスタリング．

定義しなければならない．今まで述べてきたように，観測データは高次元空間の点で表現される．すると距離の定義には二つの要因を検討しなければならない．

各次元の意味

実世界からの観測によって得られたデータがそのまま観測データとして使える場合はむしろ少ない．例えば，センサから得られたデータは単位，精度などを統一したものにしなければ比較ができない．テキストでは単語の種類数が次元数になる．こういった問題，すなわち各次元の持つ意味については既に 1.4 節で詳述した．

距離の定義式

多次元の空間が与えられたとしても，実はその空間でどのような距離の定義を用いるかは機械学習の目的に沿って決める．空間は $\mathbb{R}^K$ あるいは $\mathbb{N}^K$*1，さらには $\{0,1\}^K$ などで定義されることが多い．そのような空間における距離としては，まず Euclid 距離が念頭に浮かぶが，それ以外にもデータ空間の構造に応じて，種々の距離，あるいは擬距離がありえる．次の節では種々の距離の定義と，その差異について説明する．

7.1.2　種々の距離と類似度

距離の代わりに，その逆の概念である類似度で考える場合もある．ここでは，距離と類似度の両者について機械学習でよく用いられるものについて説明する．

a.　Euclid　距　離

データ空間の点 $\boldsymbol{x}, \boldsymbol{y} \in \mathbb{R}^K$ とする．また，これまで通り，$\boldsymbol{x} = [x_1, \ldots, x_K]^\top$，$\boldsymbol{y} = [y_1, \ldots, y_K]^\top$ とする．このとき，二つのベクトル間の Euclid 距離はよく知られているように次式で与えられる．

$$D_2(\boldsymbol{x}, \boldsymbol{y}) = \|\boldsymbol{x} - \boldsymbol{y}\|_2 = \left(\sum_{k=1}^{K} (x_k - y_k)^2\right)^{1/2}. \tag{7.1}$$

*1　各次元のデータの値は整数のみであることを意味する．あるいは正整数に限定することもあろう．

b. マンハッタン距離

マンハッタンのような縦横の街路において縦ないし横に移動して目的地へ着くまでに経由した距離である.

$$D_1(\boldsymbol{x}, \boldsymbol{y}) = \|\boldsymbol{x} - \boldsymbol{y}\|_1 = \sum_{k=1}^{K} |x_k - y_k|. \tag{7.2}$$

各街路の座標がブロックを単位とする整数である場合は，経由したブロック数であり，**都市ブロック距離**ともいう.

c. cosine 類似度

データ空間の構造は Euclid 距離の場合と同じである．2 次元空間の cosine（余弦）関数の多次元の拡張であり，$\boldsymbol{x}, \boldsymbol{y}$ のなす角が小さいほど大きい．両者の方向が一致したとき，すなわち $\boldsymbol{x} = c\boldsymbol{y}, c > 0$ のとき最大値 1 となり，逆方向のとき最小値 −1 となり，直交するとき 0 となる．ちょうど，相関値が 1, −1, 0 に対応し，0 のときは無相関と考えられる．よって，これは類似度である.

$$\cos(\boldsymbol{x}, \boldsymbol{y}) = \frac{\langle \boldsymbol{x}, \boldsymbol{y} \rangle}{\|\boldsymbol{x}\|_2 \cdot \|\boldsymbol{y}\|_2}. \tag{7.3}$$

d. Jaccard 係数

データ点が集合で表される場合，すなわち $\boldsymbol{x} = \{x_1, \ldots, x_K\}, \boldsymbol{y} = \{y_1, \ldots, y_L\}$ の類似度である．定義は以下の通りである.

$$\mathrm{Jaccard}(\boldsymbol{x}, \boldsymbol{y}) = \frac{|\boldsymbol{x} \cap \boldsymbol{y}|}{|\boldsymbol{x} \cup \boldsymbol{y}|}. \tag{7.4}$$

ただし，$|\boldsymbol{z}|$ は集合 $\boldsymbol{z}$ が含む要素数である．集合の共通部分の割合が大きいほど大きいので，類似度である．次に，計算の容易化のため集合をベクトル表現してみる．例えば，次の 4 単語「集合」「積」「ベクトル」「要素」が辞書の 1, 2, 3, 4 番目の単語だったとき,「集合，ベクトル」という単語集合は $\boldsymbol{x} = [1, 0, 1, 0]^\top$,「積，ベクトル，要素」という単語集合は $\boldsymbol{x} = [0, 1, 1, 1]^\top$ となる.

このような場合，ベクトル対応の **Jaccard 係数**は以下で定義される.

$$\mathrm{Jaccard}(\boldsymbol{x}, \boldsymbol{y}) = \frac{\langle \boldsymbol{x}, \boldsymbol{y} \rangle}{\langle \boldsymbol{x}, \boldsymbol{x} \rangle + \langle \boldsymbol{y}, \boldsymbol{y} \rangle - \langle \boldsymbol{x}, \boldsymbol{y} \rangle}. \tag{7.5}$$

上の単語集合の例では次のような値となる．

$$\mathrm{Jaccard}(\boldsymbol{x},\boldsymbol{y}) = \frac{1}{2+3-1} = \frac{1}{4}. \tag{7.6}$$

e. Dice 係数

これも類似度である．

$$\mathrm{Dice}(\boldsymbol{x},\boldsymbol{y}) = \frac{2|\boldsymbol{x}\cap\boldsymbol{y}|}{|\boldsymbol{x}|+|\boldsymbol{y}|}. \tag{7.7}$$

Jaccard 係数と同じようにベクトルについても定義でき，次式となる．

$$\mathrm{Dice}(\boldsymbol{x},\boldsymbol{y}) = \frac{2\langle\boldsymbol{x},\boldsymbol{y}\rangle}{\|\boldsymbol{x}\|_1+\|\boldsymbol{y}\|_1}. \tag{7.8}$$

$\boldsymbol{x}=\boldsymbol{y}$ のときは 1 であるので cosine 類似度に似ている．ただし，ベクトルの方向が同じでも大きさが等しくないと 1 にならない．

f. KL ダイバージェンス

KL ダイバージェンスはデータ空間の点自体が確率分布である場合，分布間の近さを測る．ただし，対称性がないので，距離ではなく擬距離である．分布の密度関数を $p(x)$, $q(x)$ とするとこれらの分布間の KL ダイバージェンスは次式である．ただし，離散分布の場合は後に式 (8.11) で示すので，以下では連続分布の場合を記す．

$$\mathrm{KL}(p\|q) = \int p(x)\log\frac{p(x)}{q(x)}\,\mathrm{d}x. \tag{7.9}$$

対称性を持たせて距離とするために以下のように定義を拡張することもできる．これは Jensen–Shannon ダイバージェンスと呼ばれ次式で定義される．

$$D_{\mathrm{JS}}(p\|q) = \frac{1}{2}(\mathrm{KL}(p\|q)+\mathrm{KL}(q\|p)). \tag{7.10}$$

確率密度関数はデータ $\boldsymbol{x}$ が多重集合である場合には式 (1.6) で与えたように

$$p(\boldsymbol{x}) = \left[\frac{x_1}{\sum_{k=1}^{K} x_k}, \ldots, \frac{x_K}{\sum_{k=1}^{K} x_k}\right]^\top$$

として定義できる．よって，KL ダイバージェンスはテキストのような多重集合で表現されたデータ間の距離の計算に使える．

g. 類似度の比較例

図 7.2 に示す 3 種類の場合で類似度を比較してみる．全体を類似度で統一して比較するために Euclid 距離とマンハッタン距離と KL ダイバージェンスは逆数をとって類似度とする．Jaccard と Dice はベクトル対応の類似度を用いる．また，KL ダイバージェンスの場合は式 (1.6) に示した上記のベクトル化した確率密度関数を用いる．

例 1　$\boldsymbol{x} = [1, 0]$, $\boldsymbol{y} = [0, 1]$.

- $D_2(\boldsymbol{x}, \boldsymbol{y})^{-1} = 1/\sqrt{2}$,
- $D_1(\boldsymbol{x}, \boldsymbol{y})^{-1} = 1/2$,
- $\cos(\boldsymbol{x}, \boldsymbol{y}) = 0$,
- $\mathrm{Jaccard}(\boldsymbol{x}, \boldsymbol{y}) = 0$,
- $\mathrm{Dice}(\boldsymbol{x}, \boldsymbol{y}) = 0$,
- KL ダイバージェンスでは確率化し，$p(\boldsymbol{x})$ では $p(x_1) = 1, p(x_2) = 0$，$p(\boldsymbol{y})$ では $p(y_1) = 0, p(y_2) = 1$ とする．
  $\mathrm{KL}(\boldsymbol{x} \| \boldsymbol{y})^{-1} = 0$.

例 2　$\boldsymbol{x} = [1, 1]$, $\boldsymbol{y} = [2, 2]$.

- $D_2(\boldsymbol{x}, \boldsymbol{y})^{-1} = 1/\sqrt{2}$,
- $D_1(\boldsymbol{x}, \boldsymbol{y})^{-1} = 1/2$,
- $\cos(\boldsymbol{x}, \boldsymbol{y}) = 1$,
- $\mathrm{Jaccard}(\boldsymbol{x}, \boldsymbol{y}) = 1$,

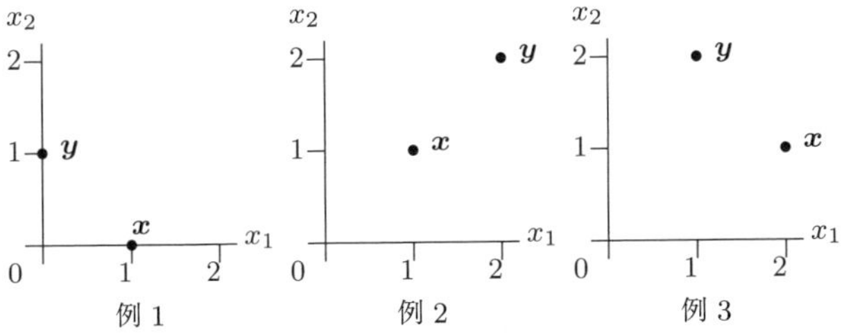

図 7.2　距離の定義された空間におけるクラスタリング．

- $\mathrm{Dice}(\boldsymbol{x}, \boldsymbol{y}) = 8/5$,
- KL ダイバージェンスでは確率化し，$p(\boldsymbol{x})$ では $p(x_1) = 1/2, p(x_2) = 1/2$，$p(\boldsymbol{y})$ では $p(x_1) = 1/2, p(x_2) = 1/2$ とする．
  $\mathrm{KL}(\boldsymbol{x} \| \boldsymbol{y})^{-1} = \infty$.

例 3　$\boldsymbol{x} = [2, 1]$, $\boldsymbol{y} = [1, 2]$.

このデータは多重集合に対応するベクトルとみなせるので，Jaccard, Dice には適用できない．

- $D_2(\boldsymbol{x}, \boldsymbol{y})^{-1} = 1/\sqrt{2}$,
- $D_1(\boldsymbol{x}, \boldsymbol{y})^{-1} = 1/2$,
- $\cos(\boldsymbol{x}, \boldsymbol{y}) = 4/5$,
- KL ダイバージェンスでは確率化し，$p(\boldsymbol{x})$ では $p(x_1) = 2/3, p(x_2) = 1/3$，$p(\boldsymbol{y})$ では $p(x_1) = 1/3$, $p(x_2) = 2/3$ とする．
  $\mathrm{KL}(\boldsymbol{x} \| \boldsymbol{y})^{-1} = 3/\log 2 \approx 4.329$.

これらの例から分かるように Euclid 距離 D_1 やマンハッタン距離 D_2 は Euclid 空間上の距離であり，高次元空間おけるデータをベクトルとしてみたときの方向の差異は捉えられない．一方，cosine 類似度，Jaccard 係数，Dice 係数，KL ダイバージェンスはベクトルの方向の差異を表現することができている．

7.1.3 Mahalanobis 距離

多次元空間の各次元ごとにデータの分布が異なる場合が考えられる．このような空間で各次元を同じ尺度で扱いたければ，正規分布の exp の引数部分のように各次元のデータを平均 μ と標準偏差 σ で $(x - \mu)/\sigma$ と正規化すればよい．これは，

(1) データの分布の中心を原点に移動，
(2) データの散らばり方を標準偏差 $= 1$ になるように軸の伸縮

を行ったことに相当する．(2) は，

- データの散らばり方が大きい軸では，少々データの値が大きくても考慮すべき重みはその大きさほどには大きくない，

- データの散らばり方が小さな軸では，データの値が大きいと，考慮すべき重みは大きい

という事情を反映させた正規化の操作になっている．

しかし，多次元空間の場合，異なる次元のデータの間に相関が存在する場合がある．このような場合は，図 7.3 に 2 次元の例を示すように元々の座標軸が x_1, x_2 であったが，データ分布を楕円と近似すると，その長軸方向 z_1 と短軸方向 z_2 が x_1, x_2 の軸方向に一致していない．したがって，次元ごとの正規化と次元間の相互相関が最小化された空間に変換したうえでの距離を定義したい．これを行うのが以下に述べる **Mahalanobis 距離**である．

期待値 $\boldsymbol{\mu}$ である観測データ集合 $\mathcal{D} = \{\boldsymbol{x}_n \mid n = 1, \ldots, N\}$ から得られた相関は下の式の共分散行列 Σ で表現される．

$$\Sigma = \frac{1}{N}\sum_{n=1}^{N}(\boldsymbol{x}_n - \boldsymbol{\mu})(\boldsymbol{x}_n - \boldsymbol{\mu})^\top. \tag{7.11}$$

上記の直観的意味を反映した Mahalanobis 距離 $D_\Sigma(\boldsymbol{z_i}, \boldsymbol{z}_j)$ は以下に定義される．ただし，$\boldsymbol{z_i}, \boldsymbol{z}_j$ はその間の距離を計算したい 2 点のデータであり，$\mathcal{D}$ 内のデータでも新規データでもよい．

$$D_\Sigma(\boldsymbol{z_i}, \boldsymbol{z}_j) = \sqrt{(\boldsymbol{z}_i - \boldsymbol{\mu})^\top \Sigma^{-1}(\boldsymbol{z}_j - \boldsymbol{\mu})}. \tag{7.12}$$

Σ の具体例で Mahalanobis 距離の動きをまとめてみる．

$$\Sigma = \begin{bmatrix} 1 & 0 \\ 0 & 1 \end{bmatrix} \quad \Rightarrow \quad \Sigma^{-1} = \begin{bmatrix} 1 & 0 \\ 0 & 1 \end{bmatrix}.$$

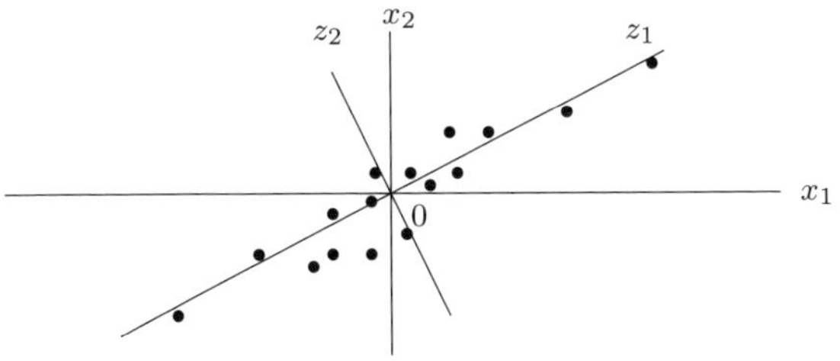

図 **7.3** x_1 軸と x_2 軸に相関のあるデータ．

この場合は Σ は単位行列なので，Mahalanobis 距離は Euclid 距離に一致する．すなわち，各次元ともデータの散らばり方が等しく，次元間の相関もない状態である．

$$\Sigma = \begin{bmatrix} 1/2 & 0 \\ 0 & 1 \end{bmatrix} \quad \Rightarrow \quad \Sigma^{-1} = \begin{bmatrix} 2 & 0 \\ 0 & 1 \end{bmatrix}.$$

この場合は x_1 軸の分散が x_2 軸の分散の 1/2 なので，データの x_1 軸の値は 2 倍の重みと考えている．つまり，軸ごとに伸縮する操作でよい．

$$\Sigma = \begin{bmatrix} 1/2 & 0 \\ 0 & 1 \end{bmatrix} \begin{bmatrix} 1/\sqrt{2} & -1/\sqrt{2} \\ 1/\sqrt{2} & 1/\sqrt{2} \end{bmatrix} \quad \Rightarrow \quad \Sigma^{-1} = \sqrt{2} \begin{bmatrix} 1 & 1 \\ -1/2 & 1/2 \end{bmatrix}.$$

この場合はデータの分布密度の等高線が楕円であるとみなしたとき，長軸と短軸の長さの比が 2 倍であり，データの相関によって長軸と短軸が $\pi/4$ 回転した状況である．回転角の大きさは異なるが観測データの分布が図 7.3 のような状況である場合に相当する．よって，Σ^{-1} は長軸短軸が z_1, z_2 になるように逆回転し，さらに各軸の分散に応じた伸縮を行う．

データの性質と距離の定義の話題は新しい種類のデータを扱うとき，その都度考えなければいけない問題である．ここで説明したことは氷山の一角にすぎない．入力した観測データ集合に機械学習を適用しようとするときの第一の検討課題である．

7.2　階層的凝集型クラスタリング

観測データ集合において，データの性質や意味をよく反映する距離の定義が与えられた状態において，距離の近いデータをクラスタとしてまとめ上げるクラスタリングのアルゴリズムについて説明する．この節で**階層的凝集型クラスタリング**について説明する．

7.2.1　デンドログラム形成とクラスタ抽出

階層的凝集型クラスタリングの構造を表す**デンドログラム**を観測データ集合から構築する枠組みを次の**デンドログラム構築**に示す．

デンドログラム構築

step 0 **データ** 観測データ集合 $\mathcal{D} = \{\boldsymbol{x}_n \mid n = 1, \ldots, N\}$ において任意のデータ対 $\boldsymbol{x}_i$, $\boldsymbol{x}_j$ 間の距離 $\mathrm{dist}(\boldsymbol{x}_i, \boldsymbol{x}_j)$ が計算されているとする.

step 1 **クラスタ候補の初期値** $\mathcal{D}$ 中の各データを 1 データのみからなるクラスタ候補 C_n $(n = 1, \ldots, N)$ とする. クラスタ候補の集合を $\hat{C}$ とする.

step 2 **デンドログラムの構築** クラスタ候補 C_n $(n = 1, \ldots, N)$ の代表点の値をそれ自身すなわち $\boldsymbol{x}_n$ とする.

step 3 **クラスタ候補集合の更新** 以下の step 3-1, step 3-2 を全データが 1 クラスタにまとまるまで繰り返す.

- **step 3-1** $\min \mathrm{dist}(C_i, C_j)$ であるクラスタ候補 $C_i, C_j \in \hat{C}$ を統合して新たなクラスタ候補 C_l とし, C_i, C_j を $\hat{C}$ から削除する.
- **step 3-2** C_l を $\hat{C}$ に追加する.

なお, step 3-1 における「統合」とは, C_i に含まれる観測データ集合と C_j に含まれる観測データ集合の和集合を作ることである. また, step 3-1 で用いるクラスタ間の距離 $\mathrm{dist}(C_i, C_j)$ については 7.2.2 節で詳述する.

図 7.4 に step 2 を行った後, step 3-1, step 3-2 からなる step 3 を繰り返してデンドログラムが形成されていく様子を示す. データは 1 次元であり, 横軸上に分布しているとする. データ間の距離は横軸上における距離であるとしている.

クラスタ抽出

完成したデンドログラムからクラスタを切り出す方法はいくつかある.

クラスタサイズの制限

クラスタに属するデータの個数に上限あるいは下限を設定する方法が考えられる. 例えば, データ個数が $|C|_{\min}$ 個以下からなるクラスタを避けたいなら, 下限を $|C|_{\min}$ にする.

クラスタ径の上限, 下限の制限

ここではクラスタの径の上限ないし下限があらかじめ与えられていた正に閾値が各々$\mathrm{dist}_{\max}$, $\mathrm{dist}_{\min}$ の間に入るという条件を満たすクラスタ候補をクラスタとして採用する方法がある. M 個のデータを含むクラスタ C の径 $R(C)$ は次式で定義される.

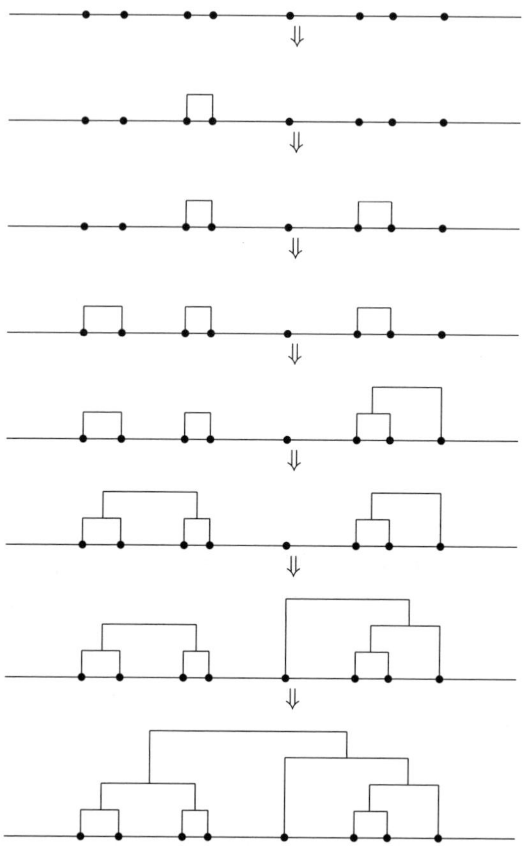

図 **7.4**　デンドログラム構築の様子.

定義 7.1 クラスタ C を構成するデータ集合を $\{x(C)_1, x(C)_2, \ldots, x(C)_M\}$ とする.

$$R(C) = \max_{k,l} \mathrm{dist}(x(C)_k, x(C)_l). \tag{7.13}$$

いうまでもないが，クラスタ候補 C がクラスタとして抽出される条件は

$$\mathrm{dist}_{\min} < R(C) < \mathrm{dist}_{\max}. \tag{7.14}$$

クラスタ個数の制限

作りたいクラスタ数 K があらかじめ与えられているなら，上記の $\mathrm{dist}_{\max}$, $\mathrm{dist}_{\min}$

を調整して K 個のクラスタを作る方法も考えられる．ただし，$\mathrm{dist}_{\mathrm{max}}$, $\mathrm{dist}_{\mathrm{min}}$ の調整だけでは K クラスタにできない可能性もある．

以上の他にも，デンドロクラムを利用するクラスタ作成方法が考えられるが，作りたいクラスタの性質で手法を工夫することになろう．

7.2.2 クラスタ間距離の諸定義

抽出されるクラスタはデンドログラムの構造に依存する．デンドログラムの構造はデンドログラム構築の枠組みで形成される step 3-1 の $\mathrm{dist}(C_i, C_j)$ の定義によって異なる．いくつかの定義があるので，以下で個別に説明する．なお，以下では前節の**デンドログラム構築**でクラスタ候補と呼んでいたものを簡単に「クラスタ」と呼ぶことにする．構成の枠組みクラスタ C_i を構成するデータ集合は前と同じく $\{x(C_i)_1, x(C_i)_2, \ldots, x(C_i)_{M_i}\}$ とする．

a. 単 リ ン ク 法

式 (7.15) に示すように，クラスタ C_i と C_j の内部のデータのうち，最も近いデータ間の距離を用いる．

$$\mathrm{dist}(C_i, C_j) = \min_{k,l} \mathrm{dist}(x(C_i)_k, x(C_j)_l). \tag{7.15}$$

図 7.5 の左側に例示するようにクラスタを全体としてみるとかなり離れたクラスタを結んで新しいクラスタとする傾向がある．したがって，鎖状につながったクラスタができやすい．

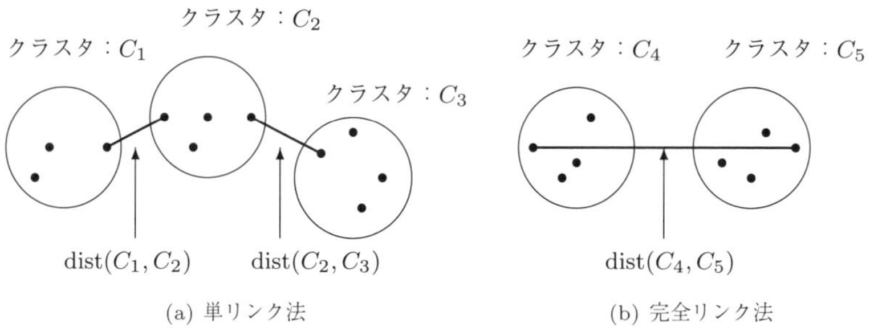

図 7.5 クラスタの統合．

b. 完全リンク法

完全リンク法では，単リンク法とは逆にクラスタ C_i と C_j の内部のデータのうち，最も遠いデータ間の距離を用いる．定義は式 (7.16) に示すようになる．

$$\mathrm{dist}(C_i, C_j) = \max_{k,l} \mathrm{dist}(x(C_i)_k, x(C_j)_l). \tag{7.16}$$

図 7.5 の右側に示すような長いリンクがクラスタ間の距離になる．したがって，デンドログラム構築の初期には小さくまとまったクラスタを作る傾向がある．しかし，構築の後半になると，小さなクラスタが離ればなれに多数できてしまうため，それらを無理やりつなぐことになりがちである．よって，クラスタの径 $R(C)$ の閾値 $\mathrm{dist}_{\max}$ を小さめにとり，まとまりのよい小規模なクラスタを作るために適する．

c. グループ平均法

式 (7.17) の定義のようにクラスタ C_i 内のデータと C_j 内のデータの全てのペアの距離の平均を用いる．単リンク法と完全リンク法の中間的な方法である．

$$\mathrm{dist}(C_i, C_j) = \frac{1}{M_i \cdot M_j} \sum_{k=1}^{M_i} \sum_{l=1}^{M_j} \mathrm{dist}(x(C_i)_k, x(C_j)_l). \tag{7.17}$$

計算量の点からは，単リンク法，完全リンク法，グループ平均法のいずれもクラスタ C_i 内のデータ数とクラスタ C_j 内のデータ数の積に比例する量となる．

階層的凝集型クラスタリングの特徴はクラスタの径の閾値 $\mathrm{dist}_{\max}, \mathrm{dist}_{\min}$ を制御することによって，クラスタの大きさ，すなわち個々のクラスタの含むデータ数を制御しやすいことである．また，一度デンドログラムができてしまえば，クラスタ抽出のアルゴリズムを工夫して，所望の性質を持つクラスタを抽出できる可能性を持つことも特長であろう．

7.3 K-平　均　法

K-平均法は，階層的凝集型クラスタリングとは逆に，初めからできあがるクラスタ数 K を決めてしまい，データ集合を K 個に分割し，K 個の各々がまとまりのよいクラスタになるようにクラスタ境界の調整を繰り返すアルゴリズムである．

以下にアルゴリズムを説明する．

- クラスタリングの対象となるデータ集合は $\mathcal{D} = \{\boldsymbol{x}_n \mid n = 1, \ldots, N\}$.
- k 番目のクラスタ $C(k)$ の中心を $\boldsymbol{\mu}_k$ とする.
- 評価関数

$$J = \sum_{n=1}^{N} \sum_{k=1}^{K} r_{nk} \operatorname{dist}(\boldsymbol{x}_n, \boldsymbol{\mu}_k),$$

$$r_{nk} = \begin{cases} 1 & \text{if} \quad k = \arg\min_j \operatorname{dist}(\boldsymbol{x}_n, \mu_j) \\ 0 & \text{otherwise} \end{cases}. \tag{7.18}$$

r_{nk} はデータ $\boldsymbol{x}_n$ がクラスタ C_k に属することを表す潜在変数である. 上記の定義は, $\boldsymbol{x}_n$ は最もクラスタの中心 μ_j に近いクラスタに属することを記述している.

ここで, クラスタリングの目標は次式を満たす $r_{nk}, \boldsymbol{\mu}_k$ を求めることである.

$$\{r_{nk}, \boldsymbol{\mu}_k\} = \arg\min_{r_{nk}, \boldsymbol{\mu}_k} J. \tag{7.19}$$

r_{nk} は $\boldsymbol{\mu}_k$ が決まると, それに依存して決まってくる. 一方, $\boldsymbol{\mu}_k$ は r_{nk} が決まると計算できる. よって, r_{nk} と $\boldsymbol{\mu}_k$ の更新を交互に行う必要があり, これを行うのが次に示す K-平均法のアルゴリズムである. まず, r_{nk} が決まっているとして, $\boldsymbol{\mu}_k$ を計算する. これは J を $\boldsymbol{\mu}_k$ で微分して 0 とおけばよい.

$$\frac{\partial J}{\partial \boldsymbol{\mu}_k} = 2 \sum_{n=1}^{N} r_{nk} \frac{\partial \operatorname{dist}(\boldsymbol{x}_n, \boldsymbol{\mu}_k)}{\partial \boldsymbol{\mu}_k} = 0. \tag{7.20}$$

ここで簡単に $\operatorname{dist}(\boldsymbol{x}_n, \boldsymbol{\mu}_k) = \|\boldsymbol{x}_n - \boldsymbol{\mu}_k\|_2^2$ つまり Euclid 距離の 2 乗を使うと式 (7.20) の解は以下のようになる.

$$\frac{\partial J}{\partial \boldsymbol{\mu}_k} = 2 \sum_{n=1}^{N} r_{nk} (\boldsymbol{x}_n - \boldsymbol{\mu}_k) = 0.$$

上の式より

$$\boldsymbol{\mu}_k = \frac{\sum_{n=1}^{N} r_{nk} \boldsymbol{x}_n}{\sum_{n=1}^{N} r_{nk}}.$$

以上の結果を使うと K-平均法は下記のアルゴリズムで記述できる.

K-平均法のアルゴリズム

step 1　$\boldsymbol{\mu}_k$ $(k=1,\ldots,K)$ を適当な値に初期化.

step 2

$$J=\sum_{n=1}^{N}\sum_{k=1}^{K} r_{nk}\|\boldsymbol{x}_n-\boldsymbol{\mu}_k\|_2^2,$$

$$r_{nk}=\begin{cases}1 & \text{if} \quad k=\mathop{\arg\min}_j \mathrm{dist}(\boldsymbol{x}_n,\mu_j)\\ 0 & \text{otherwise}\end{cases}. \tag{7.21}$$

step 3

$$\boldsymbol{\mu}_k \leftarrow \frac{\sum_{n=1}^{N} r_{nk}\boldsymbol{x}_n}{\sum_{n=1}^{N} r_{nk}} \quad (k=1,\ldots,K).$$

step 4　if　$J>\theta$：あらかじめ決めてあった閾値
then　step 2 へ戻る,
else　r_{nk}, $\boldsymbol{\mu}_k$ をクラスタリングの結果として終了.

K-平均法はデータ集合や初期値に依存した結果が得られるアルゴリズムである[*2]. step 1 の初期値の選び方で最も簡単なのは, 空間中にランダムなデータを K 個発生させて初期値とする方法である. ただし, この方法では図 7.6 に示すような場合に望ましくないクラスタが形成される可能性がある. つまり, データが 4 個の $\bullet$ のように配置されているとき, 中央の二つの $\circ$ のような初期値の 2 点を与えると横長の二つのクラスタができてしまう. しかし, 本来は左右の縦長のク

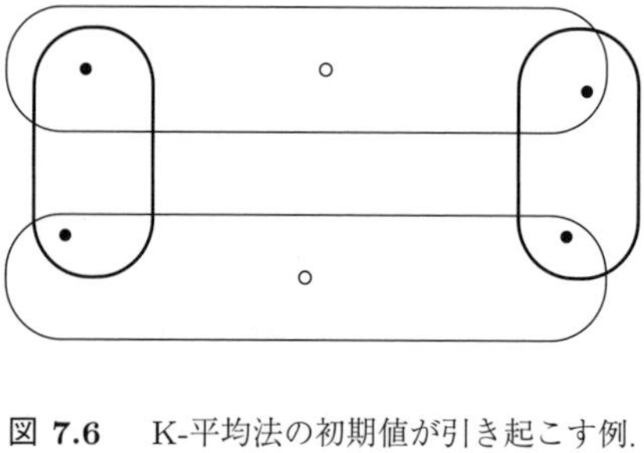

図 7.6　K-平均法の初期値が引き起こす例.

*2　第 8 章で述べる EM アルゴリズムも同様の性質を持つ.

ラスタを作りたいので，好ましくない．

このような状況を避ける一つの方法は $\mathcal{D}$ 中の K 個のデータをランダムに選び初期値とする方法であるが，必ずうまくいくともかぎらない．さらに K 個の初期値がデータ集合において偏った部分に集中するように選ぶと，収束までの繰り返しに時間がかかったり，好ましくないクラスタを生成することも予想される．ランダムに初期値を選ぶとはいえ，偏らないような初期値とすることが重要である．例えば，ランダムに発生した異なる初期値で K-平均法を複数回動かして，結果を統合するような方策もありえる．いずれにせよ，K-平均法は簡単なアルゴリズムで理解しやすく使いやすい反面，結果が不安定であることは理解しておくことが大切である．

K-平均法ではクラスタリングの対象は観測データ集合そのものであり，観測データを生成している確率分布が存在することは考えていない．したがって，知りえる全ての情報は観測データの値である．ところが，観測データを生成する確率分布の形が想定されると，観測データ集合から推定したいのは確率分布のパラメタである．パラメタは潜在的なものであり直接は観測されないので，なんらかの推定の手順が必要である．その手法の一つとして第 8 章では EM アルゴリズムを説明している．

7.4 評　価　法

機械学習の結果の評価法については，1.5 節で主に教師あり学習の場合の評価法を説明したが，この章で説明したクラスタリングについての評価法はやや異なる．この節ではクラスタリングの評価法である**純度**と**逆純度**について説明する．

この方法は，データ集合の各データ $\boldsymbol{x}_n$ が属すべきクラス $C(\boldsymbol{x}_n)$ $(n = 1, \ldots, N)$ が正解データとして与えられている場合，クラスタリングによって生成したクラスタが同一のクラスに属するデータを集中的に集めた度合いの評価法を説明する．もちろん，未知のデータ集合については，このような正解データは与えられていないが，適当な数の正解データを人手で与えた評価の場合でも，対象とするアルゴリズムの性能の評価はある程度できる．

前提条件は以下の通りである．

- クラスは M 個あり，$C_1, \ldots, C_M$ とする．

- 生成されたクラスタ数は K とする．
- クラスタリングアルゴリズムが生成した k 番目のクラスタを C^k と書く．C^k において，m 番目のクラス C_m に属するデータの個数を n_{km} とする．したがって，C^k に属するデータ数 $|C^k|$ は

$$|C^k| = \sum_{m=1}^{M} n_{km}$$

となる．

純度 Purity は局所的なものと大域的なものの 2 種類を定義する．

定義 7.2 クラスタ i における局所的純度 $\mathrm{Purity}(i)$ は下式で定義される．

$$\mathrm{Purity}(k) = \frac{\max n_{km}}{|C^k|}.$$

データ集合 $\mathcal{D}$ における大域的純度 $\mathrm{Purity}(\mathcal{D})$ は下式で定義される．

$$\mathrm{Purity}(\mathcal{D}) = \frac{\sum_{k=1}^{K} \max n_{km}}{\sum_{k=1}^{K} |C^k|} = \frac{1}{N} \sum_{k=1}^{K} \max n_{km}.$$

局所的純度は当該クラスタを構成するデータおける多数派の割合，つまりクラスタが同じクラスのデータで構成されている割合であり，大域的純度は全クラスタにおいてクラスタ内多数派に属するデータ数の割合*3である．

一方，逆純度 $\mathrm{InversePurity}(\mathcal{D})$ は以下で定義される．

定義 7.3 クラスタ k 内での最大多数派のクラス M_k は以下である．

$$M_k = \arg\max_m n_{km}.$$

さらにこのクラス C_{M_k} に属するデータ数を $|C_{M_k}|$*4とする．このとき逆純度は下式で定義される．

$$\mathrm{InversePurity}(\mathcal{D}) = \frac{1}{N} \sum_{k=1}^{K} \frac{\max_m n_{km}}{|C_{M_k}|} |C^k|.$$

*3　これをマクロ平均と呼ぶこともある．

*4

$$|C_{M_k}| = \sum_{k=1}^{K} n_{kM_k}$$

である．

$|C_{M_k}|$ はクラスタ k 内の最大多数派のクラス M_k に属するデータ数である．したがって，クラスタ内の多数派のクラスのデータ数 $\max_m n_{km}$ が本来クラスに属すべきデータをどれだけカバーできたかを表す*5．これをクラスタの大きさで重み付けして，全クラスタで平均したものと解釈できる．

大域的純度と逆純度の調和平均を F 値と呼ぶ．

定義 7.4

$$F\,値 = \frac{2\,\mathrm{Purity}(\mathcal{D})\,\mathrm{InversePurity}(\mathcal{D})}{\mathrm{Purity}(\mathcal{D}) + \mathrm{InversePurity}(\mathcal{D})}.$$

具体例を示す．クラスとしては a, b, c の 3 クラスとする．また，クラスタは C_1, C_2, C_3 の 3 個生成され，各々の属するデータの所属するクラスタ n_{km} は下の表で与えられているとする．

クラスタ	C_1	C_2	C_3
a	5	2	1
b	0	4	3
c	2	2	6

局所的純度は以下のようになり，

$$\mathrm{Purity}(1) = \frac{5}{7}, \quad \mathrm{Purity}(2) = \frac{4}{8}, \quad \mathrm{Purity}(3) = \frac{6}{10}, \tag{7.22}$$

大域的純度は以下のようになる．

$$\mathrm{Purity}(\{1,2,3\}) = \frac{5+4+6}{7+8+10} = \frac{15}{25} = 0.6. \tag{7.23}$$

逆純度は以下の通りである．

$$\mathrm{InversePurity}(\{1,2,3\}) = \frac{1}{25}\left(\frac{5\cdot 7}{8} + \frac{4\cdot 8}{7} + \frac{6\cdot 10}{10}\right) = 0.598. \tag{7.24}$$

したがって F 値は以下のようになる．

$$F\,値\,(\{1,2,3\}) = \frac{2\cdot 0.6\cdot 0.598}{0.6+0.598} = 0.599. \tag{7.25}$$

純度と逆純度はクラスタリングのアルゴリズムがクラスタに同じクラスのデータを集中して集める度合いを測る有力な評価尺度である．しかし，工夫のないクラスタリングの結果に対して以下のような問題点がある．

---

*5　第 1 章の式 (1.13) で定義した再現率に類似した概念になっている．

- 全データを1個のクラスタにした場合，つまり何も計算しない場合.

$$\mathrm{Purity}(\mathcal{D}) = \frac{\max n_{km}}{N}. \tag{7.26}$$

つまり，最も多数のデータを有するクラスのデータ数だけの性能は得られる.

- 1データが1クラスタとなる場合. これも何も計算していない.

$$\mathrm{Purity}(\mathcal{D}) = \frac{\sum_{k=1}^{K} \max n_{km}}{N} = \frac{N}{N} = 1. \tag{7.27}$$

これは明らかな過大評価である.

以上のケースは極端ではあるものの，純度にはこのような傾向があることには留意しておくべきである.

さて，これ以外の方法としては，類似データを集めてクラスタが形成されていることをエントロピーで評価することも考えられる. この方法を以下に説明する.

$C(k)$ に属するデータ集合で正解ラベル $= j$ であるデータの個数を $|C(k,j)|$ とする. すると $C(k)$ における正解ラベルによる標本分布が

$$[p_1, \ldots, p_K] = \left[\frac{|C(k,1)|}{|C(k)|}, \ldots, \frac{|C(k,K)|}{|C(k)|}\right]$$

として得られる. すると $C(k)$ のエントロピー

$$H(C(k)) = -\sum_{k=1}^{K} p_k \log p_k$$

が計算できる. エントロピーが低いクラスタはまとまりのよいクラスタだと考えられる.

さらに $H(C(k))$ を全クラスタについて総和をとり

$$\sum_{k=1}^{K} H(C(k))$$

を計算すれば，クラスタリングのアルゴリズムの評価，あるいは観測データ集合 $\mathcal{D}$ の性質を議論できる.

8 EMアルゴリズム

クラスタリングでは観測データ $\boldsymbol{x}$ がどのクラスに属するかを決めればよかったので，$\boldsymbol{x}$ を使って分類ラベル y を求めればよかった．しかし，外部から観測できない潜在変数があり，これを推定しないと分類ができない場合がある．つまり，分類ラベル以外の観測データを生成する母集団の確率分布の形式は分かっているがパラメタが分からない場合である．このような場合には，最尤推定や MAP 推定を用いて確率分布のパラメタを観測データから推定することになる．しかし，複数の正規分布がある割合で混ざった混合正規分布の場合，観測データを生成した正規分布を示す潜在変数は直接観測できない．このような場合，潜在変数の推定とパラメタの推定を組み合わせて解く必要がある．この章では，このための枠組みと有力な手法である EM アルゴリズムについて説明する．

8.1 潜在変数を持つモデル

第 6 章までで対象にしてきた観測データを生成する情報源の確率分布は以下のように考えてきた．第 3 章の線形モデルでは，多次元とはいえ 1 次式のモデルに正規分布の雑音が加算された確率分布を対象にしていた．第 5 章のサポートベクターマシンによる分類では情報源に特定の確率分布を想定していなかった．しかし，現実の問題では情報源になんらかの確率分布を想定できる場合があり，その確率分布を推定できると，未知データの分類や，将来生成されるデータの分布の予測など，学習後のデータ処理に役立つ．確率分布の推定は 2 段階に分けて考える．

(1) 確率分布を定義するモデル，例えば確率密度関数の形を決める．具体的には正規分布，多項分布など．ここで，一例として，式 (8.1) で確率密度関数 $p(x)$ が与えられる M 個の正規分布の重み付き和の場合について考えてみよう．

$$p(x) = \sum_{i=1}^{M} \pi_i p_i(x),$$
$$p_i(x) = \frac{1}{\sqrt{2\pi\sigma_i^2}} \exp\left\{ -\frac{(x-\mu_i)^2}{2\sigma_i^2} \right\},$$
$$\sum_{i=1}^{M} \pi_i = 1, \quad \pi_i \geq 0 \quad (i = 1, \ldots, M). \tag{8.1}$$

ここで π_i は第 i 番目の正規分布 $p_i(x)$ からデータが生成される割合を表す．以後，この確率密度関数で表される確率分布を**混合正規分布**と呼ぶ．この場合，M の値があらかじめ分かっているかどうかが問題となる．既知の場合は，この章で説明する EM アルゴリズムが利用できるが，未知の場合は M の値も推定しなければならない．そのためにより複雑な潜在変数を含むモデル推定の手法が提案されているが，ここでは省略する[*1]．

(2) 確率密度関数の形が決まると，そのパラメタ，例えば正規分布だと平均と分散の具体的値を観測データから推定する．

しかし，上記の問題 (2) を解こうとすると，観測されたデータが M 個の正規分布のどれから発生したかを表す情報が必要になる．この情報は観測データに直接的な形で含まれていない[*2]．

既知の情報は，観測データ集合 $\mathcal{D}$ と，$\mathcal{D}$ がパラメタが未知の混合正規分布から与えられたことの二つだけである．正規分布が 1 次元の場合において，この状況を図 8.1 に示す．図中の上方に記されたような観測データ集合は，対応する x の値でデータが観測されたことを表す．

この例におけるどの正規分布から生成されたかを表す情報のように，観測データから直接得ることができない情報を表現する変数を**潜在変数**という．混合正規分布の場合，観測データごとに潜在変数の値として生成元の正規分布（図の場合は正規分布 1，正規分布 2 のいずれか）をまず推定しなければならない．次に，観測データ集合の各データに関して推定された潜在変数の値を使って混合正規分布のパラメタを学習する．つまり，混合比 π_i，各正規分布の平均 μ_i，分散 σ_i^2 を学習データ集合から推定する．これが潜在変数を持つモデルの推定の概略である．な

---

*1　この問題は工学教程の他書で取り上げる予定である．

*2　観測データに，どの正規分布から生成されたか書かれていれば，そもそも混合正規分布とする必要がない．

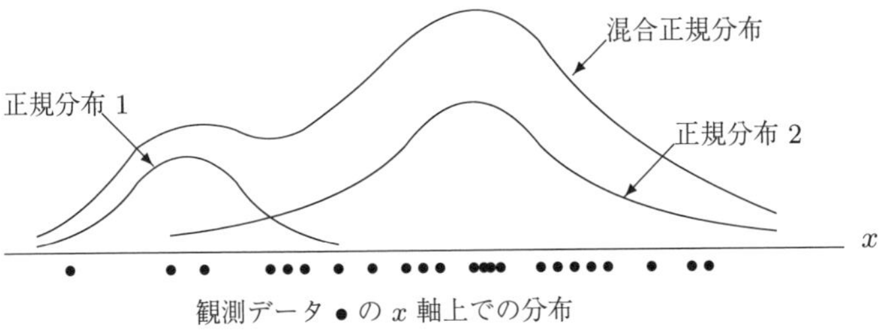

図 **8.1** 観測データ集合からの混合正規分布の推定.

お，潜在変数は**隠れ変数**ともいう．これに対応して，実際の観測データに対応する確率変数を**顕在変数**ともいう.

混合正規分布以外の場合でも，情報源が潜在変数を持つような確率分布で定義されている場合に通用する学習法を説明するのが，この章の目的である.

8.2 EM アルゴリズムの導出

本節では 8.1 節で述べた潜在変数があるモデルのパラメタ推定方法としてよく知られている **EM アルゴリズム**[*3]を導出する.

まず，記法を整理しておこう.

- 確率変数 $\boldsymbol{x}$ に対する観測データ集合 $\mathcal{D} = \{\boldsymbol{x}_n \mid n = 1, \ldots, N\}$ における n 番目のデータの値を $\boldsymbol{x}_n$ とする．$\boldsymbol{x}$ は K 次元ベクトルとする.
- 潜在変数は $\boldsymbol{z}$ とし，$\boldsymbol{x}_n$ に対応する潜在変数の値は $\boldsymbol{z}_n$ とする.
- 確率分布を決めるパラメタの集合をベクトル $\boldsymbol{\theta}$ とする．$\boldsymbol{\theta}$ を $\mathcal{D}$ から推定することが EM アルゴリズムの目的である.

以上の記法を導入すると，観測データが i.i.d. の場合の潜在変数まで含む対数尤度は

$$\log L(\boldsymbol{x}, \boldsymbol{z}|\boldsymbol{\theta}) = \sum_{n=1}^{N} \log p(\boldsymbol{x}_n, \boldsymbol{z}_n|\boldsymbol{\theta}) \tag{8.2}$$

である．第 1 章で説明した対数尤度の最尤推定をここでも行いたい．ただし，潜在変数の値はまだ分かっていない．対数尤度を最大化するパラメタの値 $\hat{\boldsymbol{\theta}}$ の推定

*3 Expectation and Maximization algorithm の短縮形である.

は式 (8.2) の対数尤度の最尤推定で行う．形式的には次式で表せる．

$$\hat{\boldsymbol{\theta}} = \arg\max_{\boldsymbol{\theta}} \log L(\boldsymbol{x}, \boldsymbol{z}|\boldsymbol{\theta}). \tag{8.3}$$

式 (8.3) の最尤推定は，最適化の対象の関数が log の引数内部に潜在変数を含む形になっているので，これまでの章で述べてきたような最適化手法を直接適用できない．以下で説明する EM アルゴリズムは，この問題を解く手法である．

EM アルゴリズムの導出

式 (8.2) の log 内部の項は，両辺を $\boldsymbol{z}$ の確率密度関数 $q(\boldsymbol{z})$ でわると以下のように書き直せる．ただし，個別データではなく確率変数で表記することにしているので，添え字 n は表記しない．

$$\frac{p(\boldsymbol{x}, \boldsymbol{z}|\boldsymbol{\theta})}{q(\boldsymbol{z})} = \frac{p(\boldsymbol{z}|\boldsymbol{x}, \boldsymbol{\theta})p(\boldsymbol{x}|\boldsymbol{\theta})}{q(\boldsymbol{z})}. \tag{8.4}$$

ここで両辺の対数をとると

$$\log \frac{p(\boldsymbol{x}, \boldsymbol{z}|\boldsymbol{\theta})}{q(\boldsymbol{z})} = \log \frac{p(\boldsymbol{z}|\boldsymbol{x}, \boldsymbol{\theta})}{q(\boldsymbol{z})} + \log p(\boldsymbol{x}|\boldsymbol{\theta}). \tag{8.5}$$

潜在変数 $\boldsymbol{z}$ で周辺化して，右辺の第 1 項を移項して，左右を入れ替えて書き直すと

$$\log p(\boldsymbol{x}|\boldsymbol{\theta}) = \sum_{\boldsymbol{z} \in Z} q(\boldsymbol{z}) \log \frac{p(\boldsymbol{x}, \boldsymbol{z}|\boldsymbol{\theta})}{q(\boldsymbol{z})} - \sum_{\boldsymbol{z} \in Z} q(\boldsymbol{z}) \log \frac{p(\boldsymbol{z}|\boldsymbol{x}, \boldsymbol{\theta})}{q(\boldsymbol{z})}. \tag{8.6}$$

次の目標は，式 (8.6) の左辺の $\log p(\boldsymbol{x}|\boldsymbol{\theta})$ を最大化するパラメタ $\boldsymbol{\theta}$ を求めることだが，このままでは先に進めない．そこで，以下の方針をとる．

(1) $\boldsymbol{\theta}$ を更新して最適な値に近づける方法をとる．つまり，現在 t 回目の繰り返しの結果まで得られているとしよう．そして，$\boldsymbol{\theta}$ の現在の値 $\boldsymbol{\theta}^{(t)}$ を用いて更新式を構成して $\boldsymbol{\theta}^{(t+1)}$ を求める．
(2) この更新によって，最大化の目的関数である $\log p(\boldsymbol{x}|\boldsymbol{\theta})$ が改善されることを保証する．

いまだ，$q(\boldsymbol{z})$ について具体的なことが決まっていないが，既知の情報を使うとするなら以下の形になることが自然であろう．

$$q(\boldsymbol{z}) = p(\boldsymbol{z}|\boldsymbol{x}, \boldsymbol{\theta}^{(t)}). \tag{8.7}$$

すると，式 (8.6) は以下のようになる．

$$\log p(\boldsymbol{x}|\boldsymbol{\theta}) = \sum_{\boldsymbol{z}\in Z} p(\boldsymbol{z}|\boldsymbol{x},\boldsymbol{\theta}^{(t)}) \log \frac{p(\boldsymbol{x},\boldsymbol{z}|\boldsymbol{\theta})}{p(\boldsymbol{z}|\boldsymbol{x},\boldsymbol{\theta}^{(t)})} - \sum_{\boldsymbol{z}\in Z} p(\boldsymbol{z}|\boldsymbol{x},\boldsymbol{\theta}^{(t)}) \log \frac{p(\boldsymbol{z}|\boldsymbol{x},\boldsymbol{\theta})}{p(\boldsymbol{z}|\boldsymbol{x},\boldsymbol{\theta}^{(t)})}. \tag{8.8}$$

ここで，$\boldsymbol{\theta}^{(t)}$ を $\boldsymbol{\theta}$ に更新したときの左辺の増加分 $\log p(\boldsymbol{x}|\boldsymbol{\theta}) - \log p(\boldsymbol{x}|\boldsymbol{\theta}^{(t)})$ を最大化するように $\boldsymbol{\theta}$ の更新値を選ぶ方針をとる．増加分は次式で表される．

$$\begin{aligned}
&\log p(\boldsymbol{x}|\boldsymbol{\theta}) - \log p(\boldsymbol{x}|\boldsymbol{\theta}^{(t)}) \\
&= \sum_{\boldsymbol{z}\in Z} p(\boldsymbol{z}|\boldsymbol{x},\boldsymbol{\theta}^{(t)}) \log \frac{p(\boldsymbol{x},\boldsymbol{z}|\boldsymbol{\theta})}{p(\boldsymbol{z}|\boldsymbol{x},\boldsymbol{\theta}^{(t)})} - \sum_{\boldsymbol{z}\in Z} p(\boldsymbol{z}|\boldsymbol{x},\boldsymbol{\theta}^{(t)}) \log \frac{p(\boldsymbol{x},\boldsymbol{z}|\boldsymbol{\theta}^{(t)})}{p(\boldsymbol{z}|\boldsymbol{x},\boldsymbol{\theta}^{(t)})} \\
&\quad - \sum_{\boldsymbol{z}\in Z} p(\boldsymbol{z}|\boldsymbol{x},\boldsymbol{\theta}^{(t)}) \log \frac{p(\boldsymbol{z}|\boldsymbol{x},\boldsymbol{\theta})}{p(\boldsymbol{z}|\boldsymbol{x},\boldsymbol{\theta}^{(t)})} + \sum_{\boldsymbol{z}\in Z} p(\boldsymbol{z}|\boldsymbol{x},\boldsymbol{\theta}^{(t)}) \log \frac{p(\boldsymbol{z}|\boldsymbol{x},\boldsymbol{\theta}^{(t)})}{p(\boldsymbol{z}|\boldsymbol{x},\boldsymbol{\theta}^{(t)})}.
\end{aligned} \tag{8.9}$$

式 (8.9) の右辺の第 4 項は明らかに 0 である．また，右辺の第 1 項と第 2 項の log の引数の分母は等しいので，右辺の第 1 項と第 2 項で打ち消しあう．これを考慮すると結局以下のようにまとめられる．

$$\begin{aligned}
&\log p(\boldsymbol{x}|\boldsymbol{\theta}) - \log p(\boldsymbol{x}|\boldsymbol{\theta}^{(t)}) \\
&= \sum_{\boldsymbol{z}\in Z} p(\boldsymbol{z}|\boldsymbol{x},\boldsymbol{\theta}^{(t)}) \log p(\boldsymbol{x},\boldsymbol{z}|\boldsymbol{\theta}) - \sum_{\boldsymbol{z}\in Z} p(\boldsymbol{z}|\boldsymbol{x},\boldsymbol{\theta}^{(t)}) \log p(\boldsymbol{x},\boldsymbol{z}|\boldsymbol{\theta}^{(t)}) \\
&\quad - \sum_{\boldsymbol{z}\in Z} p(\boldsymbol{z}|\boldsymbol{x},\boldsymbol{\theta}^{(t)}) \log \frac{p(\boldsymbol{z}|\boldsymbol{x},\boldsymbol{\theta})}{p(\boldsymbol{z}|\boldsymbol{x},\boldsymbol{\theta}^{(t)})}.
\end{aligned} \tag{8.10}$$

次に式 (8.10) 右辺の各項を評価する．

$x \in (0,1)$ に対して $\log x$ に関するよく知られた不等式 $\log x \le x - 1$ を使うと確率密度関数 $p(x)$, $q(x)$ に対して次式[*4]が成り立つ．

$$\begin{aligned}
\sum_x p(x) \log \frac{q(x)}{p(x)} &\le \sum_x p(x)\left(\frac{q(x)}{p(x)} - 1\right) \\
&= \sum_x q(x) - \sum_x p(x) = 0.
\end{aligned} \tag{8.11}$$

---

*4

$$\sum_x p(x) \log \frac{p(x)}{q(x)}$$

を Kullback–Leibler divergence（KL ダイバージェンス）と呼び，$\mathrm{KL}(p\|q)$ と書く．

式 (8.10) の第 3 項にこの不等式を適用すると

$$-\sum_{\boldsymbol{z}\in Z} p(\boldsymbol{z}|\boldsymbol{x},\boldsymbol{\theta}^{(t)})\log\frac{p(\boldsymbol{z}|\boldsymbol{x},\boldsymbol{\theta})}{p(\boldsymbol{z}|\boldsymbol{x},\boldsymbol{\theta}^{(t)})}\geq 0. \tag{8.12}$$

式 (8.10) の (第 1 項) − (第 2 項) ≥ 0 である．なぜなら，第 1 項で $\boldsymbol{\theta}=\boldsymbol{\theta}^{(t)}$ とおくと，(第 1 項) − (第 2 項) $= 0$ となるので，第 1 項を最大化すれば，上の不等式 (第 1 項) − (第 2 項) ≥ 0 が成り立つ．この考察と式 (8.12) を合わせると，第 1 項を最大化すれば，式 (8.10) の左辺は

$$\log p(\boldsymbol{x}|\boldsymbol{\theta})-\log p(\boldsymbol{x}|\boldsymbol{\theta}^{(t)})\geq 0$$

という不等式を満たすので，更新によって対数尤度は増加していく．

ところで，第 2 項には $\boldsymbol{\theta}^{(t)}$ だけしか現れていないので，式 (8.10) の左辺を最大化するために $\boldsymbol{\theta}^{(t+1)}$ を求めるには第 1 項を最大化するような $\boldsymbol{\theta}$ を求めればよい．すなわち，更新式は次式となる．

$$\boldsymbol{\theta}^{(t+1)}=\operatorname*{arg\,max}_{\boldsymbol{\theta}}\sum_{\boldsymbol{z}\in Z} p(\boldsymbol{z}|\boldsymbol{x},\boldsymbol{\theta}^{(t)})\log p(\boldsymbol{x},\boldsymbol{z}|\boldsymbol{\theta}). \tag{8.13}$$

なお，式 (8.13) の右辺の arg max の対象になる部分は Q 関数とも呼ばれ，以下のように書かれることが多い．

$$Q(\boldsymbol{\theta}|\boldsymbol{\theta}^{(t)})=\sum_{\boldsymbol{z}\in Z} p(\boldsymbol{z}|\boldsymbol{x},\boldsymbol{\theta}^{(t)})\log p(\boldsymbol{x},\boldsymbol{z}|\boldsymbol{\theta}). \tag{8.14}$$

これは，期待値を使って記述すれば，以下のように解釈できる．

$$Q(\boldsymbol{\theta}|\boldsymbol{\theta}^{(t)})=E_{(\boldsymbol{\theta}\,=\,\boldsymbol{\theta}^{(t)}\ \text{に固定した場合の}\ \boldsymbol{z})}[\log p(\boldsymbol{x},\boldsymbol{z}|\boldsymbol{\theta})]. \tag{8.15}$$

以上により EM アルゴリズムは以下のように定義できる．

EM アルゴリズム

初期化　$\boldsymbol{\theta}^{(1)}$ の初期値を適当に決める．

更新の繰り返し　以下の E step, M step を $\boldsymbol{\theta}$ が収束するまで繰り返す．

E step:　$p(\boldsymbol{z}|\boldsymbol{x},\boldsymbol{\theta}^{(t)})$ を計算する．

M step:　$\boldsymbol{\theta}^{(t+1)}=\operatorname{arg\,max}_{\boldsymbol{\theta}} Q(\boldsymbol{\theta}|\boldsymbol{\theta}^{(t)})$,

$\boldsymbol{\theta}^{(t)}$ を $\boldsymbol{\theta}^{(t+1)}$ に置き換える，

$t\leftarrow t+1$.

ここで導入したEMアルゴリズムを情報の流れの観点で図8.2にまとめた．E stepでパラメタ $\boldsymbol{\theta}$ の現在値から潜在変数 $\boldsymbol{z}$ を計算し，その計算結果の $\boldsymbol{z}$ と観測データ集合 $\{\boldsymbol{x}\}$ を入力として，対数尤度を最適化（最大化）するパラメタ $\boldsymbol{\theta}$ を計算して，E stepに戻る流れである．観測データをうまく説明できる $\boldsymbol{\theta}$ を潜在変数 $\boldsymbol{z}$ を介して学習していく流れになっている*5.

EMアルゴリズムについて以下の点に注意する必要がある．

- EMアルゴリズムによって対数尤度 $\log p(\boldsymbol{x}|\boldsymbol{\theta})$ は増加はするが，初期値の選び方によっては局所最適解に陥ってしまい，大域的な最大値にたどり着けない可能性がある．よって，局所最適解に陥っている可能性を少なくするために実用的には $\boldsymbol{\theta}$ のいくつかの初期値で実験を繰り返してみる必要がある．しかし，それでも大域的最大値は保証されていないことには留意しておかなければならない．
- EMアルゴリズムはM stepで記述されているように，arg max という形までしか記載されていないので，$\arg\max_{\boldsymbol{\theta}} Q(\boldsymbol{\theta}|\boldsymbol{\theta}^{(t)})$ の実際の形は，問題ごとに求めなければならない．次節以降で具体例を示す．
- EMアルゴリズムでは，E stepで $\boldsymbol{z}$ の値を推定していた．より柔軟な方法としては，$\boldsymbol{z}$ の確率分布を新たなパラメタ $\boldsymbol{\phi}$ を導入して $p(\boldsymbol{z}|\boldsymbol{\phi})$ とおき，この分布，すなわち $\boldsymbol{\phi}$ を推定する方法が考えられる．これを**一般化EMアルゴリズム**[40]というが，ここでは省略する．

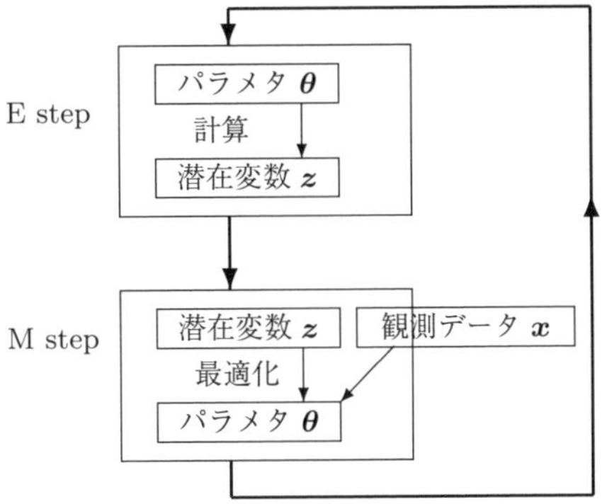

図 8.2 EMアルゴリズムにおける情報の流れ．

*5 図8.2の情報の流れは，かなり一般的な潜在変数を持つ確率分布のモデル推定の枠組みである．よって，EMアルゴリズム以外の学習方法を学ぶときにも背景知識として役立つ．

8.3 EM アルゴリズムの適用例

8.3.1 不完全な観測データ

EM アルゴリズムが考案された当初から有力な応用例であった観測データが不完全な場合のパラメタ推定を EM アルゴリズムで行う例を説明する．観測データが不完全である例として，変数の全てが直接観測されるのではなく，ある変数の組についてはその和だけが観測される場合がある．以下の例題に EM アルゴリズムを適用してみる．

データの発生源の確率分布は出現確率 θ_i $(i = 1, \ldots, 5)$ の 5 種類の事象を持つ次式の多項分布であるとする．ただし，各事象の出現回数は各々 x_1, x_2, x_3, x_4, x_5 回であり，出現の総計は N 回であったとする．

$$p(x_1, x_2, x_3, x_4, x_5|\boldsymbol{\theta}) = \frac{N!}{x_1!x_2!x_3!x_4!x_5!}\theta_1^{x_1}\theta_2^{x_2}\theta_3^{x_3}\theta_4^{x_4}\theta_5^{x_5}. \tag{8.16}$$

ただし，

$$\boldsymbol{\theta} = (\theta_1, \theta_2, \theta_3, \theta_4, \theta_5) = \left(\frac{1}{3}, \frac{\theta}{3}, \frac{1-\theta}{3}, \frac{\theta}{3}, \frac{1-\theta}{3}\right) \tag{8.17}$$

であるとする．よって対数尤度は以下のようになる．

$$\begin{aligned}\log p(x_1, x_2, x_3, x_4, x_5|\boldsymbol{\theta}) &= \log \frac{N!}{x_1!x_2!x_3!x_4!x_5!} \\ &- (x_1 + x_2 + x_3 + x_4 + x_5)\log 3 + (x_2 + x_4)\log\theta + (x_3 + x_5)\log(1-\theta).\end{aligned} \tag{8.18}$$

この状況で $\boldsymbol{\theta}$，実質的には θ を推定したい．

ここで観測データとしては，x_1, x_2, x_3, x_4, x_5 ではなく，y, x_3, x_4, x_5 が得られていたとする．ただし，$y = x_1 + x_2$ である．このため，観測データからは直接 $\boldsymbol{\theta}$ を求められない．そこで，EM アルゴリズムを適用してみる．

初期化

$\boldsymbol{\theta}$ に適当な初期値を与える．

E step

t 回目の繰り返しまでで既に求まっている $\boldsymbol{\theta}^{(t)}$ を用いて $p(x_1, x_2, x_3, x_4, x_5|\boldsymbol{\theta}^{(t)})$ を推定する．問題の設定条件から，まず $p(y, x_3, x_4, x_5)$ が以下の式で与えられる

ことが分かる．

$$\frac{N!}{x_1!x_2!x_3!x_4!x_5!}\left(\frac{1}{3}+\frac{\theta^{(t)}}{3}\right)^{y}\left(\frac{1-\theta^{(t)}}{3}\right)^{x_3}\left(\frac{\theta^{(t)}}{3}\right)^{x_4}\left(\frac{1-\theta^{(t)}}{3}\right)^{x_5}. \tag{8.19}$$

ただし，$y = x_1 + x_2$ なので，x_1, x_2 の分布は次式の 2 項分布となる．

$$\frac{y!}{x_1!x_2!}\left(\frac{\frac{1}{3}}{\frac{1}{3}+\frac{\theta^{(t)}}{3}}\right)^{x_1}\left(\frac{\frac{\theta^{(t)}}{3}}{\frac{1}{3}+\frac{\theta^{(t)}}{3}}\right)^{x_2} = \frac{y!}{x_1!x_2!}\left(\frac{1}{1+\theta^{(t)}}\right)^{x_1}\left(\frac{\theta^{(t)}}{1+\theta^{(t)}}\right)^{x_2}. \tag{8.20}$$

2 項分布 ${}_nC_k q^k(1-q)^{n-k}$ の期待値は nq であるから，上の式では $n = y$, $q = \theta^{(t)}/(1+\theta^{(t)})$ とすると，

$$E[x_2] = \frac{y\theta^{(t)}}{1+\theta^{(t)}}. \tag{8.21}$$

M step

Q 関数は次式となる．$x_1 + x_2 + x_3 + x_4 + x_5 = N$ が知られているので，値を自由に選べる変数は 4 個である．よって x_1 は尤度および Q 関数から外す．なお，const は目的の変数に関係しない項で定数とみなせる．

$$\begin{aligned} Q(\theta|\theta^{(t)}) &= E_{x_2,x_3,x_4,x_5,\theta^{(t)}}[\log p(x_2,x_3,x_4,x_5|\theta)] \\ &= E_{\theta^{(t)}}[(x_2+x_4)\log\theta + (x_3+x_5)\log(1-\theta) + \text{const}] \\ &= \left(\frac{y\theta^{(t)}}{1+\theta^{(t)}} + x_4\right)\log\theta + (x_3+x_5)\log(1-\theta) + \text{const}, \end{aligned} \tag{8.22}$$

$$\frac{\partial Q(\theta|\theta^{(t)})}{\partial\theta} = \frac{\frac{y\theta^{(t)}}{1+\theta^{(t)}} + x_4}{\theta} - \frac{x_3+x_5}{1-\theta} = 0. \tag{8.23}$$

これを解くと以下の更新式が得られる．

$$\theta^{(t+1)} = \arg\max_{\theta} Q(\theta|\theta^{(t)}) = \frac{\frac{y\theta^{(t)}}{1+\theta^{(t)}} + x_4}{\frac{y\theta^{(t)}}{1+\theta^{(t)}} + x_3 + x_4 + x_5}. \tag{8.24}$$

以上を θ が収束するまで繰り返せばよい．

図 8.2 で説明した情報の流れに沿っていえば，現在の確率分布のパラメタ θ から潜在変数 x_1, x_2 の値を推定し (E step)，これと観測データ y, x_3, x_4, x_5 を用いてパラメタ θ を更新する (M step) が繰り返されることが確認できる．

8.3.2　混合正規分布

いよいよ EM アルゴリズム導入の動機として説明した混合正規分布のパラメタ推定を行う．まず，1 次元正規分布の混合正規分布を扱う．その結果を踏まえて，数学的により複雑な多次元正規分布の場合を説明する．

a.　1 次元正規分布の場合

この節では，式 (8.1) で導入した混合正規分布に EM アルゴリズムを適用し，混合比 π_m $(m=1,\ldots,M)$，個々の正規分布の平均値 μ_m $(m=1,\ldots,M)$，分散 σ_m^2 $(m=1,\ldots,M)$ を推定する．ただし，$\pi_m \geq 0$ かつ $\sum_{m=1}^{M}\pi_m=1$ である．

ここで観測データ x が生成された元となる正規分布が m であることを表す潜在変数 $z_m \in \{0,1\}$ を導入する．$z_m=1$ ならデータは第 m 番目の正規分布から生成されたこと，$z_m=0$ ならそうではなかったことを表す．x は必ずどれか一つの正規分布から生成されているので，$z_m=1$ になる m は 1 個だけであり，残りは 0 である．したがって z_m の分布は以下の確率密度関数で表される．

$$p(z_m=1)=\pi_m \quad (m=1,\ldots,M)$$

ゆえに

$$p(\boldsymbol{z})=\prod_{m=1}^{M}p(z_m)=\prod_{m=1}^{M}\pi_m^{z_m} \quad \text{ただし，} \quad \boldsymbol{z}=[z_1,\ldots,z_M]^\top. \tag{8.25}$$

ここで m 番目の正規分布の確率密度関数を以下のように記す．

$$p(x|\mu_m,\sigma_m^2)=\frac{1}{\sqrt{2\pi\sigma_m^2}}\exp\left\{-\frac{(x-\mu_m)^2}{2\sigma_m^2}\right\}. \tag{8.26}$$

すると x に関する z_m の条件付き確率分布の密度関数は次式となる．

$$p(x|z_m=1)=p(x|\mu_m,\sigma_m^2). \tag{8.27}$$

よって

$$p(x|\boldsymbol{z})=\prod_{m=1}^{M}p(x|\mu_m,\sigma_m^2)^{z_m} \tag{8.28}$$

となる．このことに注意して式 (8.25) と $z_m=1$ の場合の式 (8.27) を用いて $p(x)$ を計算すると次のようになる．

$$p(x)=\sum_{m=1}^{M}p(x|z_m)p(z_m)=\sum_{m=1}^{M}\pi_m p(x|\mu_m,\sigma_m^2). \tag{8.29}$$

したがって，$p(z_m = 1|x)$ は Bayes の定理を使って，以下のように表せる．

$$p(z_m = 1|x) = \frac{p(z_m = 1)p(x|z_m = 1)}{\sum_{m=1}^{M} p(z_m = 1)p(x|z_m = 1)} = \frac{\pi_m p(x|\mu_m, \sigma_m^2)}{\sum_{m=1}^{M} \pi_m p(x|\mu_m, \sigma_m^2)}. \tag{8.30}$$

以上の準備の元に EM アルゴリズムを適用する．なお，観測データ x_n の個数は N とする．

初期化

$\boldsymbol{\theta} = \{\pi_m, \mu_m, \sigma_m^2 \mid m = 1, \ldots, M\}$ に適当な初期値を与える．

$t = 1$.

E step：$p(\boldsymbol{z}|x, \boldsymbol{\theta}^{(t)})$ の計算

z_m は 0 か 1 をとるので，期待値が分かれば確率分布が決まる．したがって，ここでは既知のパラメタ $\boldsymbol{\theta}^{(t)}$ を用いて $\boldsymbol{z} = [z_1, z_2, \ldots, z_M]^\top$ の期待値を求める．

$$E[z_m] = \frac{\sum_{z_m} z_m p(z_m = 1)p(x|z_m = 1)}{\sum_{m=1}^{M} p(z_m = 1)p(x|z_m = 1)} = \frac{\pi_m p(x|\mu_m^{(t)}, \sigma_m^{2(t)})}{\sum_{m=1}^{M} \pi_m^{(t)} p(x|\mu_m^{(t)}, \sigma_m^{2(t)})}. \tag{8.31}$$

式 (8.31) は，x が z_m $(m = 1, \ldots, M)$ を選ぶことへの寄与を表す．ここで，x に具体的な観測データ x_n を与え，対応した z_m を z_{nm} とおくと，定義より以下が分かる．

$$\sum_{n=1}^{N} \sum_{m=1}^{M} E[z_{nm}] = N, \tag{8.32a}$$

$$\sum_{n=1}^{N} E[z_{nm}] = N_m. \tag{8.32b}$$

式 (8.32b) の N_m は現在のパラメタ $\boldsymbol{\theta}^{(t)}$ を用いて計算された m 番目の正規分布 $p(x|\mu_m^{(t)}, \sigma_m^{2(t)})$ から生成されたと推定される観測データの個数である．

M step：

式 (8.25) と式 (8.28) より以下の式が得られる．

なお，$\boldsymbol{\theta}^{(t)} = \{\pi_m^{(t)}, \mu_m^{(t)}, \sigma_m^{2(t)} \mid m = 1, \ldots, M\}$ は既に $E[z_{nm}]$ を計算するところで使われている．換言すれば $E[z_{nm}]$ に $\boldsymbol{\theta}^{(t)} = \{\pi_m^{(t)}, \mu_m^{(t)}, \sigma_m^{2(t)} \mid m = 1, \ldots, M\}$ の情報が集約されている．以下では，$\{\pi_m, \mu_m, \sigma_m^2 \mid m = 1, \ldots, M\}$ は更新されるパラメタを表す．

$$\begin{aligned} p(x, \boldsymbol{z}|\boldsymbol{\theta}) &= p(x|\boldsymbol{z}, \boldsymbol{\theta})p(\boldsymbol{z}|\boldsymbol{\theta}) \\ &= \prod_{n=1}^{N}\prod_{m=1}^{M}[\pi_m p(x_n|\mu_m, \sigma_m^2)]^{z_{nm}}. \end{aligned} \tag{8.33}$$

まず，式 (8.14) の Q 関数を求めよう．そのために式 (8.33) の対数をとり，その期待値を求めると次式となる．

$$\begin{aligned} \log p(x, \boldsymbol{z}|\boldsymbol{\theta}) &= \sum_{n=1}^{N}\sum_{m=1}^{M} z_{nm}\{\log \pi_m + \log p(x_n|\mu_m, \sigma_m^2)\}, \\ Q(\boldsymbol{\theta}|\boldsymbol{\theta}^{(t)}) &= E_{\boldsymbol{z}}[\log p(x, \boldsymbol{z}|\boldsymbol{\theta})] \\ &= \sum_{n=1}^{N}\sum_{m=1}^{M} E[z_{nm}]\{\log \pi_m + \log p(x_n|\mu_m, \sigma_m^2)\}. \end{aligned} \tag{8.34}$$

式 (8.34) の $Q(\boldsymbol{\theta}|\boldsymbol{\theta}^{(t)})$ を最小化する $\boldsymbol{\theta} = \{\pi_m, \mu_m, \sigma_m^2 \mid m = 1, \ldots, M\}$ を求めることが目的であるので，各々のパラメタで Q 関数を微分して 0 とおいた式を解いてパラメタの更新値を求める．なお，以下で const は最小化に直接関係しない部分を表す．

μ_m の更新

Q 関数を μ_m で微分して 0 とおき更新値を求める．

$$\begin{aligned} \frac{\partial}{\partial \mu_m}Q(\boldsymbol{\theta}|\boldsymbol{\theta}^{(t)}) &= \frac{\partial}{\partial \mu_m}\sum_{n=1}^{N}\sum_{m=1}^{M} E[z_{nm}]\{\log \pi_m + \log p(x_n|\mu_m, \sigma_m^2)\} \\ &= \frac{\partial}{\partial \mu_m}\sum_{n=1}^{N}\sum_{m=1}^{M} E[z_{nm}]\left\{-\frac{(x_n - \mu_m)^2}{2\sigma_m^2} + \text{const}\right\} \\ &= \sum_{n=1}^{N} E[z_{nm}]\frac{(x_n - \mu_m)}{\sigma_m^2} = 0. \end{aligned} \tag{8.35}$$

これを解くと，μ_m の更新値 $\mu_m^{(t+1)}$ が次のように得られる．

$$\mu_m^{(t+1)} = \frac{\sum_{n=1}^N x_n E[z_{nm}]}{\sum_{n=1}^N E[z_{nm}]} = \frac{1}{N_m}\sum_{n=1}^N x_n E[z_{nm}]. \tag{8.36}$$

これは E step の結果，$z_{nm} = 1$ であるデータ，すなわち観測データ集合 $\{x_n\}$ のうち m 番目の正規分布から生成されたと推定されたデータだけを使って m 番目の正規分布の平均値を計算していることになっている．

σ_m^2 の更新

Q 関数を σ_m^2 で微分して 0 とおき更新値を求める．

$$\begin{aligned}
\frac{\partial}{\partial\sigma_m^2}Q(\boldsymbol{\theta}|\boldsymbol{\theta}^{(t)}) &= \frac{\partial}{\partial\sigma_m^2}\sum_{n=1}^N\sum_{m=1}^M E[z_{nm}]\{\log\pi_m + \log p(x_n|\mu_m, \sigma_m^2)\} \\
&= \frac{\partial}{\partial\sigma_m^2}\sum_{n=1}^N\sum_{m=1}^M E[z_{nm}]\left\{-\frac{1}{2}\log\sigma_m^2 - \frac{(x_n-\mu_m)^2}{2\sigma_m^2} + \text{const}\right\} \\
&= \sum_{n=1}^N E[z_{nm}]\left\{-\frac{1}{2\sigma_m^2} + \frac{(x_n-\mu_m)^2}{2(\sigma_m^2)^2}\right\} = 0.
\end{aligned} \tag{8.37}$$

$\sum_{n=1}^N E[z_{nm}] = N_m$ に注意して，この等式を解くと，σ_m^2 の更新値 $\sigma_m^{2(t+1)}$ が次のように得られる．ただし，μ_m は既に求めた更新値を使っている．

$$\sigma_m^{2(t+1)} = \frac{1}{N_m}\sum_{n=1}^N E[z_{nm}](x_n - \mu_m^{(t+1)})^2. \tag{8.38}$$

この結果は μ_m の場合に類似している．すなわち，新たに得られた $\mu_m^{(t+1)}$ を使って，観測データ集合 $\{x_n\}$ のうち m 番目の正規分布から生成されたと推定されたデータから分散を計算し直したものになっている．

π_m の更新

$\sum_{m=1}^M \pi_m = 1$ という制約条件があるので，Q 関数を目的関数とする Lagrange 関数を作り，π_m で微分して 0 とおき更新値を求める．

$$\begin{aligned}
&\frac{\partial}{\partial\pi_m}\left\{Q(\boldsymbol{\theta}|\boldsymbol{\theta}^{(t)}) + \lambda\left(\sum_{m=1}^M \pi_m - 1\right)\right\} \\
&= \frac{\partial}{\partial\pi_m}\left\{\sum_{n=1}^N\sum_{m=1}^M E[z_{nm}](\log\pi_m + \text{const}) + \lambda\left(\sum_{m=1}^M\pi_m - 1\right)\right\} \\
&= \frac{\sum_{n=1}^N E[z_{nm}]}{\pi_m} + \lambda = \frac{N_m}{\pi_m} + \lambda = 0.
\end{aligned} \tag{8.39}$$

これにより次式を得る．

$$N_m + \pi_m \lambda = 0. \tag{8.40}$$

式 (8.40) を $m = 1$ から M までの総和をとると

$$\sum_{m=1}^{M} N_m + \pi_m \lambda = N + \lambda = 0. \tag{8.41}$$

式 (8.40) と式 (8.41) を合わせると π_m の更新値が得られる．

$$\pi_m^{(t+1)} = \frac{N_m}{N}. \tag{8.42}$$

収束判定

$\boldsymbol{\theta}^t$ が収束していなければ $t = t + 1$ として E step に戻る．

b.　多次元正規分布の場合

多次元正規分布の場合は 1 次元正規分布の場合と同じ考え方で EM アルゴリズムの更新式を導出できる．ただし，導出の途中で行列演算が必要になる．以下では，1 次元の場合を基礎にして，1 次元の場合と異なる部分を中心に説明する．

混合正規分布における変数とパラメタは 1 次元の場合に比べて以下のようになる．

- 変数 $x_n \to \boldsymbol{x}_n \in \mathbb{R}^K$.
- 潜在変数 z_m は 1 次元正規分布の場合と同じ．
- 混合比 π_m は 1 次元正規分布の場合と同じ．
- 平均値 $\mu_m \to \boldsymbol{\mu}_m \in \mathbb{R}^K$.
- 分散 $\sigma_m^2 \to$ 共分散行列 $\Sigma_m \in \mathbb{R}^{K \times K}$.

ここで観測データ $\boldsymbol{x}$ が m 番目の正規分布（確率密度関数は $p(\boldsymbol{x}|\boldsymbol{\mu}_m, \Sigma_m)$）から生成されたことを表す潜在変数 $z_m \in \{0, 1\}$ は 1 次元正規分布の場合と同様で，$z_m = 1$ ならデータは第 m 番目の正規分布から生成されたこと，$z_m = 0$ ならそうではなかったことを表す．すると z_m の分布も同様に以下の確率密度関数で表される．

$$p(z_m = 1) = \pi_m, \quad (m = 1, \ldots, M)$$

ゆえに

$$p(\boldsymbol{z}) = \prod_{m=1}^{M} p(z_m) = \prod_{m=1}^{M} \pi_m^{z_m} \quad ただし, \quad \boldsymbol{z} = [z_1, \ldots, z_M]^\top. \tag{8.43}$$

m 番目の正規分布の確率密度関数は以下になる.

$$p(\boldsymbol{x}|\boldsymbol{\mu}_m, \Sigma_m) = \frac{1}{(2\pi)^{(K/2)} \det(\Sigma_m)^{1/2}} \exp\left\{-\frac{1}{2}(\boldsymbol{x} - \boldsymbol{\mu}_m)^\top \Sigma_m^{-1} (\boldsymbol{x} - \boldsymbol{\mu}_{\boldsymbol{m}})\right\}. \tag{8.44}$$

式 (8.27), (8.28), (8.29), (8.30) も上記のパラメタを使って書き直せる.

$$p(\boldsymbol{x}|z_m = 1) = p(\boldsymbol{x}|\boldsymbol{\mu}_m, \Sigma_m), \tag{8.45}$$

$$p(x|\boldsymbol{z}) = \prod_{m=1}^{M} p(x|\mu_m, \Sigma_m)^{z_m}, \tag{8.46}$$

$$p(\boldsymbol{x}) = \sum_{m=1}^{M} p(\boldsymbol{x}|z_m) p(z_m) = \sum_{m=1}^{M} \pi_m p(\boldsymbol{x}|\boldsymbol{\mu}_m, \Sigma_m). \tag{8.47}$$

したがって, $p(z_m = 1|\boldsymbol{x})$ が Bayes の定理を使って, 以下のように表せる.

$$\begin{aligned} p(z_m = 1|\boldsymbol{x}) &= \frac{p(z_m = 1) p(\boldsymbol{x}|z_m = 1)}{\sum_{m=1}^{M} p(z_m = 1) p(\boldsymbol{x}|z_m = 1)} \\ &= \frac{\pi_m p(\boldsymbol{x}|\boldsymbol{\mu}_m, \Sigma_m)}{\sum_{m=1}^{M} \pi_m p(\boldsymbol{x}|\boldsymbol{\mu}_m, \Sigma_m)}. \end{aligned} \tag{8.48}$$

以上の準備の元に EM アルゴリズムを適用する. なお, 観測データ $\boldsymbol{x}_n$ の個数は N とする.

初期化

$\boldsymbol{\theta}$ に適当な初期値を与える.

$t = 1$.

E step : $p(\boldsymbol{z}|\boldsymbol{x}, \boldsymbol{\theta}^{(t)})$ の計算

既知のパラメタ $\boldsymbol{\theta}^{(t)}$ を用いて $\boldsymbol{z} = [z_1, z_2, \ldots, z_M]^\top$ の期待値を求める.

$$E[z_m] = \frac{\pi_m p(\boldsymbol{x}|\boldsymbol{\mu}_m^{(t)}, \Sigma_m^{(t)})}{\sum_{m=1}^{M} \pi_m^{(t)} p(\boldsymbol{x}|\boldsymbol{\mu}_m^{(t)}, \Sigma_m^{(t)})}. \tag{8.49}$$

式 (8.49) は，$\boldsymbol{x}$ が z_m $(m=1,\ldots,M)$ を選ぶことへの寄与を表す．ここで，$\boldsymbol{x}$ に具体的な観測データ $\boldsymbol{x}_n$ を与え，対応した z_m を z_{nm} とおくと，1 次元正規分布の場合と同様に以下が分かる．

$$\sum_{n=1}^{N}\sum_{m=1}^{M} E[z_{nm}] = N, \tag{8.50a}$$

$$\sum_{n=1}^{N} E[z_{nm}] = N_m. \tag{8.50b}$$

ここまでは 1 次元正規分布の場合とほぼ同じだが，次の M step は行列計算が必要となり，計算は複雑になる．

M step：

式 (8.43) と式 (8.45) より以下の式が得られる．

$$\begin{aligned} p(\boldsymbol{x},\boldsymbol{z}|\boldsymbol{\theta}) &= p(\boldsymbol{x}|\boldsymbol{z},\boldsymbol{\theta})p(\boldsymbol{z}|\boldsymbol{\theta}) \\ &= \prod_{n=1}^{N}\prod_{m=1}^{M}[\pi_m p(\boldsymbol{x}_n|\boldsymbol{\mu}_m,\Sigma_m)]^{z_{nm}}. \end{aligned} \tag{8.51}$$

まず，式 (8.14) の Q 関数を求めよう．そのために式 (8.51) の対数をとり，その期待値を求めると次式となる．

$$\begin{aligned} \log p(\boldsymbol{x},\boldsymbol{z}|\boldsymbol{\theta}) &= \sum_{n=1}^{N}\sum_{m=1}^{M} z_{nm}\{\log\pi_m + \log p(\boldsymbol{x}_n|\boldsymbol{\mu}_m,\Sigma_m)\}, \\ Q(\boldsymbol{\theta}|\boldsymbol{\theta}^{(t)}) &= E_{\boldsymbol{z}}[\log p(\boldsymbol{x},\boldsymbol{z}|\boldsymbol{\theta})] \\ &= \sum_{n=1}^{N}\sum_{m=1}^{M} E[z_{nm}]\{\log\pi_m + \log p(\boldsymbol{x}_n|\boldsymbol{\mu}_m,\Sigma_m)\}. \end{aligned} \tag{8.52}$$

式 (8.34) の $Q(\boldsymbol{\theta}|\boldsymbol{\theta}^{(t)})$ を最小化する $\boldsymbol{\theta}=\{\pi_m,\boldsymbol{\mu}_m,\Sigma_m \mid m=1,\ldots,M\}$ を求めることが目的であるので，各々のパラメタで Q 関数を微分して 0 とおいた式を解く．

$\boldsymbol{\mu}_m$ の更新

Q 関数を $\boldsymbol{\mu}_m$ で微分して 0 とおき更新値を求める．ただし，最後の行では Σ_m^{-1} が他の項と関係せず $\sum_{n=1}^{N}$ の外側に括り出せることを利用している．

$$
\begin{aligned}
&\frac{\partial}{\partial \boldsymbol{\mu}_m} Q(\boldsymbol{\theta}|\boldsymbol{\theta}^{(t)}) \\
&\quad = \frac{\partial}{\partial \boldsymbol{\mu}_m} \sum_{n=1}^{N} \sum_{m=1}^{M} E[z_{nm}] \left\{ -\frac{1}{2} (\boldsymbol{x}_n - \boldsymbol{\mu}_m)^{\top} \Sigma_m^{-1} (\boldsymbol{x}_n - \boldsymbol{\mu}_m) + \mathrm{const} \right\} \\
&\quad = \sum_{n=1}^{N} E[z_{nm}] \Sigma_m^{-1} (\boldsymbol{x}_n - \boldsymbol{\mu}_m) \\
&\quad = \Sigma_m^{-1} \sum_{n=1}^{N} E[z_{nm}] (\boldsymbol{x}_n - \boldsymbol{\mu}_m) = 0.
\end{aligned}
\tag{8.53}
$$

これを解くと，$\boldsymbol{\mu}_m$ の更新値 $\boldsymbol{\mu}_m^{(t+1)}$ が次のように得られる．

$$
\boldsymbol{\mu}_m^{(t+1)} = \frac{\sum_{n=1}^{N} \boldsymbol{x}_n E[z_{nm}]}{\sum_{n=1}^{N} E[z_{nm}]} = \frac{1}{N_m} \sum_{n=1}^{N} \boldsymbol{x}_n E[z_{nm}].
\tag{8.54}
$$

Σ_m の更新

多次元正規分布になったことによって，この部分が一番複雑になる．Q 関数を Σ_m の逆行列 Λ_m で微分して 0 とおき更新値を求める．なお，ここでは既に求めた $\boldsymbol{\mu}_m^{(t+1)}$ を用いる．

$$
\begin{aligned}
&\frac{\partial}{\partial \Lambda_m} Q(\boldsymbol{\theta}|\boldsymbol{\theta}^{(t)}) \\
&\quad = \frac{\partial}{\partial \Lambda_m} \sum_{n=1}^{N} \sum_{m=1}^{M} E[z_{nm}] \left\{ \frac{1}{2} \log \det(\Lambda_m) \right. \\
&\qquad\qquad \left. - \frac{1}{2} (\boldsymbol{x}_n - \boldsymbol{\mu}_m^{(t+1)})^{\top} \Lambda_m (\boldsymbol{x}_n - \boldsymbol{\mu}_m^{(t+1)}) + \mathrm{const} \right\} \\
&\quad = \sum_{n=1}^{N} E[z_{nm}] \left\{ \frac{1}{2} \frac{\partial \log \det(\Lambda_m)}{\partial \Lambda_m} - \frac{1}{2} \frac{\partial (\boldsymbol{x}_n - \boldsymbol{\mu}_m^{(t+1)})^{\top} \Lambda_m (\boldsymbol{x}_n - \boldsymbol{\mu}_m^{(t+1)})}{\partial \Lambda_m} \right\} \\
&\quad = 0.
\end{aligned}
\tag{8.55}
$$

式 (8.55) の一番下の行の左辺の各項の微分を計算する．行列式の対数の微分は以下の公式が知られている[8]（邦訳は[9]）．

$$
\frac{\partial \log \det(X)}{\partial X} = X^{-1}.
\tag{8.56}
$$

これを用いると第 1 項の微分は次式になる．

$$
\frac{\partial \log \det(\Lambda_m)}{\partial \Lambda_m} = \Lambda_m^{-1} = \Sigma_m.
\tag{8.57}
$$

第 2 項の微分では Λ_m が対称行列なので 1.6 節で導入した公式 (1.18) を用い，さらにトレースの微分の公式 (1.22) を適用すると以下のような結果を得る．

$$\frac{\partial(\boldsymbol{x}_n-\boldsymbol{\mu}_m^{(t+1)})^\top\Lambda_m(\boldsymbol{x}_n-\boldsymbol{\mu}_m^{(t+1)})}{\partial\Lambda_m}$$
$$=\frac{\partial\,\mathrm{tr}(\Lambda_m(\boldsymbol{x}_n-\boldsymbol{\mu}_m^{(t+1)})(\boldsymbol{x}_n-\boldsymbol{\mu}_m^{(t+1)})^\top)}{\partial\Lambda_m}=(\boldsymbol{x}_n-\boldsymbol{\mu}_m^{(t+1)})(\boldsymbol{x}_n-\boldsymbol{\mu}_m^{(t+1)})^\top. \tag{8.58}$$

式 (8.57) と式 (8.58) を式 (8.55) に代入すると以下が得られる．

$$\sum_{n=1}^{N}E[z_{nm}]\Sigma_m=\sum_{n=1}^{N}E[z_{nm}](\boldsymbol{x}_n-\boldsymbol{\mu}_m^{(t+1)})(\boldsymbol{x}_n-\boldsymbol{\mu}_m^{(t+1)})^\top. \tag{8.59}$$

この式の左辺はさらに変形でき以下のようになる．

$$\sum_{n=1}^{N}E[z_{nm}]\Sigma_m=\Sigma_m\sum_{n=1}^{N}E[z_{nm}]=\Sigma_m N_m. \tag{8.60}$$

よって，Σ_m の更新された結果は以下の式として得られる．

$$\Sigma_m^{(t+1)}=\frac{\sum_{n=1}^{N}E[z_{nm}](\boldsymbol{x}_n-\boldsymbol{\mu}_m^{(t+1)})(\boldsymbol{x}_n-\boldsymbol{\mu}_m^{(t+1)})^\top}{N_m}. \tag{8.61}$$

つまり，新たに得られた $\boldsymbol{\mu}_m^{(t+1)}$ を使って，観測データ $\{\boldsymbol{x}_n\}$ のうち m 番目の正規分布から生成されたと推定されたものから共分散行列を計算し直したものになっている．

π_m の更新

これは 1 次元正規分布の場合と同じ方法で導出でき，以下の結果となる．

$$\pi_m^{(t+1)}=\frac{N_m}{N}. \tag{8.62}$$

収束判定

$\boldsymbol{\theta}^t$ が収束していなければ $t=t+1$ として E step に戻る．

8.4　事前分布のパラメタ初期値の推定

EM アルゴリズムで求めたい確率分布のパラメタには初期化において適用な初期値を与えるとしてきた．何の情報もない状態ではいくつかの適当な初期値を与えて推定を繰り返さなければならない．しかし，学習を行うにあたっては，当然，なんらかの観測データ集合を持っている．観測データを用いてパラメタの分布を求め，その分布を用いてパラメタの初期値を決める方法を**経験 Bayes 法**という．

まず，パラメタ $\boldsymbol{\theta}$ を与える事前分布 $\pi(\boldsymbol{\theta}|\alpha)$ を設定する．事前分布としては目的の分布 $p(\boldsymbol{x}|\boldsymbol{\theta})$ の共役事前分布などが候補になる．ここで，求めたいのは α である．経験 Bayes 法では，観測データ集合 $\mathcal{D} = \{\boldsymbol{x}_n \mid n = 1, \ldots, N\}$ と $\pi(\boldsymbol{\theta}|\alpha)$ と $p(\boldsymbol{x}|\boldsymbol{\theta})$ によって得られる事後分布を最大化する α を事前分布 $\pi(\boldsymbol{\theta}|\alpha)$ のパラメタの推定値 $\hat{\alpha}$ とする．すなわち次式で定義される．

$$\hat{\alpha} = \arg\max_{\alpha} \sum_{n=1}^{N} p(\boldsymbol{x}_n|\boldsymbol{\theta})\pi(\boldsymbol{\theta}|\alpha). \tag{8.63}$$

このようにして得られた $\pi(\boldsymbol{\theta}|\hat{\alpha})$ に基づいて初期値となる $\boldsymbol{\theta}$ を選定する．実際の選定は，$\boldsymbol{\theta}$ の期待値を用いる方法，ランダムな初期値 $\hat{\boldsymbol{\theta}}$ を $\hat{\boldsymbol{\theta}} \sim \pi(\boldsymbol{\theta}|\hat{\alpha})$ のように生成して使うなどという方法が考えられる．この $\boldsymbol{\theta}$ は観測データを反映したものであるので，真の $\boldsymbol{\theta}$ に近いことが期待されるため，局所解に陥りにくいこと，速く収束することが期待される．

9 Markov 連鎖 Monte Carlo 法

観測データの生成モデルが潜在変数を含む複雑な場合にモデルのパラメタ推定を行う方法は第 8 章で述べた EM アルゴリズムが有力である．しかし，問題ごとにモデルを作り，更新式を求めるために高い数学的技術が必要であるうえに，常に解けるとはかぎらない．このような場合に有効なのが，この章で述べる乱数を用いたシミュレーションによる数値解法である．ただし，対象領域が高次元であったり複雑な形状であったりすると，有効な乱数が減り効率が悪い．この状況に対処するのが，現在のデータに依存して乱数を生成する Markov（マルコフ）連鎖 Monte Carlo（モンテカルロ）法である．ここでは，代表的な Markov 連鎖 Monte Carlo 法である Metropolis–Hastings アルゴリズムおよび Gibbs サンプリングについて説明する．さらに時系列の観測データから内部状態を逐次推定する手法である粒子フィルタにも触れる．

9.1 サンプリング法

9.1.1 必　要　性

第 8 章で述べた EM アルゴリズムでは期待値計算が必要であり，期待値計算の内部で積分計算が必要であった．K 次元空間におけるベクトル $\boldsymbol{x} \in \mathbb{R}^K$ の確率密度関数を $p(\boldsymbol{x})$ とし，期待値の対象となる関数を $f(\boldsymbol{x})$ とすると，期待値は以下の式で表される．

$$E_{p(\boldsymbol{x})}[f(\boldsymbol{x})] = \int f(\boldsymbol{x})p(\boldsymbol{x})\,\mathrm{d}\boldsymbol{x}. \tag{9.1}$$

期待値計算における積分は解析解が求まらないことが多いため，数値計算による近似解法が必要になる．

この問題を別の方向から解決する方法として，期待値計算や積分計算を大量の乱数を発生させて数値的に計算する方法が知られている．

まず，点 $\boldsymbol{x}$ のデータを $p(\boldsymbol{x})$ に比例する頻度でランダムに S 個発生させる．以下ではこうして発生したデータをサンプルと呼ぶことにする．発生した個々のサ

ンプルを $\boldsymbol{z}_s$ $(s=1,\ldots,S)$[*1] とすると，

$$\hat{f}(\boldsymbol{x}) = \frac{1}{S}\sum_{s=1}^{S} f(\boldsymbol{z}_s) \tag{9.2}$$

として式 (9.1) で定義される $E_{p(\boldsymbol{x})}[f(\boldsymbol{x})]$ の近似値 $\hat{f}(\boldsymbol{x})$ を求めることができる．M を十分大きくすれば，近似の精度は高くなりそうである．乱数は対象領域から確率的に抽出した標本（サンプル）だと考えられるので，この方法は**サンプリング法**とも呼ばれる．

9.1.2　Monte Carlo EM アルゴリズム

サンプリング法で EM アルゴリズムの期待値計算をする **Monte Carlo EM アルゴリズム**を紹介する．EM アルゴリズムの M step では次式の Q 関数の計算で期待値計算が必要である．ただし，以下の式ではサンプルを表す $\boldsymbol{z}$ と混乱を避けるため，潜在変数は $\boldsymbol{u}$ とした．

$$\begin{aligned} Q(\boldsymbol{\theta}|\boldsymbol{\theta}^{(t)}) &= E_{(\boldsymbol{\theta}=\boldsymbol{\theta}^{(t)}\text{に固定した場合の }\boldsymbol{u})}[\log p(\boldsymbol{x},\boldsymbol{u}|\boldsymbol{\theta})] \\ &= \frac{1}{N}\sum_{n=1}^{N}\int p(\boldsymbol{u}|\boldsymbol{x}_n,\boldsymbol{\theta}^{(t)})\log p(\boldsymbol{x}_n,\boldsymbol{u}_n|\boldsymbol{\theta})\,\mathrm{d}\boldsymbol{u}. \end{aligned} \tag{9.3}$$

ここでは，各観測データに対して $p(\boldsymbol{u}|\boldsymbol{x}_n,\boldsymbol{\theta}^{(t)})$ を用いて $\boldsymbol{u}$ のサンプル $\boldsymbol{z}_{ns}$ $(s=1,\ldots,S)$ を生成する．これを用いて以下のように Q 関数を計算する．

$$Q(\boldsymbol{\theta}|\boldsymbol{\theta}^{(t)}) = \frac{1}{N}\frac{1}{S}\sum_{n=1}^{N}\sum_{s=1}^{S}\log p(\boldsymbol{x}_n,\boldsymbol{z}_{ns}|\boldsymbol{\theta}). \tag{9.4}$$

M step においては，式 (9.4) で得られる $Q(\boldsymbol{\theta}|\boldsymbol{\theta}^{(t)})$ を種々の $\boldsymbol{\theta}$ に対して得たサンプルで計算し，それらの中から最大値を探すことになるので，計算量は多い．

9.1.3　次 元 の 呪 い

式 (9.2) の計算を行うためには，$p(\boldsymbol{z})$ に比例する頻度で $\boldsymbol{x}$ に対応する乱数 $\boldsymbol{z}_s$ を発生しなければならない．しかし，$p(\boldsymbol{z})$ が閉じた式で定義できない複雑な確率分

*1　この章で用いる $\boldsymbol{z}$ はサンプルを表す．同じ文字を用いている第 8 章の EM アルゴリズムで用いた潜在変数 $\boldsymbol{z}$ とは全く異なる概念を表すので注意されたい．

布を持つ場合，これに従う乱数 $\boldsymbol{z}_s$ を発生するプログラム組み込み関数がないとか，開発が難しいというような場合が多い．そこで，$p(\boldsymbol{x}) > 0$ の領域を含む大きな領域で一様に乱数を発生させる方法を採ってみたとしよう．ところが，$\boldsymbol{x}$ の次元が大きくなると**次元の呪い**と呼ばれる以下のような現象が問題になる．

一例として，K 次元の超立方体の体積を考えてみよう．一辺の長さが r の K 次元超立方体の体積は r^K である．この超立方体の表面に近い部分，いわば外皮の部分の体積を以下のように求めてみる．一辺の長さが $r - \delta$ の超立方体の体積は $(r-\delta)^K$ なので，厚さ δ の外皮の体積 δS は

$$\delta S = r^K - (r-\delta)^K. \tag{9.5}$$

$r = 1, \delta = 0.010$ の場合の K に対する δS はおよそ以下のようになる．

K	1	2	10	100	1,000	10,000
δS	0.010	0.019	0.096	0.634	0.999	$\approx 1 - 10^{-44}$

このように外皮の厚さが一辺の 1% であっても，次元が 100 になると 60% 以上の体積が外皮の部分になり，次元が 1,000 を越えると体積は外皮ばかりで占有されてしまう．いくらたくさん乱数を発生しても，ほとんど外皮の部分に入ってしまい，内部には稀にしか入らない．よって，内部の構造を推定するのに十分な情報が得られなくなってしまう．この現象を**次元の呪い**という．

最初に述べた場合のように，$\boldsymbol{x}$ の次元が大きく，$p(\boldsymbol{x})$ の構造が複雑な状況において，$p(\boldsymbol{x}) > 0$ の領域を含む外接多角形で一様に乱数を発生させた場合，ほとんどの乱数が $p(\boldsymbol{x})$ の辺縁部分あるいは $p(\boldsymbol{x}) > 0$ の領域の外側に位置してしまう．よって，いくら乱数を発生しても $p(\boldsymbol{x}) > 0$ の領域の内部の構造が反映されない計算結果になってしまう．さらに，ほとんどの乱数が $p(\boldsymbol{x}) > 0$ の領域の外側に位置してしまい，$E_{p(\boldsymbol{x})}[f(\boldsymbol{x})]$ の近似値 $\hat{f}(\boldsymbol{x})$ に寄与せず，無駄になってしまう．

高次元データの例：テキスト

次元が高いデータの例としてテキストデータを考えてみる．基本的にテキストでは，単語の種類数が次元になる．国語辞典の見出し語は 10 の 4 乗から 5 乗である．人名，地名，組織名などの固有名詞や専門用語を入れれば，人間の使っている日本語，英語などの言語では，10 の 5 乗から 6 乗の単語がある．つまり，次元数は 10^4 から 10^6 である．仮に 1 個のデータを新聞の 1 記事とすれば，1 記事はたかだか数百単語なので，単語数次元のうちのごくわずかの次元しか値を持たな

い．したがって,「W 杯」と「招致活動」が同時に含まれるデータは稀にしか現れない．よって，これらの単語間の関係，例えば，近接して現れるか否かとか，現れる場合の前後関係というような内部構造を捉えることが容易ではない．多種類の単語が同時に出現するデータが対象領域の内部であると考えると，これは一種の次元の呪いと考えられる．

そこで，第 1 章で説明したテキスト分類では，各単語は独立とし，

$$p(w_1, w_2, \ldots, w_n|y) = \prod_{i=1}^{n} p(w_i|y) \quad \text{ただし，} w_i \text{ は各単語}$$

という近似をした．これは，次元ごとに独立に考えられることを意味し，複数の単語が関係しあう内部の構造は無視するという方針を示している．

本章の以後の部分では，このような次元の呪いを避け，効率よくサンプリングする手法について説明する．

9.2　重点サンプリング

次元の呪いによって発生した乱数が高次元空間の外縁部分に集中してしまう問題を避ける方法について考えてみる．式 (9.2) をみると，$E_{p(\boldsymbol{z})}[f(\boldsymbol{z})]$ への近似の精度を上げるためには，$p(\boldsymbol{z})$ が大きな値を持つ部分で多くの乱数を発生させたい．そこで，$p(\boldsymbol{z})$ を近似できる乱数を発生できる提案分布と呼ばれる確率分布を導入する．提案分布の密度関数を $q(\boldsymbol{z})$ と書く．そして，$q(\boldsymbol{z})$ に従う乱数 $\boldsymbol{z}_s$ を発生させる方法を考える．

この方法は**重点サンプリング**と呼ばれ，以下のような数学的モデルになる．

$$\begin{aligned} E_{p(\boldsymbol{z})}[f(\boldsymbol{z})] &= \int f(\boldsymbol{z}) p(\boldsymbol{z})\, \mathrm{d}\boldsymbol{z} \\ &= \int f(\boldsymbol{z}) \frac{p(\boldsymbol{z})}{q(\boldsymbol{z})} q(\boldsymbol{z})\, \mathrm{d}\boldsymbol{z} \\ &\simeq \frac{1}{S} \sum_{s=1}^{S} f(\boldsymbol{z}_s) \frac{p(\boldsymbol{z}_s)}{q(\boldsymbol{z}_s)} \\ &= \frac{1}{S} \sum_{s=1}^{S} w_s f(\boldsymbol{z}_s) \quad \text{ただし，} \quad w_s = \frac{p(\boldsymbol{z}_s)}{q(\boldsymbol{z}_s)}. \end{aligned} \tag{9.6}$$

$\boldsymbol{z}_s$ は $q(\boldsymbol{z})$ から生成されたサンプルである．w_s は，$\boldsymbol{z}_s$ において $q(\boldsymbol{z}_s)$ が $p(\boldsymbol{z}_s)$ からずれた度合いを補正する重みである．

- $p(\boldsymbol{z}_s)$ が大きなところで $q(\boldsymbol{z}_s)$ が小さいとすると，その部分では $\boldsymbol{z}_s$ では p によって生成させるべきサンプルよりも少ないサンプルしか q によって生成されていないので重み w_s が大きくなり，$\sum_{s=1}^{S}$ における影響を大きくなるように補正する．
- $p(\boldsymbol{z}_s)$ と $q(\boldsymbol{z}_s)$ が近ければ w_s は 1 に近くなり，補正の度合いは小さい．
- $p(\boldsymbol{z}_s)$ が小さなところで $q(\boldsymbol{z}_s)$ が大きいとすると，その部分では $\boldsymbol{z}_s$ では p によって生成させるべきサンプルよりも多いサンプルが q によって生成されてしまっているので重み w_s が小さくなり，$\sum_{s=1}^{S}$ における影響を小さくなるように補正する．

ところで，$p(\boldsymbol{z})$ は複雑な構造の確率分布を想定しているので，その正規化定数 Z_p を求めるために必要な積分計算が困難である場合が多い．そこで，p, q ともに正規化定数と分離した以下の形を導入する．

$$
\begin{aligned}
p(\boldsymbol{z}) &= \frac{\tilde{p}(\boldsymbol{z})}{Z_p} \quad \text{ただし，} \quad Z_p = \int \tilde{p}(\boldsymbol{z})\,\mathrm{d}\boldsymbol{z}, \\
q(\boldsymbol{z}) &= \frac{\tilde{q}(\boldsymbol{z})}{Z_q} \quad \text{ただし，} \quad Z_q = \int \tilde{q}(\boldsymbol{z})\,\mathrm{d}\boldsymbol{z}.
\end{aligned} \tag{9.7}
$$

すると，$E_{p(\boldsymbol{z})}[f(\boldsymbol{z})]$ は以下のように書き換えられる．

$$
\begin{aligned}
E_{p(\boldsymbol{z})}[f(\boldsymbol{z})] &= \int f(\boldsymbol{z})p(\boldsymbol{z})\,\mathrm{d}\boldsymbol{z} \\
&= \frac{Z_q}{Z_p}\int f(\boldsymbol{z})\frac{\tilde{p}(\boldsymbol{z})}{\tilde{q}(\boldsymbol{z})}q(\boldsymbol{z})\,\mathrm{d}\boldsymbol{z} \\
&\simeq \frac{Z_q}{Z_p}\frac{1}{S}\sum_{s=1}^{S} f(\boldsymbol{z}_s)\frac{\tilde{p}(\boldsymbol{z})}{\tilde{q}(\boldsymbol{z})} \\
&= \frac{Z_q}{Z_p}\frac{1}{S}\sum_{s=1}^{S} \tilde{w}_s f(\boldsymbol{z}_s) \quad \text{ただし，} \quad \tilde{w}_s = \frac{\tilde{p}(\boldsymbol{z})}{\tilde{q}(\boldsymbol{z})}.
\end{aligned} \tag{9.8}
$$

ここで，$\tilde{w}_s$ はサンプル $\boldsymbol{z}_s$ から直接計算できる．問題は正規化定数の部分だが，これは同じサンプル集合を用いると以下のように計算できる．

$$
\begin{aligned}
\frac{Z_p}{Z_q} &= \frac{\int \tilde{p}(\boldsymbol{z})\,\mathrm{d}\boldsymbol{z}}{Z_q} \\
&= \int \frac{\tilde{p}(\boldsymbol{z})}{\tilde{q}(\boldsymbol{z})} \frac{\tilde{q}(\boldsymbol{z})}{Z_q}\,\mathrm{d}\boldsymbol{z} \\
&= \int \frac{\tilde{p}(\boldsymbol{z})}{\tilde{q}(\boldsymbol{z})} q(\boldsymbol{z})\,\mathrm{d}\boldsymbol{z} \\
&\simeq \frac{1}{S}\sum_{s=1}^{S} \tilde{w}_s \quad \text{ただし，} \tilde{w}_s \text{ は式 (9.8) と同じ定義.}
\end{aligned}
\tag{9.9}
$$

式 (9.8) と式 (9.9) を合わせると以下の式にようにして $E_{p(\boldsymbol{z})}[f(\boldsymbol{z})]$ を $\tilde{p}$, $\tilde{q}$ とサンプル集合 $\{\boldsymbol{z}_s\}$ だけから計算することができる．

$$
E_{p(\boldsymbol{z})}[f(\boldsymbol{z})] \simeq \sum_{s=1}^{S} \frac{\tilde{w}_s f(\boldsymbol{z}_s)}{\sum_{l=1}^{S} \tilde{w}_l}. \tag{9.10}
$$

再サンプリング

上記の議論では，重み w_s の大きなサンプル $\boldsymbol{z}_s$ を重視することが打ち出された．もう一歩進めると，サンプルのうち重みの大きなサンプルは重みに比例した回数生成されたようにサンプル集合を作り直す方法が考えられる．具体的には，サンプル集合から，重み w_s に比例する頻度で復元抽出して多数回取り出すことを許してサンプリングし直す[*2]．こうして再サンプリングされたサンプルとして使う方法を**重点再サンプリング法**と呼ぶ．

9.3　Markov 連鎖 Monte Carlo 法

9.3.1　基　本　原　理

a.　アルゴリズムの枠組み

9.1 節，9.2 節で述べたサンプリングの方法は乱数の発生は乱数発生器に任せ，出てきた乱数を採用ないし棄却，あるいは重み付けして使う方法であった．しかし，この方法は，サンプルの次元が高くなり，外皮の部分に体積が集中することに起因する次元の呪いを避けることが難しい．

データ点の存在する $p(\boldsymbol{z}) > 0$ の領域から無駄なくサンプルをとりたい．そこで現在のサンプル点に依存して次のサンプル点を作る方法が考えられる．これは，

*2　復元抽出なので，同じサンプルが複数回抽出されることもある．

サンプル点生成に乱数は使うが，現在のサンプル点に依存するので，Markov 連鎖によるサンプル点列となる．よって，**Markov 連鎖 Monte Carlo 法**あるいは英語名の頭文字をつなげて **MCMC** と呼ぶ．具体的には以下のような処理の手順となる．図 9.1 を参照しながら手順を説明する．

step 0：**初期化**
$t=1$ とする．
$p(\boldsymbol{z})>0$ の領域 R に入っているサンプル点を 1 個ランダムに生成し，これを $\boldsymbol{r}_1$ とする．

step 1：**次のサンプル点を発生**
$\boldsymbol{r}_t$ に依存する乱数 $\boldsymbol{r}$ を発生して次のサンプル点の候補とする．

step 2：**発生したサンプルの受容・棄却**
if $\boldsymbol{r}$ が領域 R の内部あるいは近辺にいる
then $t=t+1$;　$\boldsymbol{r}_t=\boldsymbol{r}$;

step 3：
step 1 へ戻る．

図 9.1 においては領域 R の内側の点 ◦ から矢印の先にあるサンプルを生成するのが step 1 であり，◦ のように領域 R の近辺ないし内側で受容された場合が step 2 の then の処理，領域 R から離れてしまった点 • である場合が step 2 の if の条件が成立しなかった場合で，t が更新されず，R の内側にある直前の点に戻って乱数発生を繰り返すことになる．

実際のアルゴリズムにおいては，step 1 の「$\boldsymbol{r}_t$ に依存する」という内容を実現

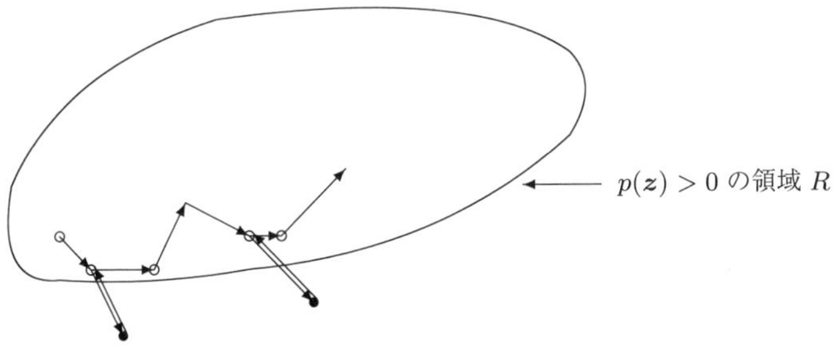

図 9.1　領域から離れないように次の点をサンプルする軌跡．

する方法と，step 2 の if 文の条件を具体化しなければならない．

b. Markov 連鎖の定常性

step 1 の「$\boldsymbol{r}_t$ に依存する」という条件を具体化するのが $\boldsymbol{z}^{(t)}$ の状態から $\boldsymbol{z}^{(t+1)}$ へ遷移するときの確率（以下では「遷移確率」と記す）$p(\boldsymbol{z}^{(t+1)} \leftarrow \boldsymbol{z}^{(t)})$ である．この例に示したように以下では，$p(\boldsymbol{x} \leftarrow \boldsymbol{y})$ は状態 $\boldsymbol{y}$ から状態 $\boldsymbol{x}$ への遷移確率を表すとする．この遷移確率は実際は次の条件付き確率と同じである．

$$p(\boldsymbol{z}^{(t+1)} | \boldsymbol{z}^{(t)}).$$

遷移確率と直前の状態になりえるものを組み合わせると Markov 連鎖によって次の状態 $\boldsymbol{z}^{(t+1)}$ の確率が次の式で表される．

$$p(\boldsymbol{z}^{(t+1)}) = \sum_{\boldsymbol{z}^{(t)}} p(\boldsymbol{z}^{(t+1)} \leftarrow \boldsymbol{z}^{(t)}) p(\boldsymbol{z}^{(t)}). \tag{9.11}$$

このように遷移によって生成される確率分布に関して次の定義が重要である．

定義 9.1 (Markov 連鎖の定常性) 任意の $\boldsymbol{z}^*$ に対して次の式を満たすとき，Markov 連鎖は**定常的**であるという．また，そのときの分布 p^* を定常分布と呼ぶ．

$$p^*(\boldsymbol{z}^*) = \sum_{\boldsymbol{z}} p(\boldsymbol{z}^* \leftarrow \boldsymbol{z}) p^*(\boldsymbol{z}). \tag{9.12}$$

c. 詳細釣り合い条件

定常分布であるだけでは目的の領域をカバーできる保証がない．例えば，次の遷移確率で表現される場合の分布は定常的だが，出発点が i であっても i と異なる j へはたどり着かない．

$$\begin{aligned} \forall i, j \quad & \text{if} \quad i = j \quad \text{then} \quad p(j \leftarrow i) = 1, \\ & \text{if} \quad i \neq j \quad \text{then} \quad p(j \leftarrow i) = 0. \end{aligned} \tag{9.13}$$

したがって，どんな初期状態からでも遷移を有限回繰り返せば任意の状態に到着する確率が 0 より大きいことも陽に要請する必要がある．定式化すれば既約性と呼ばれる次の条件になる．

既約性

任意の $\boldsymbol{z}, \boldsymbol{z}^*$ の組に対して次の条件を満たす M が存在する．

条件 M 回の状態遷移の後に $\boldsymbol{z}$ から $\boldsymbol{z}^*$ に遷移する確率 p は $0 < p \leq 1$ である．

この条件を課しても，以下のような場合はランダムなサンプルによる Monte Carlo 法にならない．状態の総数を N とする．

$$\begin{aligned} \forall i, j \quad & \text{if} \quad j = i + 1 \quad \text{then} \quad p(j \leftarrow i) = 1, \\ & \text{if} \quad i = N \;\; \text{then} \;\; p(1 \leftarrow N) = 1, \\ & \text{otherwise} \quad p(j \leftarrow i) = 0. \end{aligned} \tag{9.14}$$

これは図 9.2 に示すように全ての状態を循環している場合である．つまり，循環的な遷移では各状態に対して流入する確率と流出する確率が釣り合っていない．そこで，任意の状態の組に対して流入と流出が釣り合った不変的な状態を実現するために，以下の詳細釣り合い条件を課する．

詳細釣り合い条件

ある p が存在し，任意の $\boldsymbol{z}$, $\boldsymbol{z}^*$ の組に対して次の条件を満たす．

条件 $p(\boldsymbol{z}^* \leftarrow \boldsymbol{z})p(\boldsymbol{z}) = p(\boldsymbol{z} \leftarrow \boldsymbol{z}^*)p(\boldsymbol{z}^*)$.

詳細釣り合い条件とは，$\boldsymbol{z}$ から別の状態 $\boldsymbol{z}^*$ にある確率で到達できるなら，逆方向にも同じ確率で到達できることを意味している．したがって，図 9.2 のような一方通行の状態は排除できる．また，任意の $\boldsymbol{z}$, $\boldsymbol{z}^*$ の組という条件により，どの状態からどの状態へも到達できることも保証している．よって，対象としている領域をくまなく網羅することができる．

さて，前に述べたように $p(\boldsymbol{z})$ は変数に係わる部分の形 $\tilde{p}(\boldsymbol{z})$ は分かっても，正規化定数を求めることが積分を伴うことが多く，困難であることが多い．そこで，

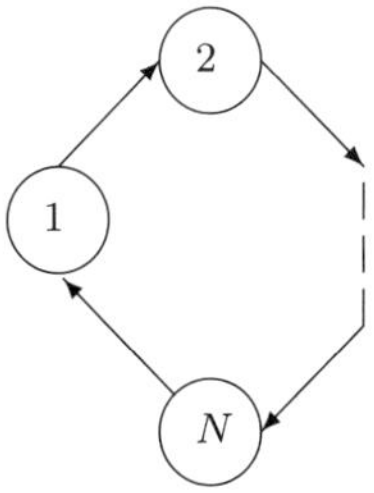

図 9.2 状態の循環．

ここでも正規化定数 Z_p を導入して $p(\boldsymbol{z}) = \tilde{p}(\boldsymbol{z})/Z_p$ とする．すると，詳細釣り合い条件は以下のように書き換えられる．

$$\frac{p(\boldsymbol{z} \leftarrow \boldsymbol{z}^*)}{p(\boldsymbol{z}^* \leftarrow \boldsymbol{z})} = \frac{p(\boldsymbol{z})}{p(\boldsymbol{z}^*)} = \frac{\tilde{p}(\boldsymbol{z})/Z_p}{\tilde{p}(\boldsymbol{z}^*)/Z_p} = \frac{\tilde{p}(\boldsymbol{z})}{\tilde{p}(\boldsymbol{z}^*)}. \tag{9.15}$$

この条件は遷移確率の比を決めるのに計算が困難な Z_p を求める必要がないことを示しており，以下に述べる Metropolis–Hastings アルゴリズムなどで重要な役割を果たす．

9.3.2　Metropolis–Hastings アルゴリズム

まず，Metropolis アルゴリズムを説明する．Markov 連鎖 Monte Carlo 法では状態間の遷移確率が必要になるので，それを求める方法を説明する．

対象としている確率分布の密度関数 $p(\boldsymbol{z})$ が簡単な形であり，遷移確率に対応する条件付き分布の確率密度関数 $p(\boldsymbol{z}^*|\boldsymbol{z})$ を求められれば，以下では，それをランダムサンプルの生成に直接使う．しかし，$p(\boldsymbol{z})$ が複雑で $p(\boldsymbol{z}^*|\boldsymbol{z})$ を直接計算できない場合は，$p(\boldsymbol{z})$ を近似する簡単な分布として提案分布を用いる．提案分布の確率密度関数を $q(\boldsymbol{z})$，提案分布の遷移確率，すなわち提案分布の条件付き分布の確率密度関数を $q(\boldsymbol{z}^*|\boldsymbol{z})$ とする．ただし，生成したサンプルを受容するか棄却するかは $p(\boldsymbol{z})$ によって行う．

ところが，p が複雑で正規化定数 Z_p が求められないことが多い．そこで，実際のアルゴリズムでは式 (9.7) で示した正規化定数を分離した $\tilde{p}$ を使う．

このような準備をしたうえで，以下に Metropolis アルゴリズムを記述する．

Metropolis アルゴリズム

step 1：**初期化**

$t = 1$.

$p(\boldsymbol{z}) > 0$ となるようなサンプルを生成し，これを $\boldsymbol{z}^{(1)}$ とする．

step 2：**新規サンプルの生成**

$\boldsymbol{z}^{(t)}$ と提案分布の条件付き確率密度関数 $q(\boldsymbol{z}^*|\boldsymbol{z}^{(t)})$ を反映した乱数生成組み込み関数を使って新規サンプル $\boldsymbol{z}^*$ を発生する．

step 3：**判定関数の計算**

判定関数 A_m を以下の式によって計算．

$$A_m(\boldsymbol{z}^*, \boldsymbol{z}^{(t)}) = \min\left\{1, \frac{\tilde{p}(\boldsymbol{z}^*)}{\tilde{p}(\boldsymbol{z}^{(t)})}\right\}. \tag{9.16}$$

step 4：受容・棄却の判定
　(0,1) 区間の乱数 u を生成.
　　if $A_m(\boldsymbol{z}^*, \boldsymbol{z}^{(t)}) > u$
　　　then $\boldsymbol{z}^{(t+1)} = \boldsymbol{z}^*;\ t = t+1.$

step 5：
　step 2 に戻る.

step 4 において $\tilde{p}(\boldsymbol{z}^*)/\tilde{p}(\boldsymbol{z}^{(t)})$ の比をとっているが，$\tilde{p} = p/Z_p$ なので，この比は $p(\boldsymbol{z}^*)/p(\boldsymbol{z}^{(t)})$ に等しいことに注意しよう.

したがって，step 4 の条件においては，$p(\boldsymbol{z}^*) \geq p(\boldsymbol{z}^{(t)})$ であれば，$p(\boldsymbol{z}^*)$ は無条件で受容される．また，$p(\boldsymbol{z}^*) < p(\boldsymbol{z}^{(t)})$ であっても $p(\boldsymbol{z}^*) > u \cdot p(\boldsymbol{z}^{(t)})$ なら受容される．つまり，生成された $\boldsymbol{z}^*$ は $A_m(\boldsymbol{z}^*, \boldsymbol{z}^{(t)})$ の確率で受容される．これは，$\boldsymbol{z}^*$ が既に受容されている $\boldsymbol{z}^{(t)}$ からその確率が大幅に小さくならないことを保証すると同時に，乱数 u の値が小さいときには $p(\boldsymbol{z}^*)$ が小さな値もとれるようにしている.

次に Metropolis アルゴリズムの改良版である Metropolis–Hastings アルゴリズムを記述する.

Metropolis–Hastings アルゴリズム

step 3 以外は Metropolis アルゴリズムと同じ．相違点の step 3 は以下の通りである.

step 3：判定関数の計算
　判定関数 A_{mh} を以下の式によって計算する.

$$A_{mh}(\boldsymbol{z}^*, \boldsymbol{z}^{(t)}) = \min\left\{1, \frac{\tilde{p}(\boldsymbol{z}^*)q(\boldsymbol{z}^{(t)}|\boldsymbol{z}^*)}{\tilde{p}(\boldsymbol{z}^{(t)})q(\boldsymbol{z}^*|\boldsymbol{z}^{(t)})}\right\}. \tag{9.17}$$

この変更によって，$\boldsymbol{z}^*$ が $\boldsymbol{z}^{(t)}$ からいったきりになって戻ってこないような状態（つまり，$q(\boldsymbol{z}^{(t)}|\boldsymbol{z}^*)$ が非常に小さい）には陥らないようにしている.

p は詳細釣り合い条件，すなわち $p(\boldsymbol{z}^{(t)})p(\boldsymbol{z}^*|\boldsymbol{z}^{(t)}) = p(\boldsymbol{z}^*)p(\boldsymbol{z}^{(t)}|\boldsymbol{z}^*)$ を満たしているが，提案分布の条件付き確率密度関数 $q(\boldsymbol{z}^*|\boldsymbol{z})$ は詳細釣り合い条件を満たしていることは保証できない．しかし，Metropolis–Hastings アルゴリズムによれば，$A_{mh}(\boldsymbol{z}^*, \boldsymbol{z}^{(t)})$ の導入によって，詳細釣り合い条件を満たされることを示そう.

式 (9.17) の右辺の第 2 項では，上記の議論により $\tilde{p}$ を p の書き換えることができる．この書き換えを行ったうえで，式 (9.17) の両辺に $p(\boldsymbol{z}^{(t)})q(\boldsymbol{z}^*|\boldsymbol{z}^{(t)})$ をかけると以下のように変形できる．

$$\begin{aligned} p(\boldsymbol{z}^{(t)})q(\boldsymbol{z}^*|\boldsymbol{z}^{(t)})A_{mh}(\boldsymbol{z}^*, \boldsymbol{z}^{(t)}) &= \min\left\{p(\boldsymbol{z}^{(t)})q(\boldsymbol{z}^*|\boldsymbol{z}^{(t)}),\, p(\boldsymbol{z}^*)q(\boldsymbol{z}^{(t)}|\boldsymbol{z}^*)\right\} \\ &= \min\left\{p(\boldsymbol{z}^*)q(\boldsymbol{z}^{(t)}|\boldsymbol{z}^*),\, p(\boldsymbol{z}^{(t)})q(\boldsymbol{z}^*|\boldsymbol{z}^{(t)})\right\} \\ &= p(\boldsymbol{z}^*)q(\boldsymbol{z}^{(t)}|\boldsymbol{z}^*)\min\left\{1, \frac{p(\boldsymbol{z}^{(t)})q(\boldsymbol{z}^*|\boldsymbol{z}^{(t)})}{p(\boldsymbol{z}^*)q(\boldsymbol{z}^{(t)}|\boldsymbol{z}^*)}\right\} \\ &= p(\boldsymbol{z}^*)q(\boldsymbol{z}^{(t)}|\boldsymbol{z}^*)A_{mh}(\boldsymbol{z}^{(t)}, \boldsymbol{z}^*). \end{aligned} \tag{9.18}$$

Metropolis アルゴリズムの説明で述べたように，生成された $\boldsymbol{z}^*$ は $A_{mh}(\boldsymbol{z}^*, \boldsymbol{z}^{(t)})$ の確率で受容される．上記の式 (9.18) によって，$\boldsymbol{z}^*$ から生成された $\boldsymbol{z}^{(t)}$ が受容される確率と，$\boldsymbol{z}^{(t)}$ から生成された $\boldsymbol{z}^*$ が受容される確率は等しい．よって，詳細釣り合い条件が満たされることが分かった．

Metropolis–Hastings アルゴリズムは新たに発生したサンプルの受容・棄却の尺度に A_{mh} という関数を導入した優れたアルゴリズムである．しかし，サンプルの次元が大きくなり，対象領域の周辺部分あるいは外部の体積が圧倒的に大きくなってしまうと，Markov 連鎖 Monte Carlo 法に固有の問題から逃れることは難しい．図 9.3 に示すように問題点は二つある．Markov 連鎖では現在の点の近くで次の点を探すので，対象領域の中央部分にいる場合は，中央部分ばかりサンプリングしてしまう．つまり，領域の周辺部分の情報が得られない．一方，一度外部に出たら，次元の呪いの影響で内部には容易なことでは戻れず，サンプリングの

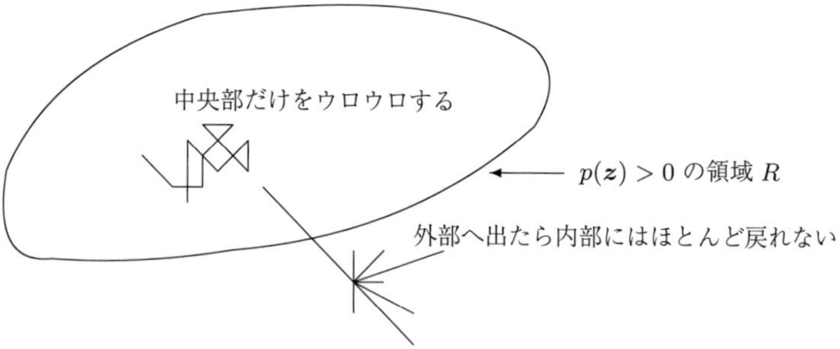

図 **9.3**　Markov 連鎖 Monte Carlo 法に固有の問題.

効率は極端に劣化する．次元が高い場合には，この両者の折り合いを付けた設計がやはり難しいといえる．

9.3.3 Gibbs サンプリング

Gibbs サンプリングは Metropolis–Hastings アルゴリズムに似ているが簡単で強力であり，よく使われている．特にサンプルの次元が大きい場合に有効だと考えられる．Metropolis–Hastings アルゴリズムでは，新規サンプル $\boldsymbol{z} = [z_1, \ldots, z_K]^\top$ をランダムに生成する．K 個のサンプルを発生しなければならず，K が大きいと計算量が大きい．そこで，1 次元ごとにサンプルを新しいものに取り替えていこうというアイデアが Gibbs サンプリングの基本である．つまり，更新した次元以外の次元では，サンプルを再利用するので乱数発生の手間は不要である．

Gibbs サンプリングにおける処理の手順は以下のようになる．

step 0：**初期化**

$t = 0.$

対象領域内部においてサンプル $\boldsymbol{z}$ の初期値 $\boldsymbol{z}^{(0)} = [z_1^{(0)}, \ldots, z_K^{(0)}]^\top$ を決める．

step 1：**外側の繰り返し**

$t = 1, \ldots, T$ まで以下の step 1-1 から step 1-K を繰り返す．

step 1-1 $p(z_1 | z_2^{(t)}, \ldots, z_K^{(t)})$ によって新規サンプル $z_1^{(t+1)}$ を生成．

step 1-2 $p(z_2 | z_1^{(t+1)}, z_3^{(t)}, \ldots, z_K^{(t)})$ によって新規サンプル $z_2^{(t+1)}$ を生成．

⋮

step 1-k $p(z_k | z_1^{(t+1)}, \ldots, z_{k-1}^{(t+1)}, z_{k+1}^{(t)}, \ldots, z_K^{(t)})$ によって新規サンプル $z_k^{(t+1)}$ を生成．

⋮

step 1-K $p(z_K | z_1^{(t+1)}, \ldots, z_{K-1}^{(t+1)})$ によって新規サンプル $z_K^{(t+1)}$ を生成．

このように Gibbs サンプリングでは 1 度に 1 次元だけ $\boldsymbol{z}$ が動くので図 9.4 に示すように直交する方向にサンプルがジグザグに動いていく．

ここで，Gibbs サンプリングでは，新規に生成したサンプルは常に受容されることを示そう．Metropolis–Hastings アルゴリズムにおける式 (9.17) の $A_{mh}(\boldsymbol{z}^*, \boldsymbol{z}^{(t)})$

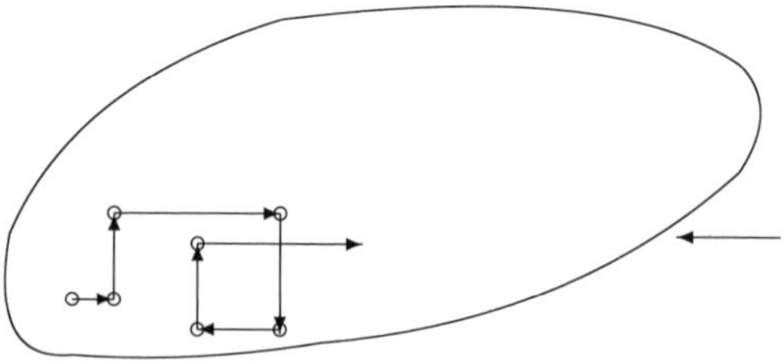

図 **9.4**　Gibbs サンプリングにおける生成サンプル点の軌跡.

を Gibbs サンプリングの条件で計算してみよう.

Gibbs サンプリングでは z_k 以外の $\boldsymbol{z}^{(t)}$ の要素は不変である. つまり, $\boldsymbol{z}_{-k} = [z_1, \ldots, z_{k-1}, z_{k+1}, \ldots, z_K]^\top$ という記法を用いると, $\boldsymbol{z}_{-k}^{(t)} = \boldsymbol{z}_{-k}^{(t+1)}$ となる. よって, $A_{mh}(\boldsymbol{z}^*, \boldsymbol{z}^{(t)})$ の計算においては以下が成り立つ.

$$
\begin{aligned}
p(\boldsymbol{z}_{-k}^{(t)}) &= p(\boldsymbol{z}_{-k}^*), \\
q_k(\boldsymbol{z}^*|\boldsymbol{z}^{(t)}) &= p(z_k^*|\boldsymbol{z}_{-k}^{(t)}), \\
q_k(\boldsymbol{z}^{(t)}|\boldsymbol{z}^*) &= p(z_k^{(t)}|\boldsymbol{z}_{-k}^*), \\
p(\boldsymbol{z}^*) &= p(z_k^*|\boldsymbol{z}_{-k}^{(t)})p(\boldsymbol{z}_{-k}^{(t)}), \\
p(\boldsymbol{z}^{(t)}) &= p(z_k^{(t)}|\boldsymbol{z}_{-k}^*)p(\boldsymbol{z}_{-k}^*).
\end{aligned}
$$

これらの結果を $A_{mh}(\boldsymbol{z}^*, \boldsymbol{z}^{(t)})$ の定義に代入すると以下のようになる.

$$
\begin{aligned}
A_{mh}(\boldsymbol{z}^*, \boldsymbol{z}^{(t)}) &= \min\left\{1, \frac{p(\boldsymbol{z}^*)q_k(\boldsymbol{z}^{(t)}|\boldsymbol{z}^*)}{p(\boldsymbol{z}^{(t)})q_k(\boldsymbol{z}^*|\boldsymbol{z}^{(t)})}\right\} \\
&= \min\left\{1, \frac{p(z_k^*|\boldsymbol{z}_{-k}^{(t)})p(\boldsymbol{z}_{-k}^{(t)})q_k(\boldsymbol{z}^{(t)}|\boldsymbol{z}^*)}{p(z_k^{(t)}|\boldsymbol{z}_{-k}^*)p(\boldsymbol{z}_{-k}^*)q_k(\boldsymbol{z}^*|\boldsymbol{z}^{(t)})}\right\} \\
&= \min\left\{1, \frac{p(z_k^*|\boldsymbol{z}_{-k}^{(t)})p(\boldsymbol{z}_{-k}^{(t)})p(z_k^{(t)}|\boldsymbol{z}_{-k}^*)}{p(z_k^{(t)}|\boldsymbol{z}_{-k}^*)p(\boldsymbol{z}_{-k}^*)p(z_k^*|\boldsymbol{z}_{-k}^{(t)})}\right\} = 1. \qquad (9.19)
\end{aligned}
$$

よって, Gibbs サンプリングを Metropolis–Hastings アルゴリズムの一種とみたとき, 全ての新規サンプルは受容される. これは, 高次元サンプルで次元の呪いがあり, 対象領域の外に出てしまうと戻ってくることが困難であるという状況を回避できることになり, Gibbs サンプリングが効率がよいアルゴリズムであることを保証している.

9.3.4 条件付き確率

Gibbs サンプリングでは，提案分布である多次元の確率分布において 1 次元だけサンプルを更新した．そのとき，他の次元の直前のサンプル結果は既知である．したがって，更新する次元の確率変数の確率密度関数は他の次元を直前のサンプルの値を与えたときの条件付き確率になる．条件付き確率の計算は一般的には困難であるが，ここでは一例として基本的な多次元正規分布の条件付き確率を与えておく．

以下では確率変数 $\boldsymbol{z}$，平均 $\boldsymbol{\mu}$ は K 次元ベクトル，$K \times K$ の共分散行列 Σ とする．ただし，Σ は $E[(\boldsymbol{z}-\boldsymbol{\mu})(\boldsymbol{z}-\boldsymbol{\mu})^\top]$ である．したがって，正規分布 $\mathcal{N}(\boldsymbol{\mu}, \Sigma)$ の確率密度関数は次のようになる．なお，共分散行列 Σ の逆行列である精度行列をここでは Λ と書くことにする．

$$
\begin{aligned}
p(\boldsymbol{z}|\boldsymbol{\mu}, \Sigma) &= \frac{1}{(2\pi)^{(K/2)} \det(\Sigma)^{1/2}} \exp\left\{-\frac{1}{2}(\boldsymbol{z}-\boldsymbol{\mu})^\top \Sigma^{-1}(\boldsymbol{z}-\boldsymbol{\mu})\right\} \\
&= \frac{\det(\Lambda)^{1/2}}{(2\pi)^{(K/2)}} \exp\left\{-\frac{1}{2}(\boldsymbol{z}-\boldsymbol{\mu})^\top \Lambda(\boldsymbol{z}-\boldsymbol{\mu})\right\}. \qquad (9.20)
\end{aligned}
$$

ここで，$\boldsymbol{z}$ を第 1 番目の変数 x と第 2 番目の変数から第 K 番目の変数からなるベクトル $\boldsymbol{y}$ に分けると，式 (9.20) の変数，平均値，共分散行列は各々次のようになる．

$$
\boldsymbol{z} = \begin{bmatrix} x \\ \boldsymbol{y} \end{bmatrix}, \quad \boldsymbol{\mu} = \begin{bmatrix} \mu_x \\ \boldsymbol{\mu}_y \end{bmatrix}, \quad \Sigma = \begin{bmatrix} \sigma_x^2 & \Sigma_{x\boldsymbol{y}} \\ \Sigma_{\boldsymbol{y}x} & \Sigma_{\boldsymbol{y}\boldsymbol{y}} \end{bmatrix}, \qquad (9.21)
$$

$$
\Lambda = \Sigma^{-1} = \begin{bmatrix} \lambda_{xx} & \Lambda_{x\boldsymbol{y}} \\ \Lambda_{\boldsymbol{y}x} & \Lambda_{\boldsymbol{y}\boldsymbol{y}} \end{bmatrix}. \qquad (9.22)
$$

ただし，$\Sigma_{x\boldsymbol{y}}$ は x と $\boldsymbol{y}$ の成分からなる分散であり，$1 \times (K-1)$ 行列である．また，$\Sigma_{\boldsymbol{y}x} = [\sigma_{xy_1}, \ldots, \sigma_{xy_{K-1}}] = \Sigma_{x\boldsymbol{y}}^\top$, $\lambda_{xx} = 1/\sigma_x^2$ である．

多次元正規分布の式 (9.20) の exp の指数部分を式 (9.21), (9.22) を使って分解すると以下のようになる．

$$
\begin{aligned}
&-\frac{1}{2}(\boldsymbol{z}-\boldsymbol{\mu})^\top \Sigma^{-1}(\boldsymbol{z}-\boldsymbol{\mu}) \\
&= -\frac{1}{2}(x-\mu_x)\lambda_{xx}(x-\mu_x) - \frac{1}{2}(x-\mu_x)\Lambda_{x\boldsymbol{y}}(\boldsymbol{y}-\boldsymbol{\mu}_y) \\
&\quad -\frac{1}{2}(\boldsymbol{y}-\boldsymbol{\mu}_y)^\top \Lambda_{\boldsymbol{y}x}(x-\mu_x) - \frac{1}{2}(\boldsymbol{y}-\boldsymbol{\mu}_y)^\top \Lambda_{\boldsymbol{y}\boldsymbol{y}}(\boldsymbol{y}-\boldsymbol{\mu}_y). \qquad (9.23)
\end{aligned}
$$

さて，多次元正規分布の exp の指数部分は $\boldsymbol{z}$ の部分に着目すると一般的に次のような形に変形できる．

$$-\frac{1}{2}(\boldsymbol{z}-\boldsymbol{\mu})^\top \Sigma^{-1}(\boldsymbol{z}-\boldsymbol{\mu}) = -\frac{1}{2}\boldsymbol{z}^\top \Sigma^{-1}\boldsymbol{z} + \boldsymbol{z}^\top \Sigma^{-1}\boldsymbol{\mu} + \text{const.} \tag{9.24}$$

したがって，$\boldsymbol{z}$ の 2 次の項の係数は共分散行列の逆行列すなわち精度行列であり，1 次の項の係数は精度行列と平均値ベクトルの積である．このことを式 (9.23) の x に適用して x の分散と平均値を求めてみよう．

x の $\boldsymbol{y}$ が与えられた場合の条件付き分布の分散 $\sigma^2_{x|\boldsymbol{y}}$ は式 (9.23) の x の 2 次の項の係数なので

$$\sigma^2_{x|\boldsymbol{y}} = \lambda_{xx}^{-1} \tag{9.25}$$

であることが分かる．一方，式 (9.23) の x の 1 次の項を集めると下の式 (9.26) となる．ただし，$\Lambda_{x\boldsymbol{y}} = \Lambda_{\boldsymbol{y}x}^\top$ であることと下の式の左辺の第 2 項と第 3 項はベクトルの内積がスカラーであることを用いている．

$$x\left(\lambda_{xx}\mu_x - \frac{1}{2}\Lambda_{x\boldsymbol{y}}(\boldsymbol{y}-\boldsymbol{\mu}_y) - \frac{1}{2}(\boldsymbol{y}-\boldsymbol{\mu}_y)^\top \Lambda_{\boldsymbol{y}x}\right) = x(\lambda_{xx}\mu_x - \Lambda_{x\boldsymbol{y}}(\boldsymbol{y}-\boldsymbol{\mu}_y)). \tag{9.26}$$

したがって，x の条件付き分布の平均値 $\mu_{x|\boldsymbol{y}}$ は次式となる．

$$\mu_{x|\boldsymbol{y}} = \mu_x - \lambda_{xx}^{-1}\Lambda_{x\boldsymbol{y}}(\boldsymbol{y}-\boldsymbol{\mu}_y). \tag{9.27}$$

以上で，x の条件付き分布である正規分布のパラメタが求まった．しかし，λ_{xx} と $\Lambda_{x\boldsymbol{y}}$ を全次元の共分散行列 Σ から導出する作業が残っている．これには次に示すブロック行列の逆行列を求める Sherman–Morrison–Woodbury の公式[1]を用いる．A, D は正方行列，B, C は行列*3である．

$$\begin{bmatrix} A & B \\ C & D \end{bmatrix}^{-1} = \begin{bmatrix} T^{-1} & -T^{-1}BD^{-1} \\ -D^{-1}CT^{-1} & D^{-1}+D^{-1}CT^{-1}BD^{-1} \end{bmatrix}, \tag{9.28}$$

$$T = A - BD^{-1}C. \tag{9.29}$$

これを式 (9.21) に適用すると，$\sigma^2_{x|\boldsymbol{y}} = \lambda_{xx}^{-1}$ と $\Lambda_{x\boldsymbol{y}}$ が以下のように求まる．

$$\lambda_{xx} = (\sigma_x^2 - \Sigma_{x\boldsymbol{y}}\Sigma_{\boldsymbol{yy}}^{-1}\Sigma_{\boldsymbol{y}x})^{-1}, \tag{9.30}$$

$$\Lambda_{x\boldsymbol{y}} = -(\sigma_x^2 - \Sigma_{x\boldsymbol{y}}\Sigma_{\boldsymbol{yy}}^{-1}\Sigma_{\boldsymbol{y}x})^{-1}\Sigma_{x\boldsymbol{y}}\Sigma_{\boldsymbol{yy}}^{-1}. \tag{9.31}$$

*3 必ずしも正方行列ではない．ベクトルであることもありえる．

以上を式 (9.25)，式 (9.27) に代入すると，条件付き正規分布の平均値と分散は次式で与えられることが分かる．

$$\begin{aligned}\mu_{x|\boldsymbol{y}} &= \mu_x + \Sigma_{x\boldsymbol{y}}\Sigma_{\boldsymbol{yy}}^{-1}(\boldsymbol{y} - \boldsymbol{\mu}_y),\\ \sigma_{x|\boldsymbol{y}}^2 &= (\sigma_x^2 - \Sigma_{x\boldsymbol{y}}\Sigma_{\boldsymbol{yy}}^{-1}\Sigma_{\boldsymbol{y}x}).\end{aligned} \tag{9.32}$$

条件付き分布の条件となるサンプルは $\mu_{x|\boldsymbol{y}}$ の定義における第 2 項の $(\boldsymbol{y} - \boldsymbol{\mu}_y)$ の $\boldsymbol{y}$ だけである．それ以外の分散などは確率分布のパラメタである平均，分散からあらかじめ計算しておいたものである．

より複雑な提案分布として混合正規分布が考えられる．混合比と各正規分布の平均値，分散が既知であれば，各正規分布に関する式 (9.32) の結果を混合比で重み付け和としたものを使えばよい．

この結果を例えば Gibbs サンプリングに適用する場合はおよそ次のようなことになる．

- 提案分布 $p(\boldsymbol{z})$ を正規分布 $\mathcal{N}(\boldsymbol{\mu}, \Sigma)$ にする．
- Gibbs サンプリングの $k = 1, \ldots, K$ の繰り返しの

  $$p(z_k|z_1^{(t+1)}, \ldots, z_{k-1}^{(t+1)}, z_{k+1}^{(t)}, \ldots, z_K^{(t)}) \text{ で新規サンプル } z_k^{(t+1)} \text{ を生成}$$

  において，式 (9.32) の x を z_k に対応させ，$\boldsymbol{y}$ を直近に得た各変数の値のベクトル $[z_1^{(t+1)}, \ldots, z_{k-1}^{(t+1)}, z_{k+1}^{(t)}, \ldots, z_K^{(t)}]^\top$ に対応させる．そのうえで，式 (9.32) の平均値と分散をパラメタとする正規分布によって新しい $z_k^{(t+1)}$ を生成する．
- 新規に得られたサンプルは，次のサンプリングでは，分布の条件である直近のサンプルとして使われる．

9.4 粒子フィルタ

Metropolis–Hastings アルゴリズムや Gibbs サンプリングの Markov 連鎖 Monte Carlo 法では，式 (9.1) の

$$E_{p(\boldsymbol{x})}[f(\boldsymbol{x})] = \int f(\boldsymbol{x})p(\boldsymbol{x})\,\mathrm{d}\boldsymbol{x}$$

の計算で $p(\boldsymbol{x})$ が大きな値の領域内部のサンプル $\boldsymbol{x}$ を Markov 連鎖で得られるサンプルとして生成して $E_{p(\boldsymbol{x})}[f(\boldsymbol{x})]$ の計算に用いた．しかし，サンプル生成の各ス

テップごとに外部から観測データが得られるような状況もある．すると観測データに依存するサンプル $\boldsymbol{x}$ を生成して $E[f(\boldsymbol{x})]$ を計算する手法が必要になる．このような状況に対応する問題設定として，観測データ系列 $\boldsymbol{y}_t$ $(t = 1, \ldots)$[*4] と観測できない潜在変数の系列 $\boldsymbol{x}_t$ $(t = 1, \ldots)$ があり，これらの間に図 9.5 のような関係があるとしよう．

詳細には，次のような関係がある場合について考える．

- $\boldsymbol{x}_t, \boldsymbol{y}_t$ は K 次元とする．
- $\boldsymbol{x}_t$ は直前の $\boldsymbol{x}_{t-1}$ に依存する Markov 過程であり，両者の関係は条件付き確率 $p(\boldsymbol{x}_t|\boldsymbol{x}_{t-1})$ で与えられる．図 9.5 のモデルでは次の式で $\boldsymbol{x}_t$ が生成される．

$$\boldsymbol{x}_t = \boldsymbol{g}(\boldsymbol{x}_{t-1}) + \boldsymbol{v}_t. \tag{9.33}$$

  ただし，$\boldsymbol{g}$ は関数，$\boldsymbol{v}_t$ は雑音であり，ここでは分布 $p(\boldsymbol{v}_t)$ に従って生成されたものとする．なお，$p(\boldsymbol{v}_t) = \mathcal{N}(0, \Sigma_v)$ としておく．
- $\boldsymbol{y}_t$ は $\boldsymbol{x}_t$ に依存するので条件付き確率は $p(\boldsymbol{y}_t|\boldsymbol{x}_t)$ となる．図 9.5 のモデルでは次の式で $\boldsymbol{y}_t$ が生成される．

$$\boldsymbol{y}_t = \boldsymbol{h}(\boldsymbol{x}_t) + \boldsymbol{u}_t. \tag{9.34}$$

  ただし，$\boldsymbol{h}$ は関数，$\boldsymbol{u}_t$ は雑音であり，ここでは $p(\boldsymbol{u}_t)$ に従って生成されたものとする．なお，$p(\boldsymbol{u}_t) = \mathcal{N}(0, \Sigma_u)$ としておく．

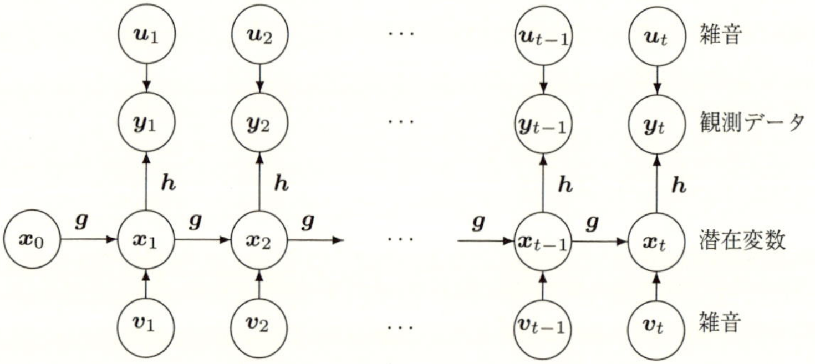

図 9.5　粒子フィルタにおけるデータの系列．

*4　t を時刻とみなして時系列と考えてもよい．

- 潜在変数 $\boldsymbol{x}_t$ の推定値の尤度は t における観測データ $\boldsymbol{y}_t$ を予測する確率 $p(\boldsymbol{y}_t|\boldsymbol{x}_t)$ で測る．この確率が高いほど尤もらしい $\boldsymbol{x}_t$ の推定値である．上の式 (9.34) を用い，さらに $p(\boldsymbol{u}_t) = \mathcal{N}(0, \Sigma_u)$ なので $\boldsymbol{x}_t$ が与えられたときの $\boldsymbol{y}_t$ の条件付き確率は次のように表される．

$$p(\boldsymbol{y}_t|\boldsymbol{x}_t) = \frac{1}{\sqrt{(2\pi)^K \det(\Sigma_u)}} \exp\left(-\frac{1}{2}(\boldsymbol{y}_t - \boldsymbol{x}_t)^\top \Sigma_u^{-1} (\boldsymbol{y}_t - \boldsymbol{x}_t)\right). \quad (9.35)$$

目的

我々が知りたいのは潜在変数 $\boldsymbol{x}$ の推定値，およびそれに対するなんらかの関数の値 $f(\boldsymbol{x}_t)$（例えば $\boldsymbol{x}$ のモーメント）である．これを得るために Monte Carlo 法を $\boldsymbol{x}_t$ に対して適用する．

すなわち，条件付き確率

$$p(\boldsymbol{x}_t|\boldsymbol{y}_{t-1}, \ldots, \boldsymbol{y}_1) \quad (9.36)$$

に従う N 個のランダムなサンプル $\{\boldsymbol{x}_t^{(n)} \mid n = 1, \ldots, N\}$ を生成する．このとき，$\boldsymbol{x}_t$ に対するなんらかの関数の値 $f(\boldsymbol{x}_t)$，例えばモーメントを次式で得る．

$$\int f(\boldsymbol{x}_t) p(\boldsymbol{x}_t|\boldsymbol{y}_{t-1}, \ldots, \boldsymbol{y}_1)\, \mathrm{d}\boldsymbol{x}_t = \frac{1}{N}\sum_{n=1}^{N} f(\boldsymbol{x}_t^{(n)}). \quad (9.37)$$

一例として，期待値 $E[\boldsymbol{x}_t]$ は下式となる．

$$\int \boldsymbol{x}_t p(\boldsymbol{x}_t|\boldsymbol{y}_{t-1}, \ldots, \boldsymbol{y}_1)\, \mathrm{d}\boldsymbol{x}_t = \frac{1}{N}\sum_{n=1}^{N} \boldsymbol{x}_t^{(n)}. \quad (9.38)$$

この計算をするために必要なのは，$\{\boldsymbol{x}_t^{(n)} \mid n = 1, \ldots, N\}$ を生成する以下のアルゴリズムである．

step 0：**初期化**　$\boldsymbol{x}_0$ の N 個のランダムな初期値 $\{\boldsymbol{x}_0^{(n)} \mid n = 1, \ldots, N\}$ を生成する．もし，事前知識として $\boldsymbol{x}_0$ の近似的確率密度関数 $q(\boldsymbol{x}_0)$ が分かっていたなら，$q(\boldsymbol{x}_0)$ を用いてこれらの初期値を生成する．

step 1：**t の繰り返し**　$t = 1, \ldots, T$ に対して step 2 から step 5 を繰り返す．

step 2：**n の繰り返し**　$n = 1, \ldots, N$ に対して step 2-1 から step 2-4 を繰り返す．

step 2-1　$p(\boldsymbol{v}_t)$ に従う乱数 $\boldsymbol{v}_t^{(n)}$ を生成.

step 2-2　$\hat{\boldsymbol{x}}_t^{(n)} = \boldsymbol{g}(\boldsymbol{x}_{t-1}^{(n)}) + \boldsymbol{v}_t^{(n)}$.

step 2-3　$p(\boldsymbol{y}_t|\hat{\boldsymbol{x}}_t^{(n)})$ を計算.

step 3

$$w_t^{(n)} = \frac{p(\boldsymbol{y}_t|\hat{\boldsymbol{x}}_t^{(n)})}{\sum_{n=1}^{N} p(\boldsymbol{y}_t|\hat{\boldsymbol{x}}_t^{(n)})}.$$

step 4：再サンプリング　$\{\hat{\boldsymbol{x}}_t^{(n)} \mid n = 1, \ldots, N\}$ から $w_t^{(n)}$ に比例する回数で N 個を復元抽出し，これを $\{\boldsymbol{x}_t^{(n)} \mid n = 1, \ldots, N\}$ とする.

step 5　目的の関数 f に対して $E[f(\boldsymbol{x}_t)] = \frac{1}{N}\sum_{n=1}^{N} f(\boldsymbol{x}_t^{(n)})$ を求める.

step 0 から step 3 までは図 9.5 を直接的に解釈して乱数発生して Monte Carlo 法を適用しているので，容易に理解できるであろう.

まだ説明していなかった step 4 の再サンプリングはこのアルゴリズムにおいて本質的に重要である．$\{\hat{\boldsymbol{x}}_t^{(n)} \mid n = 1, \ldots, N\}$ から復元抽出で N 個抽出しているので，$\{\boldsymbol{x}_t^{(n)} \mid n = 1, \ldots, N\}$ に複数回入る $\hat{\boldsymbol{x}}_t^{(n)}$ がある一方，棄却されてしまう $\hat{\boldsymbol{x}}_t^{(n)}$ も出てくる．このときの選択基準が $w_t^{(n)}$，すなわち $\boldsymbol{x}_t^{(n)}$ の観測データ $\boldsymbol{y}_t$ に対する条件付き確率 $p(\boldsymbol{y}_t|\hat{\boldsymbol{x}}_t^{(n)})$ になっている．したがって，観測データから離れてしまったサンプル $\boldsymbol{x}_t^{(n)}$ は $p(\boldsymbol{y}_t|\hat{\boldsymbol{x}}_t^{(n)})$ が小さくなってしまうため，$t+1$ 回目の繰り返しに生き残らない．これによって観測データの性質を取り込んだ潜在変数の集合を生成できる．直観的には図 9.6 で示すように，t が増えて状態が変化するときに，× で示されたような生き残らないパスが出てくる．生き残ったパスは，step 2-1 で生成される乱数 $p(\boldsymbol{v}_t)$ によって枝分かれしていく.

以上のようなサンプリングの繰り返しにより，図 9.5 のような潜在変数を含むモデルに対する Markov 連鎖 Monte Carlo 法が実現する．ここで，$\boldsymbol{x}_t^{(n)}$ は図 9.6 の中で粒子のように動き，消滅したり生き残ったりするフィルタがかかっていくので**粒子フィルタ**と命名されている．なおこの図の縦軸は観測データあるいは $\boldsymbol{x}_t$ がスカラーの場合の値を表す.

粒子フィルタの問題設定は **Kalman フィルタ**に類似している．Kalman フィルタでは外部から制御入力 $\boldsymbol{z}_t$ が入力され $\boldsymbol{x}_{t+1}$ は，$\boldsymbol{x}_t$ と $\boldsymbol{z}_t$ と雑音 $\boldsymbol{v}_t$ によって次の式のように決まる.

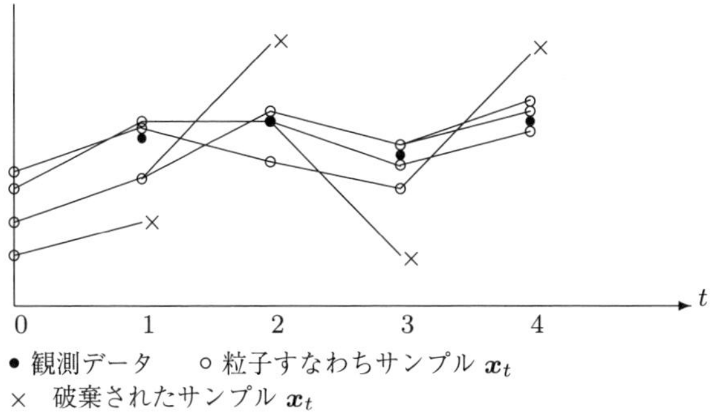

図 **9.6** 粒子フィルタにおける粒子のフィルタリング.

$$\boldsymbol{x}_{t+1} = \boldsymbol{F}_t \boldsymbol{x}_t + \boldsymbol{B}_t \boldsymbol{z}_t + \boldsymbol{v}_t. \tag{9.39}$$

$\boldsymbol{F}_t$, $\boldsymbol{B}_t$ は $\boldsymbol{x}_t$, $\boldsymbol{z}_t$ の線形な関数である．一方，図 9.5 に示した粒子フィルタの問題設定では $\boldsymbol{F}_t$ に対応する関数 $\boldsymbol{g}(\boldsymbol{x}_t)$ にこのような制限は設けていないので，解析的な解を得ることが難しい．それをサンプリングというシミュレーションの技術で解決する手法と位置づけられる．このような両者の関係を知っておくと，実際の問題解決においては役立つであろう．

参　考　文　献

[1] 伊理正夫：一般線形代数，岩波書店 (2003).

[2] D.A. ハーヴィル著，伊理正夫監訳：統計のため行列代数（上，下），丸善出版 (2012).

[3] 宮川雅巳：統計技法（工系数学講座 14），共立出版 (1998).

[4] 田村明久，村松正和：最適化法（工系数学講座 17），共立出版 (2002).

[5] 寒野善博，土谷隆：最適化と変分法（東京大学工学教程），丸善出版 (2014).

[6] Bertsekas, D.P.: Nonlinear Programming 2nd ed., Athena Scientific (1999).

[7] Hastie, T., Tibshirani, R., Friedman, J.: The Elements of Statistical Learning Data Mining, Inference, and Prediction, 2nd ed., Springer (2009).

[8] Bishop, C.M.: Pattern Recognition and Machine Learning, Springer (2006).
ベイズ統計を基礎においた統計的機械学習の教科書．丁寧な記述と説得性のあるストーリー展開で読みやすい名著．邦訳の『パターン認識と機械学習（上，下）』も優れた和訳で読みやすい．

[9] C.M. ビショップ著，元田浩ほか訳：パターン認識と機械学習（上，下），丸善出版 (2012).

[10] Murphy, K.P.: Machine Learning: A Probabilistic Perspective, MIT Press (2013).
2013 年時点における最新の技術まで含む網羅性の高い書籍．

[11] 杉山将：統計的機械学習—生成モデルに基づくパターン認識—，オーム社 (2009).

[12] 高村大也：言語処理のための機械学習入門（自然言語処理シリーズ 1），コロナ社 (2010).
テキスト処理に機械学習を応用するための優れた入門書．

[13] 小西貞則：多変量解析入門—線形から非線形へ，岩波書店 (2013).

[14] Sra, S., Nowozin, S., Wright, S.J. (editors): Optimization for Machine Learning, MIT Press (2012).

以下の 2 書は本書で扱わなかったが統計的に興味深い概念である因果のモデルを扱っている．

[15] Pearl, J. 著，黒木学訳：統計的因果推論—モデル・推論・推測—，共立出版 (2009).

[16] 宮川雅巳：統計的因果推論—回帰分析の新しい枠組み（シリーズ予測と発見の科学 1），朝倉書店 (2004).

[第 1 章]

[17] 徳永健伸：情報検索と言語処理（言語と計算 5），東京大学出版会 (1999).

[18] 酒井哲也：情報アクセス評価方法論，コロナ社 (2015).
主として検索エンジンの評価手法を記載しているが，機械学習された分類システムの評価にも利用できる手法が丁寧に説明されている．

[第 **2** 章]

[19] Barber, D.: Bayesian Reasoning and Machine Learning, Cambridge University Press (2012).

[20] 杉山将：統計的機械学習—生成モデルに基づくパターン認識—（第 9 章），オーム社 (2009).

[21] 渡部洋：ベイズ統計学入門，福村出版 (1999).

[22] 伊庭幸人：ベイズ統計と統計物理（岩波講座物理の世界，物理と情報 3），岩波書店 (2003).

[第 **3** 章]

[23] 竹村彰通：統計学の基礎 I 線形モデルからの出発（統計科学のフロンティア 1）（第 I 部），岩波書店 (2003).

[24] 杉山将：イラストで学ぶ機械学習—最小二乗法による識別モデル学習を中心に—（第 II 部），講談社 (2013).

[第 **4** 章]

[25] 小西貞則，北川源四郎：情報量規準（シリーズ・予測と発見の科学 2）（第 3 章），朝倉書店 (2004).

[26] 山西健司：情報論的学習理論，共立出版 (2010).

[27] Bishop, C.M.: Pattern Recognition and Machine Learning (Chapter 3), Springer (2006).

[第 **5** 章]

[28] Vapnik, V.N.: The Nature of Statistical Learning Theory, 2nd edition, Springer (2000).

[29] Bertsekas, D.P.: Nonlinear Programming (Chapter 3), Athena Scientific (1999).

[30] 寒野善博，土谷隆：最適化と変分法（東京大学工学教程）（第 2 章，第 3 章），丸善出版 (2014).

[31] Cristianini, N., Shawe-Taylor, J. 著，大北剛訳：サポートベクターマシン入門（第 3 章，第 6 章，第 7 章），大北剛訳，共立出版 (2005).

[32] 福水健次：カーネル法入門—正定値カーネルによるデータ解析（シリーズ多変量データの統計科学 8），朝倉書店 (2010).
カーネルを使った SVM を含む種々のデータ解析について詳しい.

[第 **6** 章]

[33] Casa-Bianchi, N., Gábor, L.: Prediction, Learning, and Games, Cambridge University Press (2006).

[34] Shalev-Shwartz, S.: Online Learning and Online Convex Optimization, *Foundations and Trends in Machine Learning*, Vol. 4, No. 2. pp. 107–194 (2011). DOI: 10.1561/2200000018.

オンライン学習に関してはよい成書が少ないが，これはオンライン学習分野の第一線の研究者の解説であり，系統的に記述されている．
[35] 杉山将：イラストで学ぶ機械学習—最小二乗法による識別モデル学習を中心に—（第 15 章），講談社 (2013).
[36] Crammer, K., Dekel, O., Keshet, J., Shalev-Shwartz, S., Singer, Y.: *Online Passive-Aggressive Algorithms*, Jouranl of Machine Learning Research, Vol. 7, pp. 551–585 (2006).
[37] 海野裕也，岡野原大輔，得居誠也，徳永拓之：オンライン機械学習，講談社 (2015).

[第 7 章]
[38] 小西貞則：多変量解析入門—線形から非線形へ，岩波書店 (2010).
[39] Hastie, T., Tibshirani, R., Friedman, J.: The Elements of Statistical Learning, 2nd ed. (Chapter 14), Springer (2001).

[第 8 章]
[40] 汪金芳，田栗正章，手塚集，樺島祥介，上田修功：計算統計 I 確率計算の新しい方法（統計科学のフロンティア 11）（第 III 部），岩波書店 (2003).
[41] 小西貞則，越智義道，大森裕浩：計算統計学の方法—ブートストラップ・EM アルゴリズム・MCMC（シリーズ予測と発見の科学 5）（第 II 部），朝倉書店 (2008).
統計学の観点から EM アルゴリズムを丁寧に解説している．EM アルゴリズムの理論，応用，収束の評価，発展性など網羅的に書かれている．
[42] 北研二：確率的言語モデル（言語と計算 4），東京大学出版会 (1999).
自然言語処理に機械学習とりわけ EM アルゴリズムを応用する手法について書かれている．
[43] 佐藤一誠：トピックモデルによる統計的潜在意味解析，コロナ社 (2015).
潜在変数を持つモデルの推定に関して EM アルゴリズムより進んだ手法のひとつである潜在ディリクレ配置 (Latent Dirichlet Allocation) に関する丁寧な記述が特徴である．本書では省いた変分ベイズ法が詳細に記述されている．なお，付録の数学的知識は充実しており，機械学習の最新の論文を読むときに役立つ．

[第 9 章]
[44] 伊庭幸人：計算統計 II マルコフ連鎖モンテカルロ法とその周辺（統計科学のフロンティア 12）（第 I 部および補遺 A），岩波書店 (2005).
[45] 小西貞則，越智義道，大森裕浩：計算統計学の方法—ブートストラップ・EM アルゴリズム・MCMC（シリーズ予測と発見の科学 5）（第 III 部），朝倉書店 (2008).
統計学の観点からサンプリング法，マルコフ連鎖モンテカルロ法について記述されている．
[46] 樋口知之：予測にいかす統計モデリングの基本—ベイズ統計入門から応用まで，講談社 (2011).
粒子フィルタについて分かりやすく解説されている．
[47] 豊田秀樹：マルコフ連鎖モンテカルロ法，朝倉書店 (2008).

おわりに

本書の執筆に際して，多くの方のお世話になりました．まず，本書の執筆の機会を与えてくださった東京大学大学院情報理工学系研究科教授（現在，青山学院大学教授）であられた杉原正顯先生，および本書の刊行におけるお世話役をしていただいた同教授 萩谷昌己先生に深謝いたします．原稿のチェックをしてただいた東京大学教授の松尾宇泰先生，同講師の中山英樹先生，京都大学教授の鹿島久嗣先生，東京大学講師の佐藤一誠先生，および本書の内容に係わる議論に有益な意見をいただいた研究室の大学院生の諸氏に感謝いたします．

中　川　裕　志

索　　引

欧　文

AUC (area under curve)　21
Bayes (ベイズ)推定 (Bayesian inference)　32
Bernoulli（ベルヌーイ）分布 (Bernoulli distribution)　29
Bregman（ブレグマン）ダイバージェンス (Bregman divergence)　117
cosine 類似度 (cosine coefficient)　141
Dice (ダイス)係数 (Dice coefficient)　142
Dirichlet（ディリクレ）分布 (Dirichlet distribution)　35
EM アルゴリズム (EM algorithm)　40, 159
Fenchel–Young（フェンツェル–ヤング）不等式 (Fenchel–Young inequality)　116
Fenchel（フェンツェル）共役 (Fenchel conjugate)　116
F 値 (F-measure)　19
Gaussian（ガウシアン）カーネル (Gaussian kernel)　93
Gauss（ガウス）分布 (Gaussian distribution)　25
Gibbs（ギッブス）サンプリング (Gibbs sampling)　189
Jaccard（ジャカード）係数 (Jaccard coefficient)　141
Kalman（カルマン）フィルタ (Kalman filter)　196
KKT 条件 (Karush–Kuhn–Tucker condition)　85
k-近傍法 (k-nearest neighbor algorithm)　75
K-平均法 (K-means algorithm)　150
L-Lipschitz（リプシッツ）　114
L1 正則化 (L1 regularization)　54
L2 正則化 (L2 regularization)　54
Laplace（ラプラス）分布 (Laplace distribution)　58
Lasso (Least absolute shrinkage and selection operator)　54
leave-one-out 交差検定 (leave-one-out cross validation)　18
Mahalanobis（マハラノビス）距離 (Mahalanobis distance)　145
MAP 推定 (maximum a posteriori estimation)　28
Markov（マルコフ）連鎖 Monte Carlo（モンテカルロ）法 (Markov chain Monte Carlo method; MCMC)　183
Monte Carlo（モンテカルロ）EM アルゴリズム (Monte Carlo EM algorithm)　178
naive Bayes（ナイーブベイズ）分類 (naive Bayes categorization)　8
N 点平均精度 (N-point averaged precison)　22
N-分割交差検定 (N-fold cross validation)　17
Passive-Aggressive (パッシブ・アグレッシブ)アルゴリズム (Passive-Aggressive algorithm)　124
ridge（リッジ）正則化 (ridge regularization)　54
ROC (receiver operating characteristic)　21
SMO アルゴリズム (sequential minimal optimization algorithm)　93

SVM (support vector machine)　80
tf·idf　15
Wishart（ウィシャート）分布 (Wishart distribution)　39

あ　行

アダブースト (AdaBoost)　62
一般化 EM アルゴリズム (generalized EM algorithm)　163
エポック (epoch)　105
オンライン学習 (online learning)　103
オンライン勾配降下法 (online gradient descent method)　111

か　行

回帰 (regression)　11
階層的凝集型クラスタリング (hierarchical agglomerative clustering)　146
開発データ (development data)　17
過学習 (over-learning)　53, 69
学習過程 (learning process)　6
隠れ変数 (hidden variable)　159
過適合 (overfitting)　69
カーネル (kernel)　91
カーネル行列 (kernel matrix)　91
ガンマ関数 (gamma function)　30
ガンマ分布 (gamma distribution)　38
逆純度 (inverse purity)　153
教師あり学習 (supervised learning)　12
教師なし学習 (unspervised learning)　12
共役事前分布 (conjugate prior)　32
クラス (class)　6
クラスタ (cluster)　23, 139
クラスタリング (clustering)　12, 23, 139
訓練データ (training data)　17, 53, 103
計画行列 (design matrix)　46
経験 Bayes（ベイズ）法 (empirical Bayes method)　175
形態素解析 (morphological analysis)　13
顕在変数 (manifest variable)　159
交差検定 (cross validation)　17
混合正規分布 (Gaussian mixture distribution)　40, 158
混合分布 (mixture distribution)　40
混合モデル (mixture model)　40

さ　行

再現率 (recall)　19
最大事後確率推定 (maximum a posteriori probability estimation)　28
最尤推定 (maximum likelihood)　27
座標降下法 (coordinate descent method)　132
サポートベクター (support vector)　80
サポートベクターマシン (support vector machine)　80
サンプリング法 (sampling method)　178
識別モデル (discriminative model)　12
シグモイド関数 (sigmoid function)　64
次元の呪い (curse of dimentionality)　179
2 乗損失 (squared loss)　53
2 乗バイアス (squared bias)　73
指数型分布族 (exponential family)　33
指数損失 (exponential loss)　62
重点再サンプリング法 (importance resampling)　182
重点サンプリング (importance sampling)　180
純度 (purity)　153
上界 (upper bound)　106
詳細釣り合い条件 (detailed balance condition)　185
正解率 (accuracy)　19
正規分布 (normal distribution)　25, → Gauss（ガウス）分布
正規方程式 (normal equation)　47
生成モデル (generative model)　12
正則化項 (regularization term)　53
精度 (precision)　19, 38
精度行列 (precision matrix)　38

線形回帰 (linear regression)　45
線形分離可能 (linearly separable)　81
潜在変数 (latent variables)　158
属性 (attribute)　14
素性 (feature)　14
素性エンジニアリング (feature engineering)　15
素性選択 (feature selection)　15
ソフトマージン (soft margin)　87
損失 (loss)　71
損失関数 (loss function)　71

た　行

代理損失 (surrogate loss)　61
多クラス分類 (multiclass classification)　11
多項分布 (multinomial distribution)　34
多重集合 (multiset)　14
定常的 (stationary)　184
テキストコーパス (text corpus)　15
データスパース性 (data sparseness)　13
データマイニング (data mining)　5
デンドログラム (dendrogram)　146
独立同一分布 (independent and identically distributed; i.i.d.)　7
都市ブロック距離 (city block distance)　141

な　行

2クラス分類 (two class classification)　11

は　行

パーセプトロン (perceptron)　120
バッグ (bag)　14
バッチ学習 (batch learning)　103
バリアンス (variance)　73
汎化性能 (generalization ability)　53
ビッグデータ (big data)　5
評価データ (test data)　17
ヒンジ損失 (hinge loss)　61, 122
フォロー・ザ・リーダ (Follow-The-Leader)　108
フォロー・ザ・レギュラライズド・リーダ (Follow-The-Regularized-Leader)　110
分割表 (contingency table, confusion matrix)　18
分類 (classification)　10
分類器 (classifier)　49
平均適合率 (average precision)　22
ベータ分布 (beta distribution)　30

ま　行

マンハッタン距離 (Manhattan distance)　141

や　行

尤度 (likelihood)　27
予測過程 (prediction process)　6

ら　行

ラウンド (round)　105
ラベル付きデータ (labeld data)　6
ラベルなしデータ (unlabeled data)　12
リグレット (regret)　106
粒子フィルタ (particle filter)　196
累積損失 (accumulated loss)　106
劣勾配 (subgradient)　113
劣微分 (subdifferential)　113
ロジスティック損失 (logistic loss)　62

東京大学工学教程

編纂委員会

光石 衛（委員長）
相田 仁
北森武彦
小芦雅斗
佐久間一郎
関村直人
高田毅士
永長直人
野地博行
原田 昇
藤原毅夫
水野哲孝
吉村 忍（幹事）

情報工学編集委員会

萩谷昌己（主査）
坂井修一
廣瀬通孝
松尾宇泰

2015年9月

著者の現職
中川裕志（なかがわ・ひろし）
理化学研究所 革新知能統合研究センター グループディレクター
東京大学 名誉教授

東京大学工学教程 情報工学
機械学習

平成 27 年 11 月 20 日 発 行
令和 2 年 10 月 20 日 第 7 刷発行

編 者 東京大学工学教程編纂委員会

著 者 中 川 裕 志

発行者 池 田 和 博

発行所 丸善出版株式会社
〒101-0051 東京都千代田区神田神保町二丁目17番
編 集：電話(03)3512-3266／FAX(03)3512-3272
営 業：電話(03)3512-3256／FAX(03)3512-3270
https://www.maruzen-publishing.co.jp

印刷・製本／三美印刷株式会社

ISBN 978-4-621-08991-0 C 3355 Printed in Japan